Géographie et cultures

n° 87, automne 2013

LA CAMPAGNE, AUTREMENT

L'Harmattan

La revue *Géographie et cultures* est publiée quatre fois par an par l'Association Géographie et cultures et les Éditions L'Harmattan, avec le concours du CNRS. Elle est indexée dans les banques de données Pascal-Francis, GeoAbstract et Sociological Abstract. Les vingt-deux derniers numéros sont consultables en ligne : http://gc.revues.org/

Laboratoire Espaces, Nature et Culture (ENeC) – Paris IV Sorbonne CNRS UMR 8185 – 28 rue Serpente, 75006 Paris – Courriel : revue.geographie.cultures@gmail.com

Abonnement et achat au numéro : Éditions L'Harmattan, 5-7 rue de l'École polytechnique, 75005 Paris France – Chèques à l'ordre de L'Harmattan.

	France	Étranger
Abonnement	55 euros	18 euros
Prix au numéro	18 euros	18 euros

ISSN : 1165-0354 ISBN : 978-2-343-04336-4

À la mémoire d'Emmanuelle Bonerandi-Richard†

Ce numéro de *Géographie & cultures* est dédié à la mémoire d'Emmanuelle Bonerandi-Richard, décédée brutalement le 6 janvier 2011.

Déjà engagée dans de nombreux autres projets, dont le commencement de la rédaction de son Habilitation à Diriger des Recherches, Emmanuelle avait néanmoins accepté avec enthousiasme de participer à ce volume centré sur une autre approche des campagnes en proposant d'y soumettre un article. À défaut de ce texte, les responsables de ce numéro ont tenu à garder une trace de sa présence en publiant ici les premières lignes de ce qui aurait dû devenir son HDR – un document que son mari, Xavier Richard, a retrouvé dans ses dossiers et a eu la gentillesse de leur communiquer. Qu'il en soit ici remercié, ainsi que les collègues proches d'Emmanuelle, en particulier Chantal Gillette et Emmanuelle Boulineau, qui ont apporté leur soutien chaleureux à cette aventure.

En ouverture de *La campagne, autrement*, ce bref « Je me souviens » d'Emmanuelle dit autant son intérêt pour ce champ de la géographie qui lui tenait à cœur que sa considération pour les gens de la campagne qu'elle côtoyait et dont elle était solidaire. En cela, il s'inscrit pleinement dans l'esprit des propos tenus par les autres auteurs. Plus encore, il lui donne une place qui n'aurait pas dû rester vacante.

Georgette Zrinscak et Serge Weber

Quand vient le moment d'entamer la rédaction de ce mémoire, je me souviens...

Je me souviens de mon regard interrogatif lorsque, suite à la présentation de mon projet de thèse lors d'une séance du centre de recherche Géophile de l'ENS de Fontenay-Saint-Cloud, Violette Rey, sa directrice, m'interpella en déclarant : « Emmanuelle, vous êtes dans la concrétude du développement local ! ».

Je me souviens des quelque cent trente élus de Thiérache interrogés durant plus d'une année sur leurs actions et qui, à aucun moment, n'utilisèrent l'expression « développement local » pour qualifier leur démarche, à une exception près... On était bien loin des concepts, notions et paradigmes qu'on nous avait enseignés à l'université.

Je me souviens de cet élu d'une petite commune industrielle du Nord militant avec force et conviction pour que les enfants de sa commune bougent, sortent, se déplacent, et faisant voter en conseil municipal les budgets nécessaires pour cela...

Je me souviens du plaisir que j'ai toujours à traverser des rues industrielles désertées dans des communes quasi fantômes, à prendre des photos d'habitats délabrés, de commerces décrépis, de « rossignols » en devanture de vitrines... comme d'un sentiment d'osmose, d'intimité avec ces « espaces de l'infortune ».

Je me souviens aussi de l'émotion à me dire que des gens vivent là, y sont nés, parfois depuis des générations, y ont éventuellement travaillé, parfois jamais, mais n'en partent pas alors que le culte de l'hypermobilité s'est propagé et que j'y participe certains jours.

Je me souviens de mon attirance pour l'action, pas forcément la mienne, mais celles de ceux que l'on nomme « les acteurs locaux », ces acteurs de terrain, élus, techniciens, salariés d'associations ou bénévoles, « les mains dans le cambouis » à tenter de trouver des solutions, à bricoler la plupart du temps pour que la vie de leurs concitoyens soit meilleure, ou seulement pas moins bonne, voire « pas plus pire ».

Je me souviens d'un étudiant ricanant bêtement pendant un cours de DEA dans une université parisienne alors que je présentais des indicateurs alarmants sur le niveau d'études minimal atteint par des jeunes ruraux d'espaces anciennement industrialisés et de ma colère, à peine rentrée, lorsque je l'entendis dire à sa voisine « on dirait les Deschiens ! », parce que pour moi on n'était pas dans une saynète de théâtre mais dans la vraie vie avec ses inégalités criantes qui ne cessent de m'interroger, et je me disais que le maire, le technicien, le bénévole, le salarié de l'association, c'est tous les jours qu'il les rencontre ces « Deschiens » et qu'ils font avec, et que ces « Deschiens » c'est tous les jours qu'ils la vivent cette disqualification.

Je me souviens de la difficulté à entraîner les étudiants sur mes terrains de recherche, comme s'il était plus facile de parler de la misère au soleil...

Et puis, je me souviens aussi de la lecture du rapport de soutenance de ma thèse de doctorat rédigé avec toute la conscience professionnelle qui le caractérisait par André Fischer, Professeur à Paris 1 et Président du jury, rapportant la vive critique d'un des membres du jury ; « En définitive : votre travail exprime peut-être le fait que vous êtes trop personnelle et individualiste, d'où sans doute le fait que vous n'engagiez aucune discussion sur les concepts. (...) » À la suite de quoi, il note : « Réponse de la candidate : je n'ai présenté ici que "ce que je voulais faire" ».

Lorsque que je reçus le rapport, la future candidate aux postes de maître de conférences que j'étais prit peur. Qu'allaient penser de moi les membres des commissions de spécialistes lorsqu'ils découvriraient ce passage ? M'en inquiétant auprès d'André Fischer, qui avait au préalable été mon directeur de maîtrise et qui m'avait permis d'obtenir mon premier poste à l'université en qualité d'ATER à Poitiers, il me répondit qu'il fallait assumer et que c'était bien d'avoir du caractère...

De cet inventaire à la Prévert sans souci de mise en ordre hiérarchique, que retirer ? Plus de dix ans après, comment ai-je évolué ? Telle pourrait être le début de l'introspection nécessaire à l'exercice demandé pour le premier tome d'une Habilitation à Diriger des Recherches.

Emmanuelle Bonerandi-Richard†
(Texte inédit)

SOMMAIRE

INTRODUCTION

LA CAMPAGNE POUR ELLE-MÊME

Serge WEBER[1]
Laboratoire Analyse comparée des pouvoirs
Université de Paris-Est Marne-la-Vallée

Georgette ZRINSCAK[2]
UMR Géographie-cités
Université Paris 1 Panthéon-Sorbonne

Quoi de moins exotique que la campagne ? C'est sur elle que s'est construit le cœur de la géographie académique française autour de Vidal de la Blache. Mais cette campagne si présente pendant plus d'un demi-siècle a été réduite à une portion congrue : à partir du moment où la géographie rurale classique a été détrônée par les études urbaines et par d'autres champs disciplinaires, la campagne a été reléguée au rang de territoire mineur, moins peuplé que les grandes concentrations urbaines, vidé de ses paysans, dessaisi de l'enjeu socio-politique que représentait l'approvisionnement alimentaire, résolu par le productivisme des années 1960-1970.

Il est temps de rappeler qu'il est possible – et nécessaire – de faire une géographie culturelle des campagnes. Certes, la géographie rurale continue d'explorer leurs mutations mais rarement en adoptant une approche culturelle ou en interrogeant les représentations de leurs habitants. La revue *Géographie et cultures* a publié de nombreux articles sur le monde rural (plutôt hors hexagone), mais depuis qu'elle propose des numéros thématiques (1995) c'est le premier sur ce sujet. La géographie rurale a droit de cité en géographie culturelle : les textes rassemblés ici sont pour ainsi dire une revendication de ce droit.

Plutôt que d'aller voir ailleurs si l'herbe est plus verte pour les approches culturelles, nous nous cantonnerons au cadre de la France métropolitaine afin d'éviter le risque d'une altérité exotisée qui pourrait créer un biais dans la compréhension de l'intitulé « la campagne, autrement ». Non pas un ailleurs lointain, mais un ici-bas…

---

[1] Courriel : serge.weber@gmail.com

[2] Courriel : zrinscak@parisgeo.cnrs.fr

UNE QUESTION DE POSTURE

L'expression « culture populaire » est souvent synonyme de « culture de masse » à l'opposé de la haute culture et, pour certains, synonyme de sous-culture au sens de culture inférieure. Dans ce sens-là, la culture de masse touche à des questions rurales par le succès de comédies ou d'émissions de télé-réalité « dans le pré » ou « à la ferme ». Mais ce n'est pas cette culture populaire-là qui sera abordée ici : c'est l'autre. Dans le sillage des premières explorations des *cultural studies* britanniques (Hoggart, 1970 ; Willis, 2011), on considère qu'à partir du moment où on a affaire à un groupe social, il y a culture – quelles que soient la composition et les limites de ce groupe – et, qui plus est, une culture propre à ce groupe social. Les populations qui vivent la campagne, qui en vivent, qui la fabriquent et qui la font vivre, donnent lieu à de multiples configurations de groupes sociaux, dont certains seront étudiés dans les articles qui suivent (les adolescents, les paysans, les joueurs…). Praxis, métier, savoir-faire et savoir-vivre : voici des pistes pour témoigner des pratiques, des problèmes, des fonctionnements de ces sociétés rurales, pour elles-mêmes.

L'horizon global de notre société reste urbain et fait qu'on peut difficilement s'abstraire des référents citadins. Cela donne à une majorité des travaux de géographie rurale récents une tonalité empreinte d'urbanocentrisme – sans parler de ceux émanant d'autres champs de la géographie. Même appuyés sur un travail de terrain au long cours, ces recherches sont souvent prisonnières d'une posture reflétant un regard exogène sur la campagne. En valorisant des sujets qui trahissent des préoccupations de citadins comme les questions de paysage, de nature protégée, d'usages récréatifs du milieu rural par une société majoritairement citadine, la campagne est alors considérée comme de l'espace disponible potentiellement régulateur des problèmes globaux. Même si les frontières sont de plus en plus floues, gommées ou déplacées entre la ruralité et l'urbanité (Arlaud et *al.*, 2005), nous partons du postulat que ce n'est pas le même monde. Dans la campagne, on trouve des fonctionnements, des pratiques et des enjeux qui sont à prendre en considération pour eux-mêmes – quitte à retrouver des équivalents dans le monde urbain.

Certains travaux ont montré qu'il est possible de décentrer le regard en valorisant une posture qui privilégie les groupes sociaux ruraux pour eux-mêmes, les petits mondes locaux, qui parlent du dedans et au-dedans (Mischi, 2013), notamment au sein de groupes de travail ou de séminaires interdisciplinaires tels que *Ruralités contemporaines* (EHESS) ou *Petites paysanneries* (LADYSS). Aux nombreux travaux de sociologie ou d'ethnologie (Champagne, 2002 ; Paillard, Simon, Le Gall, 2010 ; Dibie, 2013) viennent s'ajouter un foisonnement de productions non académiques tels que des essais militants (Rabhi, 2010 ; Charbonneau, 2013), des récits et des documentaires (notamment les bandes dessinées d'Étienne Davodeau, les documentaires de Dominique Marchais ou d'Ariane Doublet). Ces productions sont trop souvent ignorées alors qu'elles constituent plus que des documents, elles sont des sources de connaissance et d'inspiration notamment méthodologique. Car parler du dedans et objectiver ne vont pas toujours de pair et leur conciliation demande de l'inventivité (Pétonnet, 2002).

UNE QUESTION DE DOMINATION

Le principe de ce regard est de mettre en lumière une double logique de domination, qui, pas moins que les autres rapports sociaux de domination, est tellement implicite qu'elle ne peut être dévoilée qu'au prix d'une mise à distance radicale. D'une part, les travaux de géographie rurale sont très minoritaires par rapport aux travaux sur l'urbain et, en soi, cela constitue une première asymétrie. La dénoncer rend visible le rapport inégalitaire entre objets d'études et permet de replacer les recherches sur les campagnes dans une altérité intrinsèque. Peu de place est en effet accordée aujourd'hui au rapport de domination des citadins sur les ruraux en France, alors que les recherches sur les paysanneries des pays du Sud en font très largement état. Toutefois, un certain nombre d'initiatives récentes dans les études rurales commencent à explorer cette perspective dans les États post-industriels (Arlaud et *al.*, 2005 ; Bonerandi, Deslondes, 2008 ; Bonnain-Dulon et *al.*, 2011). D'autre part, même quand la population était majoritairement rurale, et même si l'organisation politique de la IIIe République valorisait les cantons ruraux et leurs élites, la position des paysans n'était pas dominante. Dominés dans leur société, ce n'est pas de leur point de vue qu'a été écrite l'histoire.

Les approches fondées sur les savoirs non académiques des groupes sociaux dominés ont permis de déconstruire l'hégémonie des grands récits et de décoloniser les imaginaires. C'est le principe même de la géographie culturelle. Alors pourquoi ne pas s'en inspirer pour lever la tutelle qui pèse sur les mondes ruraux ? Comme d'autres groupes sociaux sous curatelle, ils doivent bénéficier d'une approche débarrassée de cette grille de lecture partielle et partiale.

QUAND L'INSIGNIFIANCE PARLE

L'ignorance criante relative à certains aspects du monde rural est une autre modalité de cette position dominée. Alors que les gros enjeux (foncier, écologique, alimentaire, paysager) sont bien balisés, d'autres questions sont considérées comme insignifiantes – indignes d'intérêt. Au contraire des particularités d'emblée exotiques ou remarquables (stations, patrimoines, spots, parcs), l'ordinaire des gens ordinaires à la campagne n'a pas de valeur économique ou sociale reconnue – ce qui nous invite à réfléchir à la manière dont s'acquiert la valeur. Dans un système néolibéral où la culture est instrumentalisée pour produire de la valeur marchande sous le label d'une authenticité médiatisée, le traditionalisme reconstruit, la patrimonialisation à outrance et la tendance à la folklorisation inspirent des stratégies de développement local qui travestissent la « culture » de la campagne : le médium, c'est la domination.

Loin des objets de curiosité, le quotidien, le banal et le répétitif font la « vie culturelle » à la campagne (Bergues, 2011). Des thèmes tels que les associations locales, les pratiques de loisirs, l'espace public, la pauvreté, la politique municipale et les difficultés de tous les jours, ou encore le sexe et la sexualité sont presque ignorés des productions de géographie rurale alors que les études urbaines les ont travaillés abondamment. On trouve des travaux de géographes ruralistes qui ont soulevé ces questions, notamment Emmanuelle Bonerandi-Richard sur la pauvreté (Bonerandi, Hochedez, 2007), dans la continuité des recherches de Nicole Mathieu (1995) sur l'emploi. Cependant c'est en sociologie et en ethnologie que la culture populaire rurale a été le plus approfondie (Alphandéry, Sencébé, 2009), ce qui nous invite à mobiliser différents champs disciplinaires.

Ainsi, les auteurs participant à ce numéro représentent des disciplines variées aux côtés de la géographie : agronomie et sociologie. Ils prêtent ici une attention particulière à la matérialité de la culture, notamment dans ses aspects techniques, ainsi qu'aux positions sociales des habitants de la campagne. Par ailleurs ils valorisent bien évidemment ce qu'on appelle facilement « le » local dans toutes ses dimensions (les configurations sociales, les réseaux, les institutions, les conflits et les identités) mais autrement que comme simple adjectif substantivé, qui serait synonyme de petit ou antonyme de global, alors qu'étudié en tant que tel, il permet d'aborder l'ici. Rendre compte de l'ici n'est finalement pas une mince affaire : il y a autant d'altérité dans l'ici que dans l'ailleurs.

Le monde rural ne mérite pas d'être plus idéalisé que les autres, ce serait se méprendre sur l'esprit de ce numéro. On y trouve ce qu'on trouve ailleurs : normativité, clivages, stéréotypes, mises à distance, mises à l'écart, rapports de classe, altérisation. Existe-t-il des modalités rurales d'analyser et comprendre le monde ? Si on poussait jusqu'au bout la logique de décentrement du regard, on écrirait l'histoire et la géographie du point de vue des habitants de la campagne. D'ores et déjà, prenons acte du fait qu'il se passe beaucoup de choses à la campagne et mettons en avant la légitimité des postures critiques qui en émanent. En effet, les contestations et les propositions alternatives d'émancipation portées par des voix du monde rural enrichissent le regard critique (Deléage, 2004). Elles participent à la multiplication des points de vue et peuvent, par leur portée politique, contribuer aux géographies militantes et à la remise en cause des rapports d'asymétrie dans la production du savoir.

CHACUN SON (DUR) MÉTIER

La dimension productive de la campagne est abordée dans les deux premiers textes. Par rapport aux recherches conduites en géographie rurale dans les années 1960-1970, on peut constater une diminution des travaux portant sur l'agriculture et les agriculteurs. Alors que les systèmes productifs agricoles se sont complexifiés depuis cette période, au sein de territoires eux-mêmes porteurs d'enjeux de plus en plus variés et imbriqués (fonction résidentielle, questions environnementales, modèles économiques et technologiques), il paraît nécessaire de revenir sur les pratiques des agriculteurs confrontés aux impératifs d'une société globale normative et industrialisée. La place des agriculteurs face aux autres acteurs, locaux ou non, est devenue difficile à tenir : cela tient essentiellement au fait que leur parole est de moins en moins audible face à des discours et des valeurs hégémoniques, comme s'ils avaient perdu une part importante de leur légitimité.

Même dans les espaces ruraux de faible densité où l'élevage très extensif pourrait laisser croire à une autonomie et à une certaine souveraineté des exploitants dans la conduite de leur pratique professionnelle, on observe tout au contraire leur dépendance accrue face aux exigences proliférantes des normes technico-sanitaires. À tel point que, nous dit Jean Gardin, c'est l'existence même de leur entreprise qui est menacée : « en 2013, confrontés aux premières sanctions (amendes et retrait de subventions) pour défaut d'identification électronique, les éleveurs s'interrogent sur la possible disparition de leurs exploitations ».

Dans un autre contexte, pour les agriculteurs confrontés aux spécificités de la périurbanisation des campagnes, c'est « le rapport de force pour l'accès à la terre [qui] se transfère entre les usagers eux-mêmes, c'est-à-dire entre les agriculteurs ». Christine Léger-Bosch et Françoise Alavoine-Mornas montrent en effet que les difficultés quotidiennes face à l'altérité radicale des exigences des autres acteurs locaux sont intériorisées par les exploitants et contribuent à désagréger la cohésion de la profession agricole.

Ces deux textes rendent ainsi compte d'une profession foncièrement (dans les deux sens du terme) rurale et mettent l'accent sur les compétences des agriculteurs. Ces compétences s'appliquent à la fois dans leur métier proprement dit, mais aussi dans tous les autres domaines qui touchent à l'espace rural : ils créent des externalités dont l'ensemble de la société bénéficie (entretien du paysage, préservation de l'environnement, transmission patrimoniale). Or, c'est justement la production de ces avantages collatéraux qui est remise en cause par des modalités de gouvernance et de gestion qui fragmentent leurs compétences et relèguent les exploitants dans une position d'exécutants en bout de chaine. Ils ne sont plus qu'une variable d'ajustement d'un système qui ne les comprend pas et qu'ils ne comprennent pas.

ON PASSE LE TEMPS

Presque par opposition au monde du travail qui précède, la dimension socioculturelle des campagnes, dans les deux textes qui suivent, est explorée à partir du temps creux, du non travail. Associer loisirs et campagnes mène le plus souvent à l'étude des loisirs des citadins en milieu rural : tourisme rural, détente, ressourcement. Ne voir dans la campagne que l'alternative entre le travail des agriculteurs et le terrain de jeu des urbains, c'est adopter un point de vue dominant. Les pratiques non liées au travail ne sont pas forcément des pratiques de loisir, c'est le temps libre, le temps à soi pour Julian Devaux ou le temps « entre nous » pour Georgette Zrinscak. C'est dans ce vide que se construit en partie la société rurale dans ses dimensions de groupes d'affinités, d'entregent, de collectivité et de communauté.

En ce qui concerne le temps libre des adolescents, d'abord, si l'on observe certes des invariants entre ville et campagne, une des spécificités du monde rural est la mobilité restreinte, liée au caractère incomplet de certaines fonctionnalités comme les transports en commun. Au gré des lieux fréquentés quotidiennement par les jeunes du village, Julian Devaux met en lumière la déclinaison campagnarde d'une notion habituellement développée dans l'analyse des milieux urbains, l'espace public : « cette valorisation de l'espace du "dehors" de la part des adolescents peut en premier lieu s'expliquer par le fait que l'espace public local apparaît quasi exclusivement investi par cette catégorie d'âge au sein de la commune ». L'auteur insiste par ailleurs sur l'articulation entre des pratiques, plus ou moins transgressives, et des lieux cachés ainsi que sur les différences de genre.

En étudiant une pratique située aux antipodes de la haute culture, le loto, Georgette Zrinscak met l'accent sur un des temps forts de la sociabilité rurale qui passe le plus souvent inaperçu. Au sein de ces communautés de joueurs à géométrie variable, les signes, codes et signatures du jeu sont autant d'éléments de cohésion sociale et identitaire locale. Et surtout, le loto, plus qu'une simple pratique ludique, revêt une dimension économique importante : il sert à financer d'autres pratiques socioculturelles, c'est un instrument pour une économie locale alternative et solidaire, qui a un effet cumulatif générateur de vie sociale. Le système socioculturel formé par l'agencement entre associations, joueurs et collectivités territoriales entretient un développement local endogène dont les communes rurales sont à la fois le réceptacle et le soutien : « la dimension auto-organisatrice [du loto] renforce la dimension populaire du jeu. Par soi et pour soi, sans pour autant que l'entre-soi ne prime : le loto se place à l'interface de la communauté locale et de la société englobante ».

Ce que promeuvent ces deux textes, c'est une modeste géographie de la culture populaire campagnarde.

VIVRE SA VIE

Donnée à voir par la littérature et le cinéma, la campagne subit le sort de bien des ailleurs lorsqu'ils sont exotisés : elle est rarement à l'abri du cliché et fait souvent office de simple décor. Les deux derniers textes s'attachent justement aux œuvres d'artistes qui, chacun à sa manière, donnent à la campagne un rôle de personnage central dans une intrigue construite autour de la ruralité. En s'intéressant aux expérimentations de l'écrivain Pierre Michon et du cinéaste Alain Guiraudie, Jean-Louis Tissier et Serge Weber tentent de retracer la manière dont les figures du roman et du film vivent leur vie et cheminent dans l'existence – hors la ville.

« La géographie humaine manque souvent d'humanité. "Est-ce ainsi que les hommes vivent ?" Pour répondre à cette lancinante question, il faut prendre en compte l'ici » : Jean-Louis Tissier propose une restitution minutieuse et sensible des lieux et des gens ordinaires de la campagne limousine sédimentés dans la mémoire de Pierre Michon. En revisitant les « genres de vie » analysés par la géographie classique, l'auteur rappelle que la campagne creusoise n'est pas réductible à un paysage mais déclinée dans ses incarnations et sa matérialité : la lande, la fougère, contre le paysage. Humilité, frugalité, pauvreté : malgré leur condition, les paysans pauvres ont droit au « minimum vital », en d'autres termes, ils ont droit à la littérature.

Guère mieux lotis que les personnages de Pierre Michon, ceux d'Alain Guiraudie sont confrontés à une alternative : quitter leur propre pays ou y rester pour changer les choses, s'exiler ou se révolter. Faire bouger les choses dans l'ici de la campagne, loin de tout angélisme, fonde l'utopie des univers que le cinéaste invente. Serge Weber insiste donc sur une radicalité rurale, dans la suite des événements du Larzac, mais actualisée par les enjeux d'une société bien contemporaine : « le lieu d'où parle Guiraudie, c'est la conscience d'être homosexuel, rural et loin des milieux dominants, son point de vue sur le monde parvient ainsi à avoir une portée universelle sans parler la langue du vainqueur ». Tracer des chemins d'émancipation pour se débarrasser des rapports sociaux de domination passe certes par une analyse pertinente de l'ambivalence des savoirs géographiques, mais ne se départit jamais d'un désir de jouir et de vivre de bons moments de sexe.

Le travail de l'artiste porte sa propre sensibilité : évitant toute sacralisation, le regard personnel donne à voir des aspects moins dits d'une société rurale qui n'est, dans ces œuvres, ni vraiment réelle ni vraiment fictive. L'écrivain et le cinéaste sont engagés dans la défense de valeurs, d'humanisme et de radicalité et, en incarnant des vies, nous préservent de grilles de lecture toutes faites.

BIBLIOGRAPHIE

ALPHANDÉRY Pierre, SENCÉBÉ Yannick, 2009, « L'émergence de la sociologie rurale en France », *Études rurales*, n° 183, p. 23-40.

ARLAUD Samuel, JEAN Yves, ROYOUX Dominique (dir.), 2005, *Rural-urbain : nouveaux liens, nouvelles frontières*, PUR, 2005.

BERGUES Martine, 2011, *En son jardin. Une ethnologie du fleurissement*, Paris, Les éditions de la Maison des Sciences de l'Homme, coll. Ethnologie de la France.

BONERANDI-RICHARD Emmanuelle, HOCHEDEZ Camille, 2007, « Des machines, des vaches et des hommes. Projets culturels, acteurs et territoires dans un espace rural en crise, l'exemple de la Thiérache », *Norois*, n° 204, p. 25-37.

BONERANDI-RICHARD Emmanuelle, DESLONDES Olivier (dir.), 2008, « Géographie(s) rurale(s) en question(s) », *Géocarrefour*, vol. 83, n° 4.

BONNAIN-DULON Rolande, CLOAREC Jacques, DUBOST Françoise (dir.), 2011, *Ruralités contemporaines. Patrimoine, innovation et développement durable*, Paris, L'Harmattan, coll. Patrimoines et sociétés.

CHAMPAGNE Patrick, 2002, *L'héritage refusé. La crise de la reproduction sociale de la paysannerie française 1950-2000*, Paris, Seuil.

CHARBONNEAU Bernard, 2013 [1973], *Tristes campagnes,* Vierzon, Le Pas de côté.

DELÉAGE Estelle, 2004, *Paysans. De la parcelle à la planète*, Paris, Syllepse.

DIBIE Pascal, 2013 [2006], *Le village métamorphosé. Révolution dans la France profonde*, Pocket, coll. Terre humaine.

HOGGART Richard, 1970 [1957], *La culture du pauvre. Études sur le style de vie des classes populaires en Angleterre*, Paris, Minuit.

MISCHI Julian (dir.), 2013, *Campagnes populaires, campagnes bourgeoises*, Agone, vol. 51, 197 p.

PAILLARD Bernard, SIMON Jean-François et LE GALL Laurent (dir.), 2010, *En France rurale : les enquêtes interdisciplinaires depuis les années*

1960, Presses universitaires de Rennes, Centre de Recherche Bretonne et Celtique, 395 p.

PÉTONNET Colette, 2002 [1979 ; 1982], *On est tous dans le brouillard*, Paris, Éditions du Comité des travaux historiques et scientifiques.

RABHI Pierre, 2010, *Vers la sobriété heureuse*, Paris, Actes Sud, 144 p.

WILLIS Paul, 2011 [1977], *L'école des ouvriers. Comment les enfants d'ouvriers obtiennent des boulots d'ouvriers*, Paris, Agone.

ÉLEVAGE 2.0

ÉTAT DES LIEUX DE L'INFORMATISATION DU MÉTIER D'ÉLEVEUR EN SYSTÈME EXTENSIF

Sheep farming 2.0: The computerisation of extensive livestock breeding profession. An overview

Jean GARDIN[1]
Laboratoire LADYSS
Université Paris 1 Panthéon-Sorbonne

Résumé : À partir de l'exemple de l'identification électronique des ovins et des caprins rendue obligatoire en France en 2010, cet article décrit une étape de l'imposition dans l'élevage des normes techniques de la traçabilité issues du monde de la production industrielle. La généralisation des procédures de traçabilité y est décrite, du point de vue des éleveurs qui y sont opposés, comme un facteur de dépossession de leur métier. Mais, du fait des caractères propres aux échanges informatisés, cette traçabilité est également décrite comme une étape importante dans le développement d'une abstraction : la valeur informationnelle. Cette notion de valeur informationnelle est proposée pour rendre compte d'une forme de valeur marchande particulièrement déconnectée des valeurs d'usages produites par les éleveurs sous forme de produits lactés ou carnés.

Mots-clés : élevage, informatisation, puces RFID, traçabilité, valeur informationnelle

Abstract: *Since 2010, electronic identification of sheep and goat population is compulsory in France. This paper describes how such technical norms, usually specific to industrial production, have been imposed to the farmers. From the farmers' point of view who are opposed to it, the generalization of traceability procedures is seen as the dispossession of their own profession. Traceability is also described as an important moment in the emergence of abstraction, like in any other computerized trade: the informational value. The notion of informational value might give an account of a kind of value that is strongly disconnected of use values producted by the farmers in the form of milk or meat.*

Keywords: *sheep farming, goat farming, computerization, radio frequency identification, traceability, informational value*

---

[1] Courriel : jean.gardin@univ-paris1.fr

Ce texte retrace la diffusion au sein de systèmes d'élevages extensifs de dispositifs technologiques et gestionnaires cantonnés jusque-là au monde de la production industrielle : l'identification électronique des animaux par des puces RFID[2] implantées obligatoirement depuis juillet 2010 sur les caprins et ovins[3]. Il s'appuie sur des entretiens et des observations menés de 2009 à 2013 auprès d'éleveurs et de bergers exerçant dans le sud de la France[4]. Une partie du matériel a été recueilli à l'occasion d'études de terrain centrées *a priori* sur d'autres sujets, mais l'essentiel est lié à ma participation aux réunions publiques ou fermées de collectifs d'éleveurs opposés au puçage RFID, dont je partage l'objectif du démantèlement de l'identification électronique. Le point de vue des partisans de l'identification électronique a été abordé directement par des entretiens avec des éleveurs et des bergers (filière viande et produits laitiers) et des salariés de chambres d'agriculture. Le titre de cet article est inspiré du documentaire *Mouton 2.0, la puce à l'oreille*[5]. Une partie des sources écrites utilisées sont des textes militants expliquant la position des collectifs, d'autres (favorables ou non au puçage) sont tirés de la revue des Chambres d'agriculture ou de diverses publications syndicales.

La thèse défendue ici pose que l'identification électronique est une étape importante du processus d'industrialisation de l'agriculture : la traçabilité qui en découle est porteuse d'une nouvelle forme de valeur marchande. Cette réflexion doit beaucoup à ma participation aux travaux du groupe de critique de la recherche scientifique Oblomoff (2011) et aux échanges qui se sont tenus dans le séminaire *Critique de la gestion* (UMR CRESPA) de 2010 à 2012.

Nous verrons que la puce RFID s'inscrit dans la continuité d'une série d'opérations d'administration de l'élevage qui ont eu historiquement de plus en plus recours à l'informatique. De la taille d'un grain de riz, la puce est

---

[2] *Radio Frequency Identification*, permettant de mémoriser et de stocker des données à distance en utilisant des marqueurs miniaturisés appelés « radio-étiquettes » et une antenne associée. Ces puces électroniques contiennent un identifiant et éventuellement des données complémentaires. Les principes théoriques de la technologie RFID ont été établis dès les années 1930, mais les efforts de miniaturisation n'ont abouti à des procédés industriels qu'au cours des années 1970, il a fallu attendre la baisse des coûts dans les années 2000 pour sa généralisation.

[3] Des obligations similaires ont au cours des années 2000 touché les animaux domestiques et les équidés. Le monitoring des animaux sauvages a lui aussi justifié depuis des années l'équipement des animaux en dispositifs électroniques variés (Gardin, 2011).

[4] Ariège, Bouches du Rhône, Corrèze, Drome, Hautes-Alpes, Pyrénées-Atlantiques, Tarn.

[5] Antoine Costa, Florian Pourchi, Production SYNAPS, *Mouton 2.0, la puce à l'oreille*, production SYNAPS, 77 mn, avril 2012. Ce film est régulièrement projeté notamment lors des rencontres militantes des collectifs opposés au puçage.

invisible sous la peau ou dans l'étiquette portée à l'oreille. Elle ne change pas l'apparence de l'animal, et, pour l'instant, ne change pas les techniques d'élevage ovin et caprin ailleurs que dans les laboratoires de l'INRA. Cette nouvelle pratique est essentiellement perçue comme une obligation légale de plus, à laquelle est conditionné l'octroi de subventions qui constituent l'essentiel du revenu des éleveurs. Se conformer au moins superficiellement aux injonctions légales est d'ailleurs un savoir-faire : « *On ruse, on finaude à chaque fois. Il faut savoir profiter de ce qu'on nous oblige à faire. Moi, la puce RFID, je ne m'y opposerais pas et si ça se trouve, j'arriverais à rendre ça utile pour mon troupeau* » (éleveur de brebis, Haute Corrèze, mai 2009). Avant de trouver « *peut-être* » un sens au puçage, « *après* » que ce dernier ait transformé les conditions de sa pratique, cet éleveur se sera conformé aux attentes d'ingénieurs-agronomes pour qui la question du sens de l'innovation n'est que secondaire : « *Dans un contexte d'abondance de données, le challenge consistera également à hiérarchiser les informations pertinentes et à partir d'elles, de créer du sens pour les éleveurs* » (Rognant, Marlin, 2011). En conclusion d'un ouvrage sur « *L'agriculture sous contrôle* » où ce qui importe est de « *tracer, auditer, conseiller* », on trouve d'ailleurs ce jugement qui, au-delà du seul cas de l'identification électronique, montre que la question du sens des normes n'est plus pertinente pour les agriculteurs, puisque : « *la normalisation est une réalité quotidienne dans les univers de production depuis des dizaines d'années [et] fait partie intégrante du travail* » (Bonnaud, Joly, 2012, p. 169).

La technologie RFID est censée permettre de tracer l'animal dans sa généalogie, son alimentation, ses conditions de vie et de mort : les consommateurs pourraient se satisfaire de cette explication : la technologie RFID fonctionnerait comme une garantie de la traçabilité, définie comme « *l'aptitude à retrouver l'historique, l'utilisation ou la localisation d'un article ou d'une activité ou d'articles ou d'activités semblables au moyen d'une information enregistrée* » (norme ISO (1) 8402 de 1994). Or, la puce disparaissant du circuit lorsque l'animal est débité, il est facile de montrer que la traçabilité promue par l'identification électronique n'est pas tournée vers les consommateurs. Les récents scandales alimentaires touchant la viande de chevaux pourtant identifiés électroniquement suffisent à mettre en doute son utilité dans la partie de la filière située en aval de l'abattoir.

Pour retrouver sa signification, la traçabilité relevant de techniques de contrôle du risque historiquement liées au développement industriel et aux chaines de responsabilité dans les accidents technologiques vapeur (Fressoz, 2012), nous rappellerons dans un premier temps ce que dit la littérature des processus d'industrialisation de l'élevage. L'usage précoce de l'informatique a fondu en une seule deux formes différentes de traçabilité (la traçabilité interne à l'entreprise, qui concerne le travail ; et la traçabilité externe qui concerne le produit mis en circulation) pour en faire un facteur global d'accroissement de la productivité. Ce faisant, la traçabilité informatisée réorganise la valeur marchande des troupeaux, désormais indexée sur la quantité d'informations génétique, géographique et comportementale des animaux. Sans cette information, privés de la possibilité de circuler, les animaux invendables perdent toute valeur. Nous proposons pour en rendre compte le terme de *valeur informationnelle* et en examinons quelques aspects. Enfin, nous nous demanderons comment le mouvement des éleveurs opposés au puçage s'inscrit dans la logique de la valeur informationnelle : est-il nécessaire de refuser cette nouvelle abstraction pour ne pas rompre le contact avec les aspects concrets et sensibles du métier ? Peut-on s'affranchir de cette nouvelle forme de valorisation sans rompre avec les formes déjà en place d'insertion des exploitations dans le système marchand qui détermine depuis longtemps la morphologie et la taille des troupeaux ? En 2013, confrontés aux premières sanctions (amendes et retrait de subventions) pour défaut d'identification électronique, les éleveurs s'interrogent sur la possible disparition de leurs exploitations agricoles.

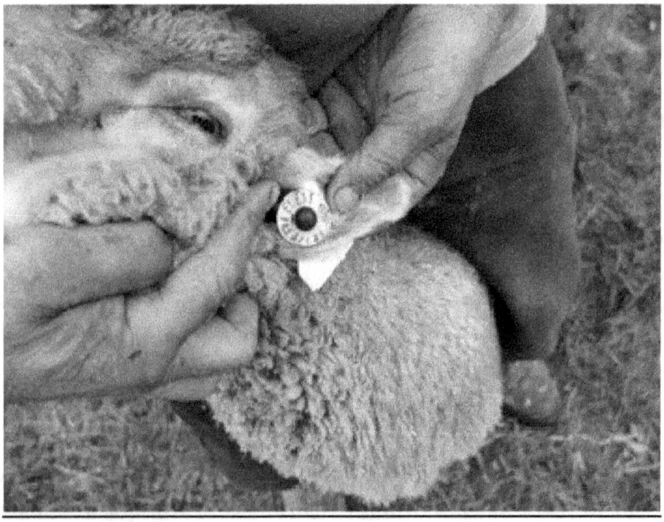

Mouton et berger se tiennent mutuellement en position, presque comme les pièces d'un puzzle (ici, la position du soin) dans une relation de domination, certes, mais qui implique une grande proximité… C'est cette proximité qui est rendue superflue par la puce RFID, qui, sans contact physique, échange les informations relatives au comptage, à l'identification et automatise le tri dans les parcs dotés des portes adéquates. La puce RFID est située dans le globe noir au centre de la boucle. L'information qu'elle contient se limite pour l'instant aux deux numéros également lisibles à l'œil : numéro d'élevage et code d'identification animal (règlement européen 911/2004). Elle est commandée, payée et posée par l'éleveur (avec une subvention provisoire de la part des organismes départementaux de l'élevage qui en limitent le prix à environ 2 euros). Les premiers modèles, mal conçus, ont entrainé des infections et des arthroses. Le problème semble maintenant résolu. Plaine de Crau, octobre 2013. Crédits : anonyme.

INDUSTRIALISATION DE L'AGRICULTURE OU AGRICULTURE D'UNE SOCIETE INDUSTRIELLE ?

De l'élevage aux productions animales

Quarante ans de développement des productions animales hors-sol ont largement popularisé l'expression « d'élevage industriel » sans que le terme ne soit précisément défini. Il peut parfois renvoyer à la forme des bâtiments, aux stalles à bestiaux rappelant les postes du travail à l'usine, instituant une analogie entre le caractère « inhumain » du travail posté et le sort réservé aux animaux. Il peut aussi renvoyer à l'image des « ersatz » des produits issus de l'artisanat, produits industriels « sans qualité », tels que les définissait Willam Morris (1996), promoteur des coopératives artisanales socialistes à la fin du XIXe siècle. Il est surtout largement confondu avec l'expression d'une « intensification » des productions agricoles, intensification elle-même entendue comme un accroissement de la production par unité de surface, sans tenir compte des consommations en capital, en travail et en énergie. Tout au plus peut-on poser que l'industrialisation en général, comme maximalisation de la rentabilisation des facteurs de production, a pour but de réaliser des économies d'échelle en accroissant la production de chaque unité productive et donc, compte tenu de l'inélasticité des marchés, en réduisant le nombre de ces unités de production. La division par quatre du nombre de fermes en France depuis 1950, accompagnée d'un accroissement des productions sans évolution importante des superficies cultivées est symptomatique de ces économies d'échelles – économies douteuses puisqu'obtenues par une débauche de capital et d'énergie (le rapport calories produites/calories consommées permettrait au contraire de parler de désintensification).

Pour certains, comme l'agronome Jocelyne Porcher[6] (2010a), il s'agit là d'une contradiction dans les termes : il ne peut pas y avoir d'élevage industriel. Il existe une industrie du porc hors-sol ou une industrie du poulet hors-sol, qui n'ont rien à voir avec l'élevage des cochons ou des poulets. L'animal réel, l'animal vivant reste bien entendu au cœur de cette industrie, mais comme une gêne, une contrainte qui ne sera dépassée que par la production massive de viande *in vitro,* c'est-à-dire l'exclusion totale et définitive de la dimension « élevage », au profit de la dimension « industrielle ». Les auteurs s'opposant à l'industrialisation de l'élevage préfèrent donc reprendre le terme des zootechniciens eux-mêmes pour caractériser ces pratiques : les « *productions animales* ».

---

[6] Elle-même ancienne éleveuse de brebis, Jocelyne Porcher est opposée à l'identification électronique.

Jocelyne Porcher souligne que cette conception de l'animal comme une gêne au bon fonctionnement industriel remonte à loin : non pas aux débuts du « productivisme » des années 1960 (loi sur l'élevage de 1966), mais bien aux origines mêmes de la zootechnie scientifique qui considère dès 1888 que « *Les animaux d'élevage sont des machines. Non pas dans l'acception figurée du mot mais dans son acception la plus rigoureuse, telle que l'admettent la mécanique et l'industrie [...] Ce fonctionnement, qui caractérise la vie est aussi la condition de notre exploitation zootechnique, l'occasion de dépenses et de rendements que nous devons balancer de manière à atténuer les prix de revient pour accroître les profits* » (Sanson, 1888, cité par Porcher, 2010a).

Ce rejet du terme « d'élevage » pour caractériser les productions animales qui se développent tout au long du XXe siècle repose sur la caractérisation d'une autre manière de traiter les animaux qui ne sont pas « *des machines* », mais « *des compagnons* », aux côtés des éleveurs depuis 10 000 ans : « *L'élevage est un rapport historique de travail avec les animaux qui a de multiples rationalités dont la première est une rationalité relationnelle. L'élevage sert d'abord à vivre et à travailler avec des animaux* » (Porcher, 2010 a)

La disparition sociale de l'animal

Faire des animaux des machines au service de l'industrie implique de transformer ceux qui travaillent avec eux, et ceci grâce à une vaste entreprise d'insensibilisation : « *La réglementation européenne concernant le « bien-être animal » mais aussi l'industrie de la viande pour des questions de qualité des produits impose [aux travailleurs] des normes de travail et de comportement supposés respecter la sensibilité animale. Ces injonctions placent les travailleurs en position d'injonctions paradoxales. Ils doivent prendre en compte le caractère sensible des animaux tout en usant d'eux comme de choses industrielles* » (Porcher, 2010b, p. 16).

La relation à l'animal est désormais coupée : le consommateur de viande (de « *minerai de viande* » comme disent les zootechniciens) veut s'assurer, par la norme, la loi ou le label, d'un bien-être animal qui ne peut plus être assuré par ceux qui les soignent. Le travail réel s'éloigne de plus en plus du travail prescrit : on ne peut pas commander d'aimer ses animaux à celui qui « *fouille* », à la main, l'utérus des truies pour en retirer la vingtaine de porcelets que la génétique et les hormones lui ont permis de porter, mais pas d'expulser. L'industrialisation tend à supprimer l'animal de l'équation alimentaire en tant que « *production biotechnologique de protéines animales. Et cela d'autant plus rapidement que l'on constate une convergence en ce sens des intérêts d'acteurs très différents, voire apparemment opposés* » (Porcher, 2010a). « *Il n'y a pas d'agriculture industrielle ; il y a une industrialisation du monde à laquelle l'agriculture n'échappe pas. L'agriculture industrielle est celle qui sait être en phase avec la société industrielle, en son cœur ou dans ses marges, dans sa capacité à survivre à tout, en se retrouvant systématiquement dans le problème et la solution* » (Noulhianne, éleveur, 2011).

Au travers de la lutte d'éleveurs pratiquant leurs activités dans des systèmes extensifs, nous nous situons incontestablement dans une « *marge* » sociale et spatiale de la société industrielle.

L'intégration marginale des systèmes d'élevage extensif à la société industrielle

L'élevage ovin et caprin n'a guère passionné agronomes et zootechniciens français avant une période relativement récente. Il existe bien des ateliers d'élevage laitier ovin ou caprin en stabulation forcée, mais en proportion moins grande que dans l'élevage laitier bovin. Ce retard dans l'industrialisation a pu un temps faire croire qu'on avait ici affaire à un contre-modèle : une agriculture a-industrielle ou anti-industrielle. Ces différents contre-modèles sont en fait basés sur le même présupposé idéologique que celui qui a longtemps sous-tendu le modèle de l'industrialisation : dans les alpages, et autres terrains escarpés, pas d'intensification possible. Nous chercherons à montrer qu'il y a au contraire une mise en phase avec la société industrielle, fût-elle marginale et peu marquée par l'intensification, suivant deux processus.

La première forme d'industrialisation marginale réside dans la spécialisation agricole « par défaut ». En montagne, la mécanisation étant compliquée par la pente, on ne peut guère améliorer l'alimentation animale, composée de fourrages naturels ligneux, à la valeur nutritive sans doute pauvre, mais surtout difficilement mesurable sur des « *tables fourragères* »[7], défaut rédhibitoire pour l'ingénierie agronomique du « *rationnement à l'auge* ». Ces terres furent donc laissées à ce qui apparaissait comme une forme de spécialisation agricole « par défaut » dans la production la moins rentable : l'élevage naisseur de bovins à viande, l'élevage laitier et viande de chèvres et de moutons. Cette spécialisation par défaut est elle-même rendue de plus en plus fragile du fait d'importations massives de viande. Le nombre d'ovins-viande a été divisé par deux en 25 ans, malgré une augmentation importante des effectifs par troupeau, et son élevage ne survit parfois que grâce à la demande d'agneaux de la fête de l'Aïd El Kebir (Brisebarre, 1998). Avec l'importation massive d'engrais minéraux, puis la production d'engrais de synthèses, les terres de parcours ont perdu leur dernière

[7] Mesures de la valeur nutritive des fourrages mise en regard des besoins des animaux à différents stades du cycle productif (génisse, vache gestante, vache en lactation…).

légitimité qui était de transférer la matière organique des parcours communaux vers les champs *via* la fumure. En conséquence, les troupeaux de petits ruminants ont quasiment disparu en dehors des reliefs du sud de la France, où les autres productions n'ont pu se maintenir.

La seconde forme d'industrialisation marginale s'observe à travers la paperasserie agricole et environnementale. Depuis les premiers quotas destinés à éviter les crises de surproduction et les premières mesures de protection de l'environnement, les agro-économistes tendent à présenter les politiques européennes en matière agricole comme duales : certaines filières et espaces continuent sur la lancée de l'intensification, d'autres se verraient confier un rôle essentiellement social et paysager. Les réflexions des militants opposés à l'identification électronique visent à montrer que ces filières et espaces marginaux ne sont pourtant pas plus « *autonomes* » vis-à-vis des subventions européennes que ceux voués à l'intensification. En effet, les systèmes d'élevage extensifs subissent le même type de contrôles que les céréaliers ou laitiers de plaine. Une étude approfondie de la question laisserait sans doute apparaître un net désavantage pour les « petits » des zones escarpées, qui dépendent d'une variété plus grande de mesures et ont moins accès aux cabinets de gestion. On a donc affaire à une agriculture partout bureaucratisée, car il faut pouvoir « tracer » les fils reliant la justification de la subvention (les productions et les interventions culturales et paysagères des acteurs concrètement impliqués sur le terrain), la demande de subvention (les déclarations) et son versement par l'établissement payeur.

INFORMATISATION DE LA TRAÇABILITÉ ET VALEUR DU TROUPEAU

Traçabilité interne et traçabilité externe

L'utilisation du verbe « tracer » peut sembler abusive dans la mesure où la « traçabilité » est généralement associée à des procédures de suivi des personnes, produits et informations destiné à assurer la sécurité des échanges et non à des contrôles administratifs. L'emploi du terme dans les filières agricoles ne s'est généralisé qu'avec les mesures de suivi des animaux prises après la crise de la « vache folle » en 1998. Nous présentons ici le point de vue des militants opposés à l'identification électronique, et notamment celui de Matthieu Amiech (2012) quand il rassemble sous le terme de traçabilité deux types de phénomènes différents dans leurs finalités mais identiques dans leurs procédures.

Selon lui, du point de vue interne à l'entreprise, la traçabilité, c'est, avec l'augmentation de la taille des ateliers à la fin du XIXe siècle, l'outil dont se dotèrent les patrons pour repérer les actes fautifs ou inutiles, susceptibles d'être améliorés ou supprimés pour renforcer l'efficacité de la production. Elle désigne alors l'outil indispensable de la taylorisation du travail.

Du point de vue des échanges, la traçabilité externe est historiquement un outil permettant d'identifier la provenance d'un produit commercialisé. La première forme de traçabilité externe est *la marque*, qui s'impose progressivement au XIXe siècle sur les marchandises (Bonneuil, Fressoz, 2013) pour permettre à des producteurs de nouer un lien direct avec les consommateurs par-dessus la tête des intermédiaires toujours susceptibles de mélanger deux produits vendus en vrac.

Dans le cadre agricole, nous sommes bien à l'interface de ces deux dimensions : la traçabilité « avant la traçabilité », c'est par exemple l'invention des « appellations d'origine contrôlées » dans les années 1920-1930. Mais ce sont aussi les procédures de contrôle des déclarations de production pour l'octroi des subventions. Dans les deux cas, la traçabilité transforme la manière dont est organisée l'utilisation des facteurs de production par « l'entreprise agricole ».

Quand une éleveuse opposée au puçage s'informe sur celui-ci en visitant une exploitation laitière intensive qui le pratique depuis longtemps, elle note qu'« *ils ont bien rigolé en nous voyant avec nos questions. L'ordinateur ça a été la révolution pour eux, comme pour beaucoup. C'est apparu comme la solution miracle à tous leurs problèmes* » (éleveuse, Tarn, septembre 2012). Dans cette exploitation, le puçage électronique des vaches avait été adopté non pas comme une mesure réglementaire, mais dans une démarche volontaire, afin d'individualiser la gestion des bêtes. Il s'agissait là d'une valorisation de la traçabilité interne par des entrepreneurs en « productions animales », soucieux d'optimiser l'utilisation de leur main-d'œuvre animale. D'une certaine manière, le constat général reste vrai : la traçabilité ne sert jamais « celui qui travaille ».

Traçabilité et informatisation : du rural au global

La traçabilité interne est antérieure à l'informatisation. L'informatisation vient alléger la bureaucratie de la traçabilité tout en lui ouvrant de nouveaux horizons. Ces deux mouvements indissociables d'allégement et de renforcement de la bureaucratie par l'informatique étaient déjà observés dans l'industrie, notamment par l'invention successive du code barre puis des puces RFID qui, pour un militant anti-puçage, « *portent le rêve gestionnaire d'une identification non plus limitée à une famille ou à un lot de produit mais individualisée* » (Amiech, 2012). L'individualisation du suivi est liée directement à l'impossibilité croissante d'identifier les animaux à l'œil dans des troupeaux de plus en plus grands : la gestion d'un troupeau ne peut plus reposer sur les hommes, il vaut mieux la confier à une machine.

L'élimination de l'erreur humaine par l'informatisation de la traçabilité a été mise en œuvre à l'échelle des filières agricoles dès les années 1970 dans le secteur de l'élevage porcin aux Pays-Bas, où une expérimentation pilote conduite par les neuf « *organisations d'élevage* » du pays a été développée avec des outils numériques tout d'abord embryonnaires, puis, de plus en plus sophistiqués (Taponier, Desjeux, 1994, p. 287 sq.). Dans une première phase, la numérisation est intervenue au niveau de l'organisation de l'élevage et dans une deuxième, à la fin des années 1970, sur des micro-ordinateurs implantés chez les éleveurs et les reproducteurs, qui transmettaient leurs données par la poste, sur disquettes souples.

À ce stade, il apparaît clairement que la traçabilité est bien un opérateur à la fois de productivité interne et de communication externe, mis en place en quarante années d'informatisation du suivi génétique. On peut vérifier l'actualité du propos dans la sentence suivante, issue d'une livraison de 2011 de la revue *Chambres d'agriculture* : « *Les éleveurs souhaitent éviter de saisir plusieurs fois les mêmes informations par exemple, sur le logiciel associé au robot et sur le portail éleveur en vue de sa notification à la BDNI (Base de données nationale d'identification). Ils attendent que soient interconnectées l'informatique de production liée à l'équipement et l'informatique de gestion administrative de l'élevage, et que soit tenus en phase les fichiers présents sur divers équipements* » (Rognant, Marlin, 2011). Derrière l'équipement à la Jacques Tati des parcs de tris en wifi, de « dispositifs portables de saisie » (PDA), de détecteurs de chaleur, de barrières automatiques et de pesées numériques, se développe un vaste réseau d'échange de données hiérarchisé aux échelons européen, national, régional et local : « *Les logiciels que (les éleveurs) utilisent sont de plus en plus, pour reprendre le jargon informatique, de type « cloud » : les outils utilisateurs sont des navigateurs (« client léger ») et les ressources (données, logiciels) sont « dans les nuages », c'est-à-dire sur des plateformes informatiques accessibles par internet* » (Rognant, Marlin, 2011). Le déferlement des bases de données donne le vertige et interroge sur l'autonomie acquise par les organes bureaucratiques une fois informatisés, vis-à-vis des producteurs qui travaillent avec les animaux.

La prolifération des équipements se présente comme un biopouvoir qui alimente ses propres besoins par le biais d'un emboîtement de dispositifs : les éleveurs qui, selon une étude de 2010 de l'Institut de l'élevage, sont équipés pour 80 % d'entre eux en micro-ordinateur, internet et téléphone portable, et utilisent ces outils pour la gestion de leur exploitation ; les organisations professionnelles (réseau FIEA/ARSOE France Informatique Élevage et Agriculture, Association régionale de services aux organismes d'élevage), appuyées par l'Institut de l'élevage et implantées dans les chambres d'agriculture et soutenues par le site INRA de Jouy-en-Josas ; le ministère de l'Agriculture qui orchestre la gestion des bases de données nationales (BDNI, NORMA-BEV : base de données des abattoirs, BDPORC spécialisée dans la filière porcine), en fabrique de nouvelles (base ovins-caprins) et compile les données génétiques dans les Systèmes Nationaux d'Information Génétique (SNIG) gérés par l'interprofession France Génétique Élevage (FGE) ; au niveau européen (AGRO-EDI Europe) et international (ISO, notamment la norme d'échange 17 532, UN-CEFACT), les données sont standardisées, en parallèle du système d'échanges de données TRACES, ouvert aux services vétérinaires et aux commerciaux pour ce qui est des déplacements d'animaux vivants, et du centre INTERBULL, qui consolide les données issues des pays conduisant des programmes d'amélioration génétique et renvoie en retour une indexation internationale (*Chambres d'agricultures*, 2011).

La valeur informationnelle dans la chaîne de valeur du troupeau

L'autonomisation de la part numérique devient un élément de la valeur de la production agricole, car *« la valeur des produits agricoles est conditionnée par l'information qui leur est attachée »* (Rognant, Marlin, 2011). Les informatiseurs (qui produisent une description formelle des activités à informatiser, Kirschey, *in* Oblomoff, 2011) de l'agriculture désignent les consommateurs comme étant à l'origine de cette nouvelle valeur informationnelle : *« La demande des consommateurs se porte sur des produits identifiés, tracés et différenciés »* (Rognant, Marlin, 2011). Or, dans le cas de l'identification électronique, il est bien évident que les consommateurs ne demandent pas à consommer le fromage tiré du lait d'une brebis particulière, née de l'insémination artificielle effectuée avec le sperme congelé du bélier X ou Y. Le moteur de cette valeur informationnelle est à rechercher plutôt dans l'informatisation de la filière : « *Ces technologies permettent de capter beaucoup de données. Le risque existe que les sociétés multinationales à l'origine de ces équipements ne cherchent à capter certaines de ces données et à les monnayer ensuite aux éleveurs et aux organisations collectives, ou à leur proposer directement des services de conseil »* (Rognant, Marlin, *op. cit.*). Ce sont donc bien les informatiseurs qui sont les premiers promoteurs de cette valeur informationnelle. La traçabilité dont il est question est d'ailleurs une traçabilité de l'amont de la filière agro-industrielle, depuis ses fournisseurs jusqu'à l'éleveur, et non pas de l'aval de la filière, de l'éleveur au consommateur. La valeur informationnelle ira à ceux qui participeront le plus profondément possible aux procédures de traçabilité. Les zones d'élevage extensif peuvent, grâce à la traçabilité, prétendre à une nouvelle forme de valorisation. Les dirigeants de ces filières en difficulté ne s'y sont sans doute pas trompés. C'est ce que semblent indiquer les déclarations, en 2004, du ministre de l'agriculture devant la Fédération Nationale Ovine réunie à Narbonne : « *la mise en place d'un nouveau mode d'identification des animaux [...], vous souhaitez au contraire en faire la clef de voute d'un dispositif moderne de gestion du troupeau, de segmentation et de traçabilité* ».

À partir d'une enquête de terrain effectuée au Pays basque en octobre 2013, nous pouvons examiner comment la traçabilité a privilégié la « voie mâle » dans la sélection des animaux. Les éleveurs de brebis laitières du Pays basque s'inscrivent pour 25 % d'entre eux dans un programme de contrôle laitier piloté par le centre départemental ovin d'Ordiarp, un organisme coopératif chargé de l'amélioration des performances laitières des races locales, concernées par l'AOP Ossau-Itary. On est ici au croisement de toutes les traçabilités : la traçabilité externe (l'AOP), la traçabilité interne (le suivi individualisé des performances de chaque brebis en contrôle laitier), et le suivi génétique connecté sur les bases de données nationales (les agnelles et agneaux issues des brebis les meilleures sont obligatoirement proposées au centre ovin à fins de reproduction). L'informatique est alors omniprésente : les stalles de traite donnant accès à la mangeoire sont équipées de capteurs RFID pour permettre au robot de fournir la quantité et la qualité correspondante de grain à chaque brebis en fonction de ses critères individués (stade de lactation, etc.) eux-mêmes mis en relation avec ses performances (quantité, qualité). On poursuit donc bien un objectif d'augmentation de la productivité classique (mesurée en litres de lait), mais doublé d'un autre, lié à la valeur informationnelle, partagée (en proportions inégales) par l'éleveur et le centre ovin : l'information relative au couple génétique/performance. Le bassin laitier Ossau-Itary s'apparente à un vaste laboratoire *in situ* du contrôle laitier.

Le contrôle laitier au Pays basque fournit un exemple précis de ce que permet l'identification électronique à la liaison entre contrôle génétique et contrôle des performances. Or, sur le plan réglementaire, un vaste chantier d'administration de la génétique animale est en cours pour valoriser des troupeaux riches en information, ce que les militants des collectifs anti-puçage ont vu venir depuis longtemps : « *La* voie mâle *promet d'être le prochain grand chantier de mise aux normes industrielles de l'élevage : la loi d'orientation agricole 2006-11 du 5 janvier 2006 oblige (article 93) les éleveurs à n'employer pour la reproduction que "des mâles ayant reçu un agrément assurant la conformité de leur matériel génétique". Dans les faits, seuls les mâles issus d'inséminations artificielles seront capables d'obtenir un tel agrément* » (Noulhianne, 2011).

Comme pour les plantes, il devient de plus en plus difficile d'organiser la reproduction à la ferme, selon ses propres modalités de sélection. Comme dans le cas de l'identification électronique, le recours à la loi fonctionne en synergie avec les logiques marchandes. Promoteur du projet de loi, le député de l'Allier Yves Simon a ainsi pu déclarer : « *L'idée était de financer la sélection (génétique) qui n'est plus subventionnée, d'où cet article de loi pour faciliter l'installation de sélectionneurs en leur créant un marché. Vu l'état des finances publiques, mieux vaut réglementer pour que vos meilleurs reproducteurs trouvent un débouché* »[8]. Le recours de certains éleveurs à des mâles certifiés leur assure un avantage en termes de valeur informationnelle qui, dans une logique concurrentielle, pousse les autres éleveurs à les imiter.

C'est par exemple ce qui s'est passé autour du centre départemental ovin d'Ordiarp au tournant des années 1990-2000. Après la crise de « la vache folle », une épidémie de tremblante du mouton (autre maladie à prions) a amené les autorités nationales à un travail d'identification des gènes de la « sensibilité » à la maladie. Il en est ressorti que le Pays basque, particulièrement touché, avait une population de brebis particulièrement sensibles... là où les troupeaux avaient été le plus drastiquement sélectionnés sur des critères purement quantitatifs de production laitière. Au lieu de remettre en cause ce processus de sélection sur critère unique, l'identification du problème a débouché sur l'établissement d'un critère de sélection encore plus restrictif en interdisant de déplacement tout troupeau dont les béliers reproducteurs ne disposaient pas de certificats d'insensibilité génétique à la maladie.

La valorisation informationnelle touche d'autres domaines reliés à l'élevage extensif, en particulier le savoir-faire des bergers, tel qu'il est décrit dans l'ouvrage coordonné par Michel Meuret (2010), agronome de l'INRA et sympathisant du collectif d'opposition au puçage dans la région PACA. Le savoir vernaculaire des bergers (notamment la connaissance des *biais* parcourus par les troupeaux pour les orienter vers des *écailles* de terrain qu'ils donnent à brouter chaque jour) est transformé en savoir d'expert sur cartes, traité par SIG et calculé ensuite en polygones de portions de pâturage élémentaire (PPE). De même pour la labellisation biologique : à propos de la création, en 1978, de l'ACAB (Association des Conseillers Indépendants en Agriculture Biologique), Sébastien Delpech (2012) rappelle que « *le contrôle et la transparence se perfectionnent encore une fois en dehors de toute institution professionnelle, de manière complètement volontaire* ». Ce n'est qu'en 1991, que l'Union Européenne reconnaît l'agriculture biologique. Le label AB, propriété de l'État, est créé en 1993, et le contrôle des cahiers des charges AB échappe aux associations et est confié à des organismes officiels. Enfin, au sein de la Confédération paysanne, une tentative de valorisation des « petites fermes » les plus touchées par la baisse du revenu agricole a été opérée par un processus d'autoévaluation aussi bien quantitatif que qualitatif, arrivant à une somme de 120 000 « petites fermes » en France. « *C'était un alliage entre expertise paysanne et expertise*

---

[8] « Quand le progrès pue le bouc », *CQFD*, n° 96, 2012.

scientifique » (Barbau, 2010). Elles peuvent tenter de valoriser l'information qu'elles contiennent comme n'importe quel produit labellisé : « *[les petites fermes] sont de véritables entreprises agricoles, intégrées au système économique et commercial* » (Roqueirol, Collin, 2012).

SORTIR DE LA CHAINE DE LA VALEUR ? LES COLLECTIFS ANTI-PUÇAGE À LA CROISÉE DES CHEMINS

« Mais jusqu'où ira la solidarité » ?

Issus du Lot-et-Garonne, de la Drôme, de « PACA », de Saône-et-Loire, d'Ariège, d'Ardèche ou du Tarn, les collectifs antipuçage se réunissent en inter-collectif pour la quatrième fois fin 2012. Une cinquantaine de personnes, pour moitié éleveurs, discute de la poursuite de leur mouvement. Le contexte est difficile : à l'automne, les premières sanctions sont tombées. Un couple d'éleveurs drômois s'est vu retrancher 8 000 euros de primes. Dans d'autres départements, les sanctions ont été moins sévères mais il existe d'autres menaces plus graves : interdiction de faire circuler les bêtes hors de l'exploitation ; interdiction de les faire abattre en abattoirs ; et même, cas ultime, abattage du troupeau par les services sanitaires.

Les questions d'efficacité de la lutte, de solidarité entre éleveurs d'une part et entre éleveurs et non éleveurs d'autre part prennent alors un caractère d'urgence : *« Au printemps je dois sortir 150 chevreaux par mois de mon exploitation pour les apporter à l'engraisseur... Qu'est-ce que je fais moi concrètement, si je peux plus les déplacer ? J'arrête tout ? »*. Ces angoisses remettent en cause la participation au mouvement de non-puçage : *« C'est très bien de dire tout ça, mais là aujourd'hui on est ensemble... Mais demain, je me retrouve seule dans ma ferme, avec la peur, parce que je suis seule, et donc si ça se trouve, moi demain, je vais pucer, et il y en a d'autres ici qui feront pareil »*. Pour certains, *« il faut s'attendre à ce que ça nous tombe dessus de ne plus pouvoir bouger les bêtes, de ne plus pouvoir aller à l'abattoir. Il va falloir organiser des circuits parallèles, négocier avec les autorités sanitaires »*. Mais pour d'autres, l'hypothèse reste inenvisageable : *« et donc arrêter l'exploitation ? Mais qui va te suivre ? »*.

Il faut une longue discussion pour faire réapparaître toutes les tactiques personnelles qui permettent encore à beaucoup de ruser avec la loi : *« moi j'ai pucé qu'une bête dans mon troupeau »* ou encore : *« moi, je vends mes bêtes en foire. Du coup, je les puce la veille de leur transport vers la foire »*. Ces tactiques renvoient aux différences dans les pratiques d'élevage de chacun : *« on a tous des systèmes différents, ça sert à rien d'essayer de trouver la bonne façon de faire parce qu'elle serait jamais applicable »*.

De fait, la diversité règne au sein de l'inter-collectif entre ceux qui possèdent quelques dizaines ou quelques centaines de brebis, ceux qui pratiquent la vente directe et ceux qui revendent aux professionnels, entre ceux qui vendent sur pied et ceux qui transforment viandes ou fromages, entre ceux qui gardent et ceux qui parquent, entre les « herbaciers » qui négocient tous les ans leurs pacages et ceux qui bénéficient d'une certaine stabilité foncière, entre ceux qui désaisonnent les agnelages pour faire durer les lactations et ceux qui ne traient pas, ou sur une courte durée… Soit une galaxie de cas particuliers.

Sortir du système de traçabilité ?...

Faire front commun sans nier cette diversité est assez compliqué. Parmi les idées proposées : se passer des boucles d'oreille, se passer des abattoirs, vendre différemment.

Se passer des boucles fournies par l'administration est l'occasion de séparer ce qui relève de l'identification des animaux, utile à l'éleveur pour la gestion de son troupeau « *parce que moi au-delà de 100 bêtes, je ne peux plus faire confiance à ma mémoire* » et ce qui relève de la traçabilité « *dont on n'a rien à faire !* ». Mais la discussion, quand elle devient concrète, montre que la distinction entre identification et traçabilité n'est pas si claire que ça : faut-il laisser faire chacun à sa guise « *tatouer un petit dessin* », « *faire un trombinoscope de photos des animaux placardé dans l'étable* » ou instituer une norme commune, même minimaliste ?

Certains voient dans la résistance au puçage l'occasion d'aller plus loin dans la démarche qu'ils avaient originellement en s'installant : « *ne plus aller à l'abattoir, moi ça m'ira. Parce qu'envoyer mes agneaux à l'abattoir, savoir qu'ils attendent une demi-journée sur une dalle de béton, ça me plait pas. Il faut abattre nous-mêmes* ». Mais sortir des réseaux de la traçabilité n'est pas aisé car il y a pour certains un besoin d'organisation « *il faut voir comment sont organisés les abattoirs itinérants de l'Aïd, et en Allemagne aussi* » et de formation : « *moi si je suis pas formée, j'ai peur d'empoisonner les gens* ».

La radicalisation de la posture oblige à repenser les échanges. On évoque le troc, mais « *on va pas pouvoir échanger des agneaux contre du gasoil* ! ». Germe alors l'idée que la solution ne peut venir que d'une forme de solidarité entre « *mangeurs* » et éleveurs : vente directe et circuits courts. On propose des formes de parrainage : « *un mangeur peut acheter une brebis sur pied, et partager les risques : fournir l'équivalent de la perte des primes si elle arrive* », « *si moi, en tant que « mangeur » je paye 400 euros d'amende parce que ma brebis n'est pas pucée, je vais l'aimer ma brebis* ». Mais l'option est vite rejetée : « *On y a pensé, mais ça ne marchera pas : le tort sera toujours reporté sur l'éleveur, sur le plan juridique* ».

... Sans sortir de la chaîne de valeur ?

Ce rejet du parrainage du troupeau par les mangeurs peut surprendre : dans un premier temps au moins on peut penser que ces accords informels, basés sur des écrits non opposables sur le plan juridique, engageraient déjà financièrement les mangeurs dans la gestion du troupeau : les mangeurs paieraient en monnaie la part du risque qu'ils ont mis dans le troupeau (parrainage d'une, deux, trois brebis...). En contrepartie, ils bénéficieraient de la viande, du lait, du fromage, voire de la part monétaire issue de la vente des agneaux ou des fromages sur le marché.

Ces échanges montrent qu'au sein même des collectifs persiste un attachement fort au statut d'exploitant agricole. Non pas sur un plan idéologique mais sur le plan pratique : leurs systèmes d'élevage, pour divers qu'ils soient, sont tous concrètement configurés (taille, techniques, capital, travail, etc.) par et pour le marché et la bureaucratie des subventions. Partager les risques, former des associations d'éleveurs et de mangeurs revient à heurter la configuration de ces systèmes d'élevage en un point précis : la propriété. Le mutualisme implique que d'une manière ou d'une autre, l'éleveur ne sera plus l'entier propriétaire de ses bêtes.

Les éleveurs ne sont pas tous prêts, loin de là, à sortir de la chaîne de la valeur propre à leur intégration au capitalisme. Leurs modestes troupeaux sont déjà bien plus importants que ceux des éleveurs des années 1950. Aujourd'hui, perdre le statut d'exploitant agricole, c'est s'extraire d'un système certes bureaucratique, mais qui ne se réduit pas à une « bureaucratie parasitaire ». Il remplit une fonction bien précise depuis des décennies voire depuis deux siècles : intégrer les paysans à la chaîne de production de la valeur marchande. Cette valeur peut aujourd'hui être en partie exprimée en termes de « valeur informationnelle du troupeau ». Mais la sanction qui attend les éleveurs non puceurs n'est pas le retrait du seul champ de la valeur informationnelle. C'est le retrait pur et simple du champ de la production de valeur induite par la circulation des biens marchands. Or, les troupeaux, dans leur configuration actuelle, même chez les opposants au puçage, sont des troupeaux configurés pour la marchandise. Retirés du système de circulation de la valeur, les éleveurs ne peuvent plus faire perdurer le système d'élevage tel qu'il est parce qu'il est déjà tributaire de ce système d'échange généralisé.

CONCLUSION

La bureaucratisation, ici illustrée par la traçabilité des animaux, poursuit la voie des processus d'industrialisation en ouvrant de nouveaux gisements de valeur marchande : la valeur informationnelle. L'industrialisation engendre ses propres contraintes gestionnaires et sécrète ainsi sa propre bureaucratie : celle qui aujourd'hui s'appelle « traçabilité ».

Il est donc intéressant de noter que ces collectifs opposés au puçage, en même temps qu'ils se heurtent à la rigueur de la loi et risquent la marginalisation, peuvent aussi trouver dans leurs difficultés un motif d'espérance : la question qu'ils se posent se pose en fait à tous les agriculteurs. Comme les agriculteurs plus productivistes, ils ont fait des choix contraints par leurs finances, les banques, les terres disponibles, etc. Ils sentent comme eux les pressions notamment bureaucratiques et marchandes. Comme eux, ils peuvent se rassurer provisoirement quand, face à leur troupeau, ils se disent que « ça », au moins, ils le possèdent. Comme eux, ils peuvent alors penser que ces bêtes sont possédées par la loi de la marchandise autant que par l'éleveur. Rompre avec le puçage signifie aussi rompre avec la propriété induite par le système marchand qui l'a imposée.

BIBLIOGRAPHIE

AMIECH Matthieu, 2012, *Historique non systématique du concept de traçabilité dans l'industrie*, brochure polycopiée.

BARBAU Régis, 2010, « Les petites exploitations ont un mode de développement beaucoup plus durable, plus éthique http://www.con federationpaysanneaquitaine.org/index.php ?option =com_content&task =vi ew&id =207&Itemid =84, consulté le 31/8/2012.

BONNAUD Laure, JOLY Nathalie, 2012, *L'alimentation sous contrôle, tracer, auditer, conseiller*, Versailles, Éditions Quae.

BONNEUIL Christophe, FRESSOZ Jean-Baptiste, 2013, *L'événement anthropocène*, Paris, Seuil.

BRISEBARRE Anne-Marie, 1998, *La fête du mouton, un sacrifice musulman dans l'espace urbain,* Paris, CNRS.

DELPECH Sébastien, 2012, *« Notre bio n'a rien à cacher »,* brochure polycopiée.

FRESSOZ Jean-Baptiste, 2011, *L'apocalypse joyeuse, une histoire du risque technologique,* Paris, Seuil.

GARDIN Jean, 2011, « Vers un sauvage équipé ? Le cas d'ours balkaniques », *in* Oblomoff (dir.), *Le monde en pièces. Pour une critique de la gestion. 1. Quantifier,* Paris, Éditions La lenteur.

KIRSCHEY Émile, 2011, *La fabrique des machines à l'ère numérique,* Brochure polycopiée.

MEURET Michel, 2010, *Un savoir-faire de bergers*, Versailles, Éditions Educagri & Quae.

MORRIS William, 1996, *L'âge de l'ersatz et autres textes contre la civilisation moderne*, Paris, Éditions de l'encyclopédie des nuisances.

NOULHIANNE Xavier, 2011, *Puçage électronique : retour sur une histoire commune de l'industrialisation et de l'administration de l'élevage*, brochure polycopiée.

OBLOMOFF (dir.), 2011, *Le monde en pièces. Pour une critique de la gestion. 1. Quantifier*, Paris, Éditions La lenteur.

PORCHER Jocelyne, 2010a, « Le stade ultime des productions animales : la production de viande in-vitro », *Revue politique et parlementaire*, n° 1057, *Europe : quelle PAC pour 2013*, p. 97-104.

PORCHER Jocelyne, 2010b, *Cochon d'or. L'industrie porcine en question*, Versailles, QUAE.

ROQUEIROL Christian, COLLIN Philippe, 2012, « *PAC 2014. Pour une politique robuste de soutien aux petites fermes* », http://www.confederationpaysanne.fr/pac-2014-politique-robuste-en-faveur-petites_21-actu_2333.php, consulté le 31/8/2012.

ROGNANT René, MARLIN Christine, 2011, « Élevage. Le bénéfice des Systèmes d'Information et des technologies numériques », *Chambres d'agricultures*, n° 1003, p. 29-36.

SANSON André, 1888, *Traité de zootechnie*, Paris, Librairie agricole de la maison rustique.

TAPONIER Dominique, DESJEUX Sophie, 1994, *Informatique, décision et marché de l'information en agriculture*, Paris, L'Harmattan.

EXPLOITATION AGRICOLE PÉRIURBAINE CHERCHE RECONNAISSANCE ET VISIBILITÉ FONCIÈRE

Periurban farm seeking recognition and land tenure visibility

Christine LÉGER-BOSCH[1]
UMR Métafort, IRSTEA

Françoise ALAVOINE-MORNAS[2]
UR DTM, IRSTEA

Résumé : La consommation d'espaces agricoles ne cesse d'augmenter en France, notamment aux abords des villes, sous l'effet conjugué de la croissance démographique, du desserrement de l'habitat, et de l'aménagement de zones dédiées aux activités économiques. Ces espaces sont au cœur d'enjeux cruciaux pour l'aménagement urbain d'aujourd'hui : cadre de vie et espaces de respiration, corridors écologiques, alimentation locale, etc. Conformément aux injonctions de l'Europe et de l'État, les projets politiques des collectivités locales affirment de plus en plus leur sensibilité à ces enjeux et développent des projets transversaux de développement. Pourtant, les résultats de ces efforts sont peu visibles aujourd'hui. Notre article vise à exposer le point de vue des agriculteurs, pour qui la rentabilité de l'entreprise conditionne le maintien de ces espaces. Grâce à une analyse approfondie de leurs logiques de décision et du contexte dans lequel ils les prennent dans trois territoires périurbains en région Rhône-Alpes, nous proposons de décrire de manière qualitative l'ensemble des contraintes fonctionnelles, économiques et sociales auxquelles ils se sentent soumis.

Mots-clés : agriculture, espaces périurbains, contraintes fonctionnelles, incertitude foncière, gouvernance

Abstract: *Under the combined effect of population growth, housing spacing and development of areas dedicated to economic activities, farmland consumption is increasing in France, especially near cities. These areas present crucial issues for today's urban planning issues: city livability and breathing spaces, ecological corridors, local food, etc. In accordance with the Europe's and French government's injunctions, local authorities – with their political projects – assert more sensitivity to these issues, and develop cross-cutting planning projects aiming to integrate this dimension. However, the results of these efforts are not very visible, as the land consumption pace is increasing even after 2010. This article aims to explain the farmers' point of view, whose farm's profitability determines the maintenance of*

[1] Courriel : christine.leger@irstea.fr

[2] Courriel : francoise.alavoine-mornas@irstea.fr

these areas. Through a thorough analysis of their decision logics and the context in which they take them, we propose to describe qualitatively the intricated functional, economic and social constraints under which they feel pressured.

Keywords: *agriculture, periurban areas, functional constraints, land uncertainty, governance*

L'immensité imaginée des territoires ruraux français est en réalité de plus en plus réduite face à l'expansion spatiale des territoires périurbains ainsi que par la définition statistique que l'INSEE en propose. Décrit par les géographes comme un espace « innovateur » (Bryant, 1997), « hybride » (Bonerandi *et al.*, 2003), comme un « tiers-espace » (Vanier, 2003) ou encore une « campagne-nature » (Perrier-Cornet, 2002), l'espace périurbain n'obéit pas aux mêmes dynamiques sociales, politiques et économiques que les zones urbaines et rurales. Les espaces agricoles y connaissent notamment d'importantes mutations, outre un constant recul. Pourtant l'enjeu de leur préservation est affirmé politiquement et socialement un peu plus chaque jour, en termes d'alimentation, de bien-être ou d'environnement.

Nous souhaitons dans cet article exposer le point de vue des principaux intéressés concernant ces changements, les agriculteurs. En effet, ils sont les principaux détenteurs de l'usage des espaces agricoles périurbains, et sont, malgré tout, les décideurs ultimes de leur maintien. Car même si le nouvel idéal de la société concernant l'agriculture (circuits courts, espaces récréatifs, environnement, paysage) se trouve relayé par les collectivités et élus, il néglige souvent la fonction productive, qui conditionne de manière expresse l'existence de l'agriculture. Les espaces agricoles périurbains, s'ils sont des espaces d'intérêt collectif, n'en sont pas moins le moyen de production d'entreprises privées dont la pérennité reste fonction de leur rentabilité. Or la pression urbaine ne produit pas uniquement un effet « net » de disparition de surfaces, mais aussi un ensemble d'effets diffus et invisibles.

Cet article a pour objectif d'améliorer la compréhension des mutations à l'œuvre et de leurs conséquences pour les entreprises agricoles et les agriculteurs à partir d'un travail d'enquête mené dans trois territoires ruraux soumis à une forte pression périurbaine dans la région Rhône-Alpes, autour de Saint-Étienne, de Vienne et de Voiron. Notre méthode de recherche est fondée sur une analyse des logiques individuelles d'agriculteurs périurbains, explorant les réalités quotidiennes de leur travail et les difficultés dont ils font état. Nous les mettons en rapport avec le contexte de gouvernance et discutons des perspectives d'amélioration en termes d'aménagement, tant au niveau de la profession agricole que des collectivités locales.

LE MAINTIEN DES ESPACES AGRICOLES PÉRIURBAINS, UNE QUESTION COMPLEXE DE SOCIÉTÉ

Les espaces agricoles périurbains sont aujourd'hui au centre de multiples enjeux sociétaux. Appartenant aux espaces ouverts touchant les villes, ils composent les paysages, entretiennent des zones souvent considérées comme des « poumons verts » pour les centres urbains, et constituent le théâtre d'activités récréatives et de détente importantes pour l'équilibre des agglomérations. En outre, ils représentent des espaces de productions parfois identitaires, ou pouvant être mis à contribution dans une dynamique de relocalisation de la consommation de produits alimentaires, par les circuits courts. Aussi, le maintien de leur usage est une question de société. De plus, un appel à une gestion économe de l'espace, à l'échelle européenne (SDEC, 1999) et en France à l'échelle nationale et territoriale dans les dernières lois d'aménagement (Loi de Solidarité et de Renouvellement Urbain, 2000 ; Loi de Développement des Territoires Ruraux, 2005), révèle que l'activité agricole est aujourd'hui concernée comme gestionnaire à moindre coût de ces espaces ouverts (Bertrand *et al.*, 2006).

Ces espaces sont orientés notamment par une action publique, qui se complexifie par les effets conjugués de la décentralisation et de la désectorisation des politiques, au travers d'outils d'urbanisme qui traduisent le conflit d'enjeux au milieu duquel elle se retrouve. En effet, l'action publique planificatrice, malgré le cadre juridique qui lui est donné au travers des Plans d'Aménagement et de Développement Durable des Schémas de Cohérence Territoriale (SCoT), des Plans Locaux d'Urbanisme (PLU) et d'autres dispositifs tels que la Directive Territoriale d'Aménagement, les Zones Agricoles Protégées, les Périmètres de Protection des Espaces Agricoles et Naturels Périurbains, ne s'inscrit pas toujours en cohérence avec des objectifs de préservation de l'activité agricole. Elle répond elle-même à d'autres enjeux : aménagement de zones pour un développement économique, rationalisation des infrastructures de transport, accueil résidentiel… Des divergences s'expriment tout particulièrement à l'échelle locale, où les intérêts patrimoniaux des acteurs privés (propriétaires) et les objectifs de développement des acteurs publics (municipalités et intercommunalités) sont souvent en contradiction avec une gestion économe de l'espace. Ce constat est confirmé par les chiffres de l'artificialisation des sols. Celle-ci continue de progresser en France, passant de 8,4 à 8,8 % de 2006 à 2009 (Morel, Jean, 2010), transformant également l'environnement physique des exploitations agricoles (44 % d'entre elles se situent en espace périurbain ou urbain en 2000) (Gille, 2002).

Le maintien des espaces agricoles dans les territoires périurbains est en premier lieu fonction de la répartition des activités dans l'espace, décidée par les collectivités locales au travers du zonage. En second lieu, son maintien est conditionné par le pouvoir d'aliénation de la terre détenu par le propriétaire, et son pouvoir d'allocation à un usage. On estime en effet que les agriculteurs ne sont propriétaires que de 10 à 20 % de la Surface Agricole Utile (SAU) en zone périurbaine. Enfin, en bout de la chaîne de pouvoir en termes de gestion de l'espace, se situent les agriculteurs, qui en sont usagers. Ils conditionnent l'exploitation agricole des terres, en fonction de la rentabilité de celles-ci dans une dynamique d'entreprise productive. Les agriculteurs sont donc des acteurs essentiels au maintien des espaces agricoles périurbains. En effet, l'objectif de maintien de l'espace agricole n'est pas uniquement statique (préservation des terres agricoles), il est aussi dynamique (productivité et entretien de ces terres), la présence d'espaces non urbanisés mais en friche ne répondant pas aux nombreux enjeux décrits plus haut. Cette évidence est parfois oubliée dans le contexte périurbain, notamment dans les instances de décision, animées par les pouvoirs publics en charge de l'aménagement du territoire : « la prise en compte des agriculteurs comme agents de production y cède parfois la place devant la légitimation de l'agriculture et de ses nouvelles fonctions » (Bertrand, Rousier, 2003). Les collectivités connaissent des difficultés dans l'appréhension de la double contrainte à laquelle font face les exploitations agricoles : d'une part, celle de l'accès à la terre, due aux décisions des propriétaires fonciers ; d'autre part, celle de la rentabilité de la production agricole, soumise à des dynamiques globales de filières et de marchés agricoles (Martin *et al.*, 2006). Or ces deux dimensions sont essentielles pour le maintien des exploitations agricoles périurbaines, lui-même étant lié à leur capacité à s'adapter aux contraintes de cet environnement périurbain.

Si la plupart des études relevant de disciplines diverses révèlent la position centrale que le projet urbain donne à l'agriculture aujourd'hui (Poulot, 2008), elles font le constat de ses manquements vis-à-vis d'innovations qui sont attendues en espace périurbain. Considérée « inattentive » ou « involontaire » (Bernard *et al.*, 2005), hormis pour sa part développant le lien au territoire et à la nature (agriculture biologique et circuits courts, voir par exemple Chometon, 2011), l'agriculture est vue sous l'angle de ses nombreuses fonctions positives vis-à-vis du territoire (Fleury *et al.*, 2004 ; Duvernoy, 2005), exceptée celle qui est à l'origine de son existence : la fonction économique. Certains auteurs s'intéressent pourtant à l'activité agricole de manière centrale, soit en décrivant précisément son évolution (Jarrige, 2004 ; Houdart *et al.*, 2010), soit en analysant les positions de la représentation agricole dans les instances d'élaboration du projet urbain (Jarrige, 2006), soit en posant la question de son aptitude à répondre aux attentes sociales qu'elle suscite (Jouve, Padilla, 2007). Une dernière manière de l'aborder a été de constater les stratégies patrimoniales et d'agrandissement foncier des agriculteurs, mus par la perspective de rente foncière ou d'accroissement de revenu (Jouve, Napoléone, 2003 ; Jarrige *et al.*, 2003). Mais ces approches centrées sur l'agriculteur se sont à chaque fois concentrées sur un point particulier de leur positionnement ou de leurs pratiques.

Il nous est donc apparu nécessaire de combiner le point de vue des agriculteurs avec une analyse des systèmes de production (Sébillotte, Soler, 1990), rarement mobilisée pour les espaces périurbains (Bryant, 1976 ; 2011). Celle-ci, combinée aux « conceptions » individuelles des agriculteurs (Darré *et al.*, 2004) permet d'identifier les blocages en tenant compte à la fois des savoirs et représentations des agriculteurs et des contraintes imposées par le foncier, les techniques et le marché. Ainsi peuvent être mis en évidence les liens entre les exploitations et leur environnement proche ainsi que les logiques jouant à plusieurs échelles.

UNE ENQUÊTE DANS TROIS TERRITOIRES RHÔNE-ALPINS

Notre propos est fondé sur les résultats d'une enquête approfondie auprès de 26 agriculteurs de trois territoires périurbains de la région Rhône-Alpes (figure 1).

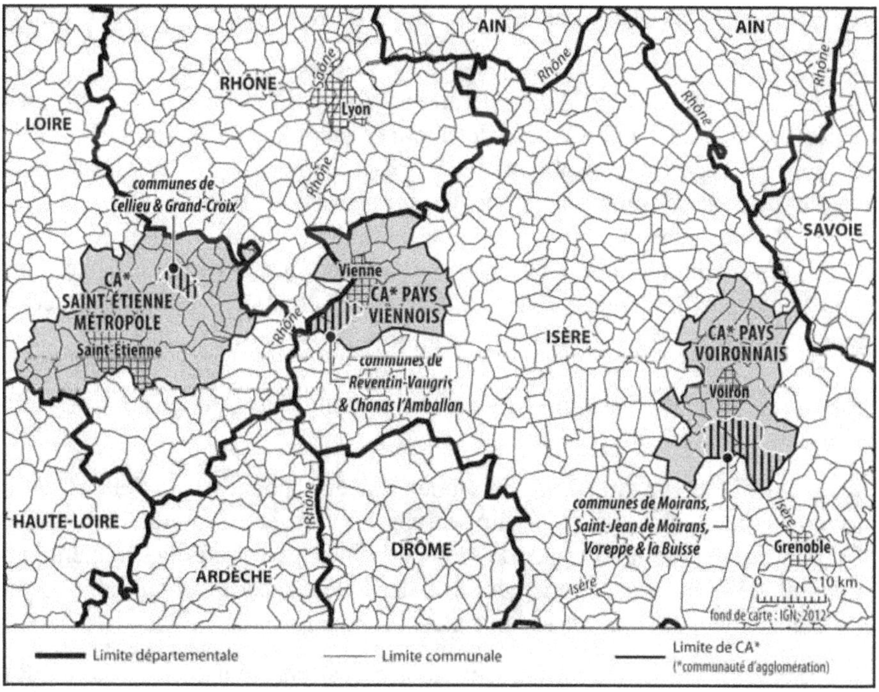

Figure 1 – Situation des trois terrains d'étude

La Communauté d'Agglomération de Saint-Étienne Métropole correspond au territoire de la vallée du Gier, entre Saint-Étienne et Lyon, contraint entre le massif du Pilat et les monts du Lyonnais. Aujourd'hui il est un territoire d'accueil résidentiel pour les populations actives de Lyon ou de Saint-Etienne, perdant son identité de vallée industrielle en raison des crises successives. Les aménités paysagères importantes des coteaux arboricoles du nord de la vallée attirent un habitat résidentiel, malgré la congestion de l'axe de transport intermédiaire entre les deux villes, l'A47. Celui-ci faisait encore, au moment de l'enquête, l'objet d'un projet de doublement (A45-Contournement de l'ouest lyonnais) sur ces mêmes coteaux.

La Communauté d'Agglomération Vienne'Agglo est un territoire du sillon rhodanien, concerné par d'importantes infrastructures routières et ferroviaires, au niveau national mais aussi européen (A7, fret du Contournement Ferroviaire de l'Agglomération Lyonnaise, ligne TGV Lyon-Marseille). L'espace y est contraint par une topographie de vallée. Il est concerné par l'accueil résidentiel de populations actives de Lyon, et, malgré le manque d'espace, par des perspectives de développement économique et logistique importantes, du fait de la proximité d'axes de transport majeurs et de l'agglomération lyonnaise. Le SCoT des Rives du Rhône prévoit ainsi la création d'une zone d'activité économique de 50 à 100 hectares sur la plaine céréalière du sud de Vienne, en extension d'une zone d'activités existante, sur les communes de Reventin-Vaugris et Chonas-L'Amballan.

Enfin, la communauté d'Agglomération du Pays Voironnais est située en région alpine, dans la partie nord de ce qui est appelé « l'Y grenoblois ». Elle est marquée par des problématiques périurbaines de diverses natures : développement d'habitat résidentiel et touristique, de zones économiques, de routes et autoroutes notamment dans sa portion sud. L'installation de la zone d'activités économiques « Centr'Alp » au sud a constitué une emprise importante sur des zones agricoles. Les deux premières tranches de cette zone ont été réalisées, tandis que la troisième partie (Centr'Alp III) a seulement fait l'objet de réserves foncières. Le changement actuel des politiques pourrait conduire à sa remise en cause, elle pourrait être « rendue » à l'agriculture.

Sur ces trois territoires, huit communes ont été choisies pour leur relative homogénéité s'agissant du taux d'espace artificialisé, de la vitesse d'urbanisation, de la densité de population et parce qu'elles étaient, au moment de l'enquête, concernées par les conséquences potentielles d'un d'aménagement projeté par les autorités publiques.

Les exploitations des 26 agriculteurs interrogés représentent la diversité des systèmes présents sur ces territoires (production, taille, âge de l'exploitant). Nous avons porté notre attention sur l'impact du contexte périurbain sur leurs décisions foncières. Les entretiens semi-directifs visaient à recueillir : a) une description fine de l'exploitation (moyens de production, fonctionnement, perspectives) ; b) une spatialisation de l'ensemble des parcelles, avec pour chacune d'elles : le mode de faire-valoir et le propriétaire, sa vocation au document d'urbanisme, l'occupation réelle du sol, les trajets inhérents à l'activité, les conditions de déplacement et de voisinage ; c) un inventaire des changements passés et présents réalisés et justifiés par l'exploitant ; d) une analyse de ses relations avec les collectivités, la profession agricole et avec chacun de ses propriétaires.

Du recoupement de ces informations et de l'analyse de chaque décision justifiée, nous parvenons à saisir les déterminants des décisions des agriculteurs et les logiques de décision adoptées en fonction du contexte. En effet, les justifications données par les agriculteurs et les décisions prises sont respectivement classées selon deux typologies élaborées par nos soins. Par ailleurs, chaque paire décision/raison a été classée parmi les quatre logiques d'action qui nous ont semblé être révélées par l'analyse.

RÉALITÉS ET PRÉOCCUPATIONS QUOTIDIENNES DES EXPLOITATIONS AGRICOLES ÉTUDIÉES

Nous présentons dans cette partie le cœur de nos résultats d'enquête de manière qualitative, à savoir les contraintes ressenties et les mécanismes de décision qui en découlent, d'agriculteurs soumis à une pression urbaine. Nous illustrons notre propos par des citations, représentatives des discours recueillis.

Cohabitation

Pour les exploitations en bordure d'espaces résidentiels, c'est-à-dire pour la plupart des agriculteurs interrogés, le changement d'environnement de travail n'est pas sans conséquences. L'expansion des zones d'habitat et leur diffusion augmentent et déplacent la zone de contact entre les résidents périurbains et les agriculteurs, et modifient leurs relations sociales (analysées notamment en Île-de-France par Darly et Torre, 2013 et autour d'Albi et de Lyon par Bernard *et al.*, 2006). Leur différence culturelle, porteuse certes d'évolutions et d'innovations sociales telles que les associations d'Aide au maintien d'une agriculture paysanne (AMAP) ou d'autres associations locales, produit des situations où les agriculteurs semblent contraints de prendre en compte l'incompréhension et le manque de connaissances des résidents. Ils ressentent parfois, de la part de ces voisins, malveillance ou intolérance.

Ainsi, si un seul agriculteur a parlé de déprédations (par exemple, vols de fruits), beaucoup ont cité des incidents qui prouvaient une certaine inconscience de leurs concitoyens : une voiture faisant un demi-tour dans une parcelle de blé prête à être moissonnée ; des clôtures ouvertes et le bétail échappé ; des balles de foin roulées à travers les champs en pente ; des déchets jetés dans des parcelles devant être récoltées, etc. Ils citent souvent le comportement dangereux des automobilistes en présence d'engins agricoles sur des routes étroites, ou leur vitesse face aux troupeaux se déplaçant sur une route. La tendance des résidents périurbains à se plaindre, en mairie ou aux forces de police, pour nuisances sonores ou olfactives, plonge beaucoup d'agriculteurs interrogés dans l'embarras ou la colère car ils interprètent ceci comme un jugement de leur activité économique comme étant délictueuse.

Le cas particulier d'une exploitation agricole en « exode périurbain »

Monsieur X. était jusqu'en 2009 producteur laitier dans une commune de la vallée du Gier. Il était l'un des derniers agriculteurs de cette commune. Propriétaire de ses bâtiments et d'un tiers de sa SAU, il était en fermage pour un autre tiers auprès de la commune, et pour le dernier, auprès de propriétaires divers souvent en location précaire (absence totale de justificatif et donc impossibilité de justifier l'exploitation des parcelles auprès de la PAC et de recevoir les primes). Son troupeau de 30 laitières connaissait régulièrement des pertes, selon lui suite à l'ingestion par les animaux de corps étrangers, issus de déchets jetés dans ses parcelles ensilées (canettes). Sur la traversée de la route séparant le bâtiment d'élevage de la pâture des laitières, il relate qu'une vache avait été heurtée par une voiture, son chien de berger tué et enfin que sa femme et son fils avaient failli être renversés. Il raconte avoir trouvé plusieurs fois les clôtures ouvertes et les vaches échappées dans les lotissements voisins. La configuration de son exploitation et de son environnement induisait selon les règlements en vigueur qu'il ne pouvait épandre son lisier sur aucune surface de sa SAU. Il se permettait toutefois d'en épandre autour de son habitation. Il raconte avoir fait l'objet de plaintes en mairie pour nuisance (par exemple, les mouches) et avoir reçu une fois la visite de la police pour avertissement, sur une parcelle de céréales qu'il moissonnait en soirée. En 2005, sa SAU était de 60 ha. En 4 ans, suite à de nombreuses reprises de terres par la commune ou par ses propriétaires pour lotir, il avait perdu 20 ha. Monsieur X. a vendu sa ferme et en a racheté une au nord de l'Ain, dans une zone à faible densité de population, s'endettant de 400 000 €. Le sentiment d'absence d'avenir pour l'exploitation telle qu'elle était, les conditions de travail difficiles, conjuguées à son âge (à 20 ans de la retraite) et à la perspective de l'installation de son jeune fils, l'ont poussé à cet exode. Monsieur X. dit connaître au moins deux autres agriculteurs de la vallée du Gier ayant suivi ce même chemin.

S'ils ne reçoivent pas de plaintes pour les traitements phytosanitaires réalisés à courte distance d'habitations, ils sont bien conscients de cette nuisance et de la dangerosité de leur activité. Ainsi les arboriculteurs des coteaux du Gier adaptent leurs horaires de traitement et les réduisent à quatre jours par semaine. « *Vous imaginez, si je traite en combinaison de protection à quelques mètres de la voisine qui bronze sur sa piscine ?* ». Cette phrase montre bien les incitations contradictoires qu'ils reçoivent : protéger leur propre santé ou celle de la voisine, afficher la dangerosité des produits dispersés et donc perdre l'image positive de l'agriculture nourricière et de terroir…

Cette image de l'agriculture est perçue de manière aiguë par les agriculteurs périurbains, au contact quotidien de la société. Ils la craignent car ils ressentent une hostilité importante, qu'ils résument en quelques mots : « *pollueurs* », « *profiteurs* »[3], « *agents immobiliers* »[4]… Ils partagent parfois même ces constats, condamnant les choix de certains de leurs pairs, ou affirmant que même s'ils le souhaitaient, ils ne pourraient se permettre de relâcher leur recherche de productivité et donc leur tendance aux traitements : « *vous savez, moi, je préférerais ne pas passer toute ma journée sur un tracteur. C'est pas ça, le métier d'agriculteur* ». Mais ils ne se sentent pas respectés en tant que professionnels, ni dans leur fonctionnement quotidien, ni pour leur utilité sociale.

Le terme de « cohabitation », qui pourrait sembler exagéré, paraît donc bien adapté à l'écoute des agriculteurs interrogés.

Fonctionnalité de l'espace

De manière structurelle, le mitage des espaces agricoles périurbains s'accroît, et nous avons vu avec quelles conséquences. Sous l'effet conjugué de l'agrandissement des exploitations, de l'absence de remembrement et de difficulté d'accès au foncier, la dispersion des parcellaires d'exploitation augmente également. Les itinéraires des engins agricoles entre le siège d'exploitation et les parcelles s'allongent, augmentant la rencontre sur les routes de deux usages, à entendre les agriculteurs interrogés, difficilement compatibles : le transport de personnes et la circulation de machines de production. En effet une conséquence importante de la périurbanisation est l'augmentation des mouvements pendulaires, ce qui induit une augmentation du trafic routier jusqu'à un niveau pour lequel les axes sont inadaptés, conçus à l'origine pour un statut secondaire. « *Parfois je me fais insulter parce que je roule trop lentement* ». Par ailleurs, face à cette augmentation des flux, les municipalités se munissent contre la dangerosité des traversées de bourgs pour les piétons, les aménageant de manière inadaptée à de lourds engins. Enfin, la création de nouveaux axes de désengorgement ne prévoit pas toujours d'itinéraires de compensation pour les usagers agricoles. Sur ce point, la possibilité d'adaptation des agriculteurs à l'expansion urbaine est

[3] En rapport aux aides de la Politique agricole commune (PAC).
[4] En rapport à la rente foncière produite par l'urbanisation des terres en propriété.

limitée, comme dans le cas de certaines réglementations sur l'exercice de leur activité, en raison de la proximité de zones d'habitations. Ainsi, si les permis de construire sont délivrés pour des maisons d'habitation sans tenir compte de leur distance à une fosse à lisier à moins de 100 mètres, alors l'agriculteur détenteur de la fosse à lisier pourra être par la suite sommé de déplacer son équipement. « *J'espère qu'ils ne m'ennuieront pas avec ça, qu'ils ne seront pas trop bêtes* ». En conséquence, la fonctionnalité de l'espace agricole en zone périurbaine se dégrade selon les agriculteurs interrogés.

Accès à la terre

De façon générale, l'expansion urbaine crée une tension sur le marché foncier, à laquelle l'agriculteur est forcément soumis, excepté s'il dispose d'un parcellaire stable, suffisant, et dont il est propriétaire en totalité. En premier lieu, le foncier se raréfie, que ce soit sur le marché de la vente ou celui de la location ; d'une part pour une raison arithmétique de quantité de surfaces disponibles, d'autre part car les propriétaires fonciers retiennent la terre, en anticipation d'une possible rente due à une urbanisation future. Cette rétention foncière porte sur la propriété, mais également sur l'usage. En effet, le statut du fermage étant en France relativement protecteur vis-à-vis de l'usager, il est communément admis, comme l'exprime bien l'un des agriculteurs interrogés, que *« quand le propriétaire loue, il peut dire adieu à sa terre »*. On assiste donc à une précarisation des modes de faire-valoir indirects pour les agriculteurs en fermage. Les propriétaires souhaitent que la transaction ne puisse être prouvée, car ils veulent pouvoir récupérer leur terre lorsqu'ils le souhaitent et ils refusent d'établir le contrat physiquement, par la signature d'un document. L'agriculteur, disposant non plus de terres en fermage – reconduit tacitement –, mais de locations précaires à l'année, ne peut alors plus compter de manière certaine, dans sa dynamique d'entreprise de production et d'investissement, sur cette partie de ses moyens de production (*« J'ai juste l'assurance de récupérer ma récolte en cours »).* Si la loi, dans le Code Rural[5], reconnaît l'existence d'un contrat de fermage si son exploitation par l'agriculteur est prouvée, le dispositif d'enregistrement des surfaces exploitées donnant droit aux aides de la PAC exige des preuves écrites, comme par exemple la déclaration vis-à-vis de la Mutualité Sociale Agricole. Au-delà de la précarisation du foncier, l'expansion urbaine peut donc, pour les systèmes de production dépendants d'aides extérieures, également les affaiblir sur le plan économique *(« sur un quart de mes surfaces, je ne peux pas toucher les aides car je n'ai pas les bulletins de mutation MSA »*).

[5] Livre IV du Code Rural et de la Pêche Maritime : « Baux ruraux », Article L411-1 à 79.

Dans le cas où le propriétaire reprend sa terre pour en faire un autre usage (dans le cadre d'un changement de zonage dans le PLU en zone À Urbaniser, par exemple), l'agriculteur peut selon le Code Rural exiger le versement d'une prime d'éviction. Cette prime peut être importante, par exemple si la parcelle est plantée d'arbres fruitiers productifs (une parcelle doit être immobilisée et improductive cinq ans en moyenne pour que les arbres arrivent à leur stade productif). Pour le propriétaire, le fait qu'un fermier puisse lui demander cette prime fait partie des incitations à ne réaliser que des baux précaires, ou à refuser toute location, ce qui équivaut à accepter le non-usage de la terre et donc sa transformation en friche. Aussi, les agriculteurs sont partagés vis-à-vis de la revendication de primes d'éviction. Donc pour éviter tout effet de réputation vis-à-vis de futurs bailleurs potentiels, beaucoup évitent de les demander.

La difficulté d'accès au foncier provient également de phénomènes de spéculation sur les prix. Cette distorsion peut toucher les prix à l'achat, mais aussi à la location. Même s'il existe des barèmes départementaux du prix des terres agricoles, la transformation de la demande augmente les prix. À l'achat, la terre peut être considérée comme un investissement en vue d'une urbanisation future. À la location, l'usage agricole peut être concurrencé dans sa demande d'espace par des usages de loisirs (pâtures de chevaux de loisirs, espace récréatif).

Les tensions ne pouvant réellement s'exprimer vis-à-vis des propriétaires fonciers, par stratégie d'évitement de l'effet de réputation, le rapport de force pour l'accès à la terre se transfère entre les usagers eux-mêmes, c'est-à-dire entre les agriculteurs. Si dans le monde rural le sujet foncier est déjà vecteur de clivages au sein de la société agricole locale, ce constat est exacerbé dans les espaces périurbains. En particulier, on observe que le rapport entre jeunes agriculteurs s'installant et anciens voulant s'agrandir se dégrade. Par ailleurs, il peut y avoir conflit entre ceux qui demandent les primes d'éviction et les autres. En effet, ces derniers considèrent que ce comportement entraîne un refus du fermage par les propriétaires, que l'ensemble des agriculteurs doit ensuite subir : *« Il y a des jeunes qui demandent à chaque fois l'indemnité, alors forcément, aucun propriétaire ne veut plus signer quoi que ce soit ».* D'après les entretiens réalisés, il apparaît clairement que l'accès à la terre est difficile en zone périurbaine.

Planification et projets

Si l'accès au foncier et l'évolution de son statut induisent une certaine incertitude pour l'exploitant agricole sur ses moyens de production, en amont de la décision du propriétaire se situent les décisions des autorités locales (Plan local d'urbanisme), régionales (aménagement d'une zone d'activité d'envergure) ou nationales (tracé d'une infrastructure ferroviaire ou d'autoroute), qui semblent elles aussi vectrices d'incertitude. En effet, ces décisions sont prises à l'issue d'un processus de démocratie, parfois participative au travers des instances de représentation agricole, ou suite à une forte concurrence entre différents projets politiques, et à l'issue de phases successives de chiffrage, d'études de faisabilité, de planification... *« Je ne sais pas ce qu'ils vont nous sortir, on verra bien. »* Toutes ces étapes sont longues, comparées au temps de gestion de l'exploitation, depuis la première évocation du projet et de sa localisation, jusqu'à sa mise en œuvre concrète et en particulier l'éviction des agriculteurs. Et l'alternative est binaire : soit le projet sera réalisé, soit il ne le sera pas. « *La municipalité précédente avait classé ça en future zone artisanale (14 ha). Mais la municipalité actuelle a décidé de revenir en arrière »*. On a pu constater que l'exploitant agricole se positionne alors selon une grande prudence ou fait un certain pari, en fonction de ses connaissances et des informations qu'il peut récolter de diverses manières tout au long du processus. *« On suit les documents d'urbanisme, on est bien obligés ». « Pour les trois communes, les projets étaient consultables en mairie, donc quand j'avais le temps j'allais voir, régulièrement. » « Suivre les deux communes c'est beaucoup de travail. »*. La question des conséquences de cette incertitude sur les projets de développement de l'exploitation, nécessitant investissement et donc stabilité financière et sécurité des moyens de production, est dès lors posée. La densité de projets d'aménagement d'envergure dans les zones périurbaines y gêne les dynamiques d'exploitations agricoles.

Cohésion des territoires de production

Les espaces agricoles périurbains pourraient être qualifiés, d'un point de vue agricole, de territoires de confins. En effet, la polarité des filières agricoles s'organise autour de territoires ruraux, qui sont les bassins de production principaux. Aussi, les infrastructures de collecte, de conservation et de transformation des produits agricoles, les coopératives et industries, même si elles sont parfois localisées en zone périurbaine, sont tournées vers les espaces producteurs des volumes les plus importants. Les espaces agricoles périurbains peuvent donc être qualifiés de territoires agricoles marginaux. « *De toute façon, c'est simple, Grand-Croix c'est tout en zone à bâtir. Maintenant je suis le dernier agriculteur de la commune »*. Ils connaissent également une dilution de leur densité par l'urbanisation progressive des espaces. Ces deux éléments semblent avoir des conséquences importantes vis-à-vis de la cohésion de la société agricole locale en espace périurbain. En effet, elle est moins représentée dans les instances de décision, qu'elles soient territoriales ou purement agricoles. *« Avant le maire était un agriculteur, maintenant c'est tous des étrangers, des habitants quoi. Ça fait quatre mandats qu'il n'y a plus d'agriculteur au conseil municipal »*. Sa solidarité ainsi que sa tendance au rassemblement au sein d'actions collectives semble se réduire ou prendre des chemins innovants (par exemple, un point de vente collectif), mais quitte la structuration traditionnellement observée dans les territoires ruraux (notamment du syndicat communal). Ainsi, certains systèmes de production peuvent retrouver une légitimité et un poids socio-économique sur le territoire au travers, par exemple, des circuits courts. Mais tous les systèmes n'ont pas cette possibilité, pour des raisons de taille d'outils de production, de possibilité de valorisation des produits et/ou de mutabilité du système. La dilution de l'emprise agricole dans les espaces périurbains semble donc également affaiblir cette activité économique.

LOGIQUES D'ACTION DES AGRICULTEURS

Le traitement des discours des agriculteurs interrogés, par l'établissement de couples décision/raison, nous a permis de réaliser un traitement statistique de l'importance des quatre logiques d'action révélées par l'analyse. Nous présentons donc ici ces proportions dans lesquelles les agriculteurs réagissent aux contraintes inhérentes aux espaces périurbains par l'adaptation, la passivité ou la défense.

Selon les résultats, les agriculteurs interrogés s'adaptent aux contraintes périurbaines dans une situation sur deux, transformant leur assolement, leur parcellaire, leurs pratiques agricoles, ou leur mode de communication vis-à-vis des élus locaux ou des concitoyens. Ils cherchent une fois sur six à modifier la situation en s'adressant directement à leurs responsables, c'est-à-dire les élus locaux dans la plupart du temps. Par ailleurs, une fois sur six, ils choisissent de ne pas réagir, par choix stratégique selon un calcul sur le long terme. Enfin dans un cas sur trois, ils n'ont aucune possibilité de s'adapter, et subissent la situation, ne bénéficiant d'aucune marge de manœuvre : *« On est dans une zone, il ne faut pas se le cacher, mais qui va s'urbaniser encore. Même si on veut lutter, ça ne sert à rien, il ne faut pas se le cacher, ça partira »*. L'enquête réalisée nous permet donc de confirmer que le contexte périurbain modifie de manière structurelle et générale le fonctionnement du système de production et d'exploitation.

Dans ce contexte de contraintes fonctionnelles, structurelles, financières, et sociales, les décisions des agriculteurs révèlent qu'ils n'ont la possibilité ou l'opportunité de s'adapter aux contraintes que dans la moitié des cas. Si l'on généralise ces observations individuelles à l'ensemble d'un territoire agricole périurbain, certains phénomènes s'expliquent : le recul des espaces agricoles, leur enfrichement (rétention foncière) et l'abandon de certaines parcelles (pour des raisons de fonctionnalité) – pour lesquelles le paysage est révélateur –, la non-reprise de nombre d'exploitations mais l'agrandissement de leurs voisines… Si l'étalement urbain a un effet « net » de disparition de surfaces, il semble également avoir beaucoup d'effets diffus et invisibles que l'on a mis ici en évidence. L'expansion urbaine produit donc un affaiblissement du tissu agricole bien au-delà de la première frange d'exploitations au contact du front urbain.

LA GESTION DE L'ESPACE À L'ÉPREUVE DE LA REPRÉSENTATION AGRICOLE ET DE LA MULTIFONCTIONNALITÉ DE L'AGRICULTURE : DES PARADOXES ?

La représentation syndicale, coopérative et consulaire des agriculteurs interrogés ne les satisfait qu'en partie. Selon eux, pour ce qui est de la gestion de l'espace, ces institutions, ont en effet du mal à élaborer un discours cohérent, réaliste et partagé. Or ce sont d'eux seuls que l'on attend traditionnellement de garantir par leur poids institutionnel, à tous les échelons territoriaux, la place donnée au monde agricole dans la gouvernance foncière aux côtés des collectivités, de la société civile et de l'État. *« Je ne sais pas si la profession ne marche pas un peu sur la tête par moment »*.

Les agriculteurs, à leur niveau, choisissent et font en sorte de se représenter ou non dans les instances de gouvernance. Leur lien aux instances départementales de la profession agricole (chambre d'agriculture et syndicats) ne sont que ténus : *« Je lui ai dit, "venez faire la manifestation, c'est vous qui allez vous opposer, moi je veux des responsables du département qui viennent pour s'expliquer". Nous les agriculteurs qu'est-ce qu'on peut faire ? Ils m'ont dit "oui", et ils ne l'ont pas fait. Comme par hasard ! »*. Leur place ne semble pas toujours réservée au sein de la gouvernance. Quand ils y siègent, ils disent n'avoir que peu d'attentes, étant embarrassés par leurs propres divergences d'opinion (« *effectivement il y a des agriculteurs qui suivent mais malheureusement ils poussent souvent à l'urbanisation »)*, et étant convaincus de la faiblesse de l'écoute qu'ils reçoivent *: « Entre les discours angélistes et les actes, certains ont une vision qui peut trancher. Vous entendez "il faut préserver l'agriculture". C'est bien. Moi je ne dis pas mieux. Après ça délivre des permis à tour de bras, et vous voyez le nombre de constructions qu'il y a eu sur la commune en 20 ans…* ». En effet, le monde agricole en général, mais au niveau local aussi, présente une certaine schizophrénie à propos de la valorisation des surfaces en propriété, entre un bâti destiné à l'habitat familial élargi ou à la vente, et la préservation de surfaces productives : *« j'aimerais bien qu'ils me mettent du terrain à construire, après c'est toujours pareil, si on vend tous nos terrains agricoles à construire, ça va pas non plus quoi... »*. D'autre part, si leur association à la concertation locale n'est parfois que théorique, c'est selon eux parce que les collectivités omettent de les inviter : *« je ne suis pas invité, je ne suis pas propriétaire des terres que j'exploite »*, *« ils m'oublient, mon siège d'exploitation est sur une autre commune »*, que le nombre de réunions est trop important vis-à-vis de leurs disponibilités : *« je ne peux pas aller à toutes les réunions, en plus c'est en journée »*, ou qu'ils ne trouvent pas pertinents les exercices de réflexion collective : *« oui, on a fait une réunion, et pour dire où on exploite il nous ont fait faire du coloriage ! »*. La perception, parfois caricaturale, qu'ont les acteurs locaux de l'activité agricole, leur est adressée directement dans ces instances. Le discours ambiant autour des agriculteurs urbanisant leurs terres *« de manière opportuniste en fin de carrière »*, ou les friches agricoles périurbaines pouvant servir de compensation foncière pour des agriculteurs évincés (*« ils ont pris les meilleures terres et ils veulent nous mettre sur les coteaux, c'est à eux d'y aller ! »*) en sont, pour les agriculteurs interrogés, des exemples. Ces éléments expliquent leur relative passivité dans les instances locales de décision, et notamment les conseils municipaux, auteurs des Plans locaux d'urbanisme. Pourtant, la législation française en matière d'urbanisme a été pensée afin de mettre en concertation l'ensemble des usagers de l'espace, au travers de leurs représentants respectifs. Ce principe est censé garantir la répartition des usages la plus équitable. Or, dans un contexte où le monde agricole peine à se faire entendre à cause de ses propres faiblesses ou de la modeste prise en compte de ses réelles préoccupations, sa mise en application et sa transparence interrogent : *« Parce que la commune est en train de réviser le POS, et justement on est en train de se battre avec le SCoT. On aurait voulu avoir une réunion tout le monde sur le terrain, parce qu'ils ont un projet de développement économique de 100 à 150 ha... on m'a dit « écoute on n'a pas le choix, on sera obligé de l'intégrer dans le PLU parce que le SCoT nous l'impose ». Après j'ai fait une formation Chambre, on n'est pas obligé de prendre à 100 % ce que le SCoT propose. Sur une commune, on a le droit de dire nous on n'est pas d'accord. Mais j'ai l'impression qu'ils veulent faire les choses un peu rapidement, il faut qu'il soit fini au bout de 1 an et demi, tout ça, c'est un peu rapide quand même. Ils bluffent un peu, oui... »*.

La représentation que la société se fait de l'agriculture, alliée à certains désirs (circuits courts, espaces récréatifs, environnement, paysage, etc.), relayés par les collectivités locales, oublie que la fonction qui conditionne l'existence de l'agriculture est sa fonction économique et productive. Ainsi, beaucoup de procédures n'intègrent pas ou peu le principe de réalité agricole. Par exemple, les plaines de production céréalière, associées à l'image d'une agriculture productiviste et polluante et à des paysages ne produisant que peu d'aménités environnementales, ne sont pas souvent prises en compte dans les dispositifs de protection au même niveau que des coteaux arboricoles et d'élevage. Pourtant les plaines céréalières font partie d'une chaîne d'approvisionnement en aliments agricoles qui garantit l'existence d'exploitations d'élevage, ces dernières entretenant des espaces en herbe ou en pente. *« Si on peut plus exploiter en plaine, on n'aura plus l'aliment pour les bêtes qui entretiennent les coteaux »*. Et l'on ne peut nier à cette filière sa fonction alimentaire et économique. Or ces espaces, souvent plats et proches de ressources en eau, sont mis à contribution pour le développement d'autres activités économiques : *« si à chaque fois on tape sur les bonnes terres... ! Ici c'est un exemple flagrant, toute cette plaine c'est la plaine la plus fertile »*. Par ailleurs, leur usage à un instant *t*, aussi polluant soit-il, ne saurait justifier selon nous leur urbanisation, qui elle est irréversible.

Paradoxalement, les autres espaces, davantage porteurs d'aménités, sont aussi menacés. En effet, la multifonctionnalité est défendue majoritairement pour un fragment de la population qui pourra s'en prévaloir au quotidien, par exemple par l'achat d'une maison au cadre de vie agréable, mais qui participe au mitage et à la dégradation du paysage et de la fonctionnalité de l'espace : *« Pour m'occuper des pêchers, je suis entouré de maisons »*.

Ces contradictions dans l'argumentation en faveur d'une transformation de l'agriculture, en plus des critères de rentabilité économique, semblent échouer à convaincre les agriculteurs du bien-fondé de la demande pressante qu'ils reçoivent, par exemple pour développer l'agriculture biologique et les circuits courts de commercialisation. Le développement d'une telle agriculture, selon nous, ne saurait passer que par d'un côté des discussions à l'échelle européenne sur l'avenir de la PAC et, de l'autre, par un fondement du projet d'agriculture périurbaine re-territorialisée sur de véritables critères technico-économiques relatifs aux sciences agronomiques et à la gestion d'entreprise.

CONCLUSION

Les espaces agricoles périurbains sont en recul, laissant place à d'autres usages de l'espace nécessaires au développement urbain et démographique. Ils ne connaissent pas seulement une disparition, mais aussi une profonde déstructuration, l'espace urbain étant, par le faible coût des transports, en perpétuelle extension. S'ensuivent, selon nos résultats, des difficultés pour l'activité agricole au quotidien, une considérable réduction de l'accès à la terre, premier moyen de production, une incertitude parfois ingérable du fait des projets d'aménagement urbain.

Et l'interpénétration des espaces agricoles et résidentiels augmentant, le contact social entre deux mondes aux cultures différentes s'accroît, visiblement pour le meilleur comme pour le pire. Ce dialogue, parfois forcé, parfois désiré, révèle des attentes sociales idéalisées envers l'agriculture : ceinture maraîchère, circuits courts, agriculture biologique, installations nombreuses de jeunes agriculteurs, etc. Or elles semblent souvent traduites telles quelles dans les projets des responsables politiques locaux, malgré la schizophrénie qui s'ensuit par rapport aux dynamiques de développement urbain qu'ils portent. La représentation de la profession agricole, interlocutrice directe de ces responsables, diffuse également un discours parfois dichotomique.

Si les espaces agricoles périurbains soulèvent des questions essentielles de gestion de l'espace, notamment sur le rapport entre propriété et usage du sol, ils interrogent également – et plus largement – l'orientation du projet agricole de la société. Car la direction qui leur est donnée dans le cadre des projets de territoires en France écarte d'emblée une grande partie des espaces et des productions agricoles existant réellement. Dès lors, la question se pose : veut-on protéger l'agriculture ou plutôt les apports des aménités et produits agricoles au bien-être résidentiel ? En survalorisant l'enjeu que représentent ces espaces agricoles périurbains porteurs d'aménités, ne fait-on pas déni de celui des plaines de grandes cultures ou des élevages ?

BIBLIOGRAPHIE

BERNARD Cécile, DUFOUR Annie, ANGELUCCI Marie Alix, 2005, « L'agriculture périurbaine : interactions sociales et renouvellement du métier d'agriculteur », *Économie rurale* [En ligne], n° 288, juillet-août.

BERNARD Cécile, DUVERNOY Isabelle, DUFOUR Annie, ALBALADEJO Christophe, 2006, « Les relations sociales des agriculteurs périurbains : quelles articulations au territoire ? », *Cahiers Agricultures*, vol. 15, n° 6, p. 529-534

BERTRAND Nathalie, ROUSIER Nicole, 2003, « L'agriculture face au développement économique : un combat inégal ou des politiques périurbaines à construire », *Revue de géographie alpine*, vol. 91, n° 4, p. 93-103.

BERTRAND Nathalie, SOUCHARD Nadine, ROUSIER Nicole, MARTIN Samuel et MICHEELS Marie-Christine, 2006, « Quelle contribution de l'agriculture périurbaine à la construction de nouveaux territoires : consensus ou tensions ? », *Revue d'Économie Régionale & Urbaine*, n° 3, p. 329-353.

BONERANDI Emmanuelle, LANDEL Pierre-Antoine, ROUX Emmanuel, 2003, « Les espaces intermédiaires, forme hybride : ville en campagne, campagne en ville », *Revue de géographie alpine*, vol. 91, n° 4, p. 67-79.

BRYANT Christopher R., 1976, *Farm-generated determinants of land use change in the Rural-Urban Fringe*, Rapport technique, Ottawa, Direction générale des terres, Environnement Canada.

BRYANT Christopher R., 1997, « L'agriculture périurbaine : l'économie politique d'un espace innovateur », *Cahiers Agriculture*, n° 6, p. 125-130.

BRYANT Christopher R., CHAHINE Ghalia, DELUSCA Kénel, DAOUDA Oumarou, DOYON Mélanie, SINGH Bhawan, BRKLACICH Michael, THOMASSIN Paul, 2011, « Adapting to environmental and urbanisation stressors : farmer and local actor innovation in urban and periurban areas in Canada », *in* S. Lardon *et al.*, *Actes du symposium innovation et développement durable dans l'agriculture et l'agroalimentaire - ISDA 2010*, Montpellier, Cirad, Inra, SupAgro.

CHOMETON Marianne, 2011, « Émergence et registre d'action des associations pour le maintien de l'agriculture paysanne (AMAP) en périurbain : quel lien au territoire ? », *VertigO* [En ligne], vol. 11, n° 2.

DARLY Ségolène, TORRE André, 2013, « Conflicts over farmland uses and the dynamics of "agri-urban" localities in the Greater Paris Region », *Land Use Policy*, n° 33, p. 90-99.

DARRÉ Jean-Pierre, MATHIEU Anne, LASSEUR Jacques, 2004, *Le sens des pratiques. Conceptions d'agriculteurs et modèles d'agronomes*, Paris, INRA Editions.

DUVERNOY Isabelle, 2005, « L'agriculture dans les territoires périurbains : pratiques et perspectives », *Tourisme*, numéro spécial *Le périurbain : une zone touristique d'avenir ?*, p. 107-116.

FLEURY André, LAVILLE Jérôme, DARLY Ségolène, LENAERS Véronique, 2004, « Dynamiques de l'agriculture périurbaine : du local au local », *Cahiers de l'Agriculture*, vol. 13, p. 58-63.

GILLE François, 2002, « 44 % des exploitations dans l'urbain ou le périurbain », *Agreste : Primeur*, n° 117.

HOUDART Marie, LOUDIYI Salma, GUÉRINGER Alain, 2010, « L'agriculture comme ressource territoriale dans un territoire charnière ? Cas du Livradois-Forez, une charnière Pays-PNR », *in* Colloque ASRDLF AISRe, *Identité, qualité et compétitivité territoriale. Développement économique et cohésion dans les territoires alpins* », Aoste.

JARRIGE Françoise, 2004, « Les mutations d'une Agriculture méditerranéenne face à la croissance urbaine. Dynamiques et enjeux autour de Montpellier », *Cahiers Agricultures*, vol. 13, n° 1, p. 64-74.

JARRIGE Françoise, 2006, « La prise en compte de l'agriculture dans les nouveaux projets de territoires urbains. Exemple d'une recherche en partenariat avec la Communauté d'Agglomération de Montpellier », *Revue d'Économie Régionale & Urbaine*, n° 3, p. 393-414.

JARRIGE Françoise, JOUVE Anne-Marie, NAPOLEONE Claude, 2003, « Et si le capitalisme patrimonial foncier changeait nos paysages quotidiens ? », *Courrier de l'environnement de l'INRA*, vol. 49, p. 13-28.

JOUVE Anne-Marie, NAPOLEONE Claude, 2003, « Stratégies des agriculteurs et réorganisations spatiales sous contrainte de la périurbanité. Étude du pays d'Aix-en-Provence », *in* M. Elloumi, A.-M. Jouve (dir.), *Bouleversements fonciers en Méditerranée. Des agricultures sous le choc de l'urbanisation et des privatisations*, Paris, Karthala.

JOUVE Anne-Marie, PADILLA Martine, 2007, « Les agricultures périurbaines méditerranéennes à l'épreuve de la multifonctionnalité : comment fournir aux villes une nourriture et des paysages de qualité ? », *Cahiers Agricultures*, vol. 16, n° 4, p. 311-317.

MARTIN Samuel, BERTRAND Nathalie, ROUSIER Nicole, 2006, « Les documents d'urbanisme, un outil pour la régulation des conflits d'usage de l'espace agricole périurbain ? », *Géographie, économie, société*, vol. 8, n° 3, p. 329-350.

MOREL Michel-Paul, JEAN René, 2010, « L'artificialisation atteint 9 % du territoire en 2009 », *Agreste Primeur*, n° 246.

PERRIER-CORNET Philippe (dir.), 2002, *Repenser les campagnes*, La Tour d'Aigues, l'Aube-DATAR.

POULOT Monique, 2008, « Les territoires périurbains : "fin de partie" pour la géographie rurale ou nouvelles perspectives ? », *Géocarrefour* [en ligne], vol. 83, n° 4.

SDEC, 1999, *European Spatial Development Perspective, Towards Balanced and Sustainable Development of the Territory of the EU*, Luxembourg, Office for Official Publications of the European Communities.

SÉBILLOTTE Michel, SOLER Louis-George, 1990, « Les processus de décision des agriculteurs », *in* J. Brossier, A. Vissac, J. Le Moigne (dir.), *Modélisation systémique et système agraire. Décision et organisation*, Paris, INRA, p. 93-117.

VANIER Martin, 2003, « Le périurbain à l'heure du crapaud buffle : tiers-espace de la nature, nature du tiers-espace », *Revue de géographie alpine*, vol. 91, n° 4, p. 79-89.

LA DIMENSION SPATIALE DES SOCIABILITÉS D'ADOLESCENTS RÉSIDANT DANS UN VILLAGE FRANCILIEN

The spatial dimension of teenagers' sociabilities in an Île-de-France village

Julian DEVAUX[1]
Laboratoire Ville Mobilité Transport
Université Paris-Est Marne-la-Vallée

Résumé : Alors que les adolescents ruraux sont le plus souvent représentés au travers des figures de l'isolement et de l'enfermement, cet article montre à l'inverse, en s'appuyant sur les données issues d'une ethnographie réalisée au sein d'un village francilien, toute la richesse qui caractérise leurs sociabilités, notamment au travers des différents lieux qu'ils investissent au quotidien (l'espace public, l'espace domestique, le foyer rural, les lieux extérieurs à la commune) et invite de manière générale à penser l'adolescence rurale contemporaine dans sa diversité, en prenant en compte les effets de genre et des trajectoires socio-résidentielles.

Mots-clés : adolescence, rural, sociabilités, trajectoires socio-résidentielles, genre

Abstract: *While rural teenagers are most often represented through figures of isolation and confinement, this article shows, using data from an ethnography conducted in a village in the Paris region, all the wealth that characterizes their sociability, notably through different places they invest daily (public space, domestic place, a local institution, places outside their village), and invites to think the contemporary rural adolescence in its diversity, taking into account the effects of gender and of social and residential trajectories.*

Keywords: *adolescence, rural, sociabilities, socio-residential trajectories, gender*

Dans le cadre d'une ethnographie localisée menée auprès d'adolescents résidant en milieu rural francilien et portant sur leurs processus de socialisation du temps libre, notre réflexion a progressivement été amenée à se focaliser sur la dimension spatiale des sociabilités juvéniles. En effet, la sociabilité, « forme ludique de la socialisation » (Simmel, 1999), est particulièrement centrale à l'adolescence en ce sens qu'elle consacre l'autonomie progressive des individus vis-à-vis des instances socialisatrices

[1] Courriel : julian.devaux@enpc.fr

traditionnelles que sont la famille et l'école. Une des hypothèses qui a notamment guidé notre réflexion est l'existence de liens dynamiques entre espace et socialisation (Authier, Grafmeyer, 2008), en particulier à l'adolescence (Kokoreff, 1994), et donc de la nécessité d'appréhender les sociabilités à cet âge dans leur dimension spatiale. Cette réflexion permet d'apporter un éclairage sur des adolescents ruraux qui restent très peu étudiés en sciences sociales et pour lesquels il existe une certaine méconnaissance quant à leurs conditions de socialisation, notamment aux rapports qu'ils peuvent entretenir à différents territoires. Plus précisément, il sera intéressant de resituer cette réflexion dans le contexte des transformations socio-démographiques que connaissent les territoires ruraux depuis plusieurs décennies (Mischi, Renahy, 2008 ; Guilluy, Noyé, 2006), en particulier ceux situés en Île-de-France (Berger, 2004) – en l'occurrence une croissance démographique et une diversification des profils socio-résidentiels – et d'en mesurer les impacts sur les sociabilités adolescentes. On propose ainsi de mettre en lumière dans cet article les différents lieux de sociabilité qui caractérisent le quotidien des adolescents ruraux aujourd'hui, tout en analysant les formes de sociabilité dont ces espaces sont porteurs (en termes de formes d'agrégation, de pratiques et de réseaux de sociabilités), et qu'on peut résumer au nombre de quatre : l'espace public, le foyer rural communal, l'espace domestique et les lieux extérieurs à la commune.

Cette réflexion s'appuie sur une monographie d'une commune rurale qui s'est déroulée de mars 2010 à septembre 2012. Bresson[2] est un village d'openfield comptant environ 400 habitants, situé dans le Gâtinais francilien, dans les confins de la Seine-et-Marne. Caractéristique du rural francilien, et plus généralement des « zones rurales périphériques »[3], il est majoritairement peuplé de classes populaires, mais est marqué depuis deux décennies par un processus de périurbanisation, liée à la proximité de la métropole parisienne, avec l'installation de ménages « jeunes », d'origine urbaine et le plus souvent issus des classes moyennes. Il conserve toutefois un caractère « rural » du fait de la persistance de sociabilités à base locale, essentiellement autour de l'école et des nombreuses associations locales[4], ainsi que d'une activité agricole, avec 14 agriculteurs encore présents, ou encore de nombreux artisans traditionnels et du bâtiment.

---

[2] L'ensemble des noms de lieux et de personnes cités dans cet article ont été changés dans un souci d'anonymat.

[3] C'est-à-dire les territoires ruraux situés à proximité d'agglomérations urbaines.

[4] La commune en compte cinq dont le foyer rural communal, une association destinée aux personnes âgées, une association de chasse communale, une association de défense de l'école primaire communale et une association de sauvegarde de l'environnement.

L'enquête ethnographique a par ailleurs privilégié une combinaison des méthodes de recueil des données. Elle s'est en premier lieu appuyée sur la réalisation de 33 entretiens semi-directifs avec 23 adolescents[5] âgés de 11 à 19 ans, en l'occurrence 13 garçons et 10 filles résidant dans la commune. Afin d'approfondir cette analyse des sociabilités adolescentes, des séquences d'observation participante ont été réalisées avec un groupe d'adolescents de la commune au sein du foyer rural communal, au cours d'activités de loisirs encadrés : un « atelier vidéo ». Enfin, ces données ont pu être complétées par des séquences d'observation directe des pratiques de sociabilités des adolescents au sein de la commune mais aussi en contexte urbain.

L'ESPACE PUBLIC VILLAGEOIS : LE LIEU PRIVILÉGIÉ DES SOCIABILITÉS ADOLESCENTES

L'espace public de la commune constitue à de nombreux égards le lieu le plus investi par les adolescents de Bresson au cours de leurs pratiques de sociabilités. Il apparaît en effet fortement valorisé dans les discours de la plupart des adolescents comme espace des rencontres entre pairs, de l'autonomie et de la mobilité. Cette présence marquée des adolescents dans l'espace du « dehors » a notamment été constatée lors des nombreuses séquences d'observation directe réalisées au cours de l'enquête, qui ont notamment permis de mettre en évidence la présence récurrente des jeunes au sein de l'espace de la « rue », mais aussi dans des lieux plus marginaux et excentrés de l'espace public. Cette valorisation de l'espace du « dehors » de la part des adolescents peut en premier lieu s'expliquer par le fait que l'espace public local apparaît quasi exclusivement investi par cette catégorie d'âge au sein de la commune. Il est en effet au contraire largement désinvesti par les adultes, à part lors des manifestations publiques locales (vide-greniers ou manifestations culturelles), constituant pour la majorité d'entre eux un simple lieu de passage et de stationnement. Dans une autre mesure, l'importance que revêt l'espace public villageois pour les adolescents de la commune s'explique par la nécessité qu'éprouvent les individus à cet âge de s'autonomiser progressivement vis-à-vis de la famille et du monde domestique, qui représente pour eux l'ordre adulte et notamment maternel, et ainsi d'expérimenter le domaine public[6] (Breviglieri, 2007). Loin d'être uniforme, l'usage de l'espace public résidentiel de Bresson par les adolescents est caractérisé par une diversité des modes de spatialisation et des pratiques. Il donne particulièrement crédit à la vision polymorphiste et

[5] Des entretiens ont été réalisés de manière répétée avec certains d'entre eux.

[6] Issu de la sociologie interactionniste, le terme de domaine public englobe une réalité plus large que celui d'espace public en y associant l'ensemble des règles et normes qui le régissent (Goffman, ibid ; Joseph, 1992).

gradualiste de l'usage de l'espace public, développée pour le contexte urbain par Nassima Dris (2007) à propos des adolescents d'Alger. L'hétérogénéité des usages de l'espace public résidentiel peut en réalité se résumer à l'aune de la dialectique de la centralité et de la marginalité, en d'autres termes à une opposition entre les lieux les plus centraux et les plus visibles (la « rue ») et les lieux les plus excentrés et dissimulés (les espaces interstitiels et marginalisés) de la commune.

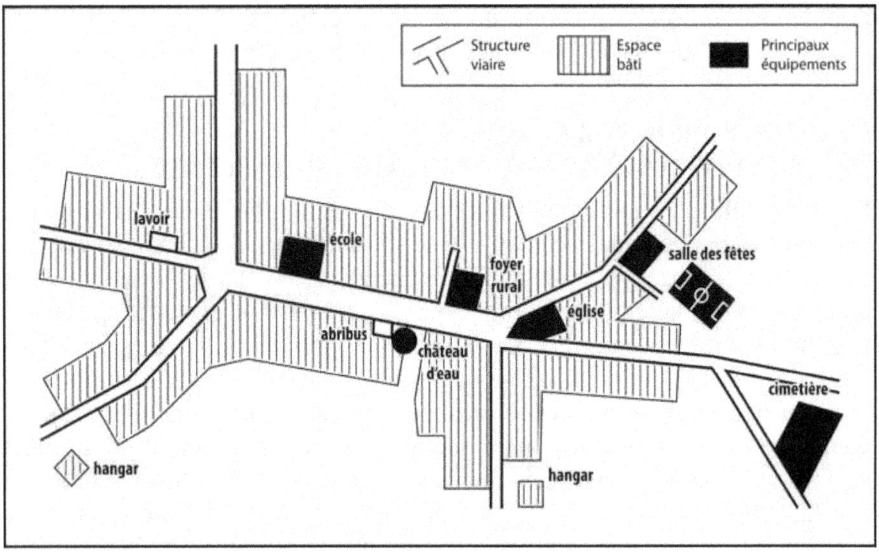

Figure 1 – Croquis de terrain : la configuration résidentielle de Bresson
J. Devaux J. et G. Simon

Les espaces centraux

Les espaces publics centraux de Bresson sont majoritairement investis par deux profils d'adolescents : les plus jeunes (11-14 ans) et de manière générale les filles. Ils concernent essentiellement l'espace de la « rue » et les points centraux offerts par la configuration de la commune en « village-rue » (figure 1). C'est particulièrement le cas des six rues principales et de leurs lieux de stationnement publics que les préadolescents et les filles investissent préférentiellement. On peut en effet noter une manière spécifique de s'approprier ces espaces centraux en fonction du genre : les filles investissent davantage ces espaces de manière statique, par un stationnement dans des lieux particuliers et identifiables situés essentiellement dans la rue principale (la « rue de la mairie ») de la commune : l'abribus, l'ancien lavoir, le perron de l'église ou encore « l'entrée » de l'école où sont disposés des bancs. La nature des sociabilités des adolescentes, plus ancrées et stables dans le temps que celles des garçons, entraîne en effet une appropriation plus fréquente et régulière de ces différents lieux centraux, autour de

« discussions entre copines » ou encore autour du partage d'activités culturelles. L'appropriation statique de ces lieux du côté des filles participe en réalité de leur accès progressif et de manière plus tardive que les garçons, au domaine public résidentiel, ces lieux étant bien souvent situés à proximité de leur domicile, et constituant ainsi une première étape dans l'apprentissage de leur mobilité. Elle s'inscrit par ailleurs dans un principe de double visibilité pour ces adolescentes : d'une part, une visibilité de ces filles pour leurs parents qui peuvent ainsi davantage les surveiller que les garçons, révélant leur socialisation spécifique à l'espace public ; d'autre part, une visibilité sur les autres formes d'interaction se déroulant au sein de l'espace public, et notamment sur les autres formes de sociabilités juvéniles, qui permet à ces filles de contribuer elles aussi au fort degré de contrôle social résidentiel propre au contexte rural :

> « Moi j'avoue, j'aime bien me poser tranquille à l'abribus ou sur la place [de l'église], ça permet de savoir tout ce qui se passe ici, ce que font les autres, les conneries que font certains (rires), ou juste les vieux qui passent tellement il se passe rien des fois…Genre l'autre fois, on était avec Ludivine, on a vu Alexandre et Mélanie en train de se tenir la main, ils étaient en face devant chez les Bidet, on savait trop pas qu'ils étaient ensemble ! » (Margaux, 13 ans, entretien réalisé le 2 mai 2011).

À l'opposé, les plus jeunes des garçons investissent davantage ces espaces publics centraux par la mobilité, autour de la marche à pied ou encore des deux-roues non-motorisés, à laquelle sont associés des pratiques de sociabilités qui comportent encore une forte dimension ludique à cet âge. En effet, on observe encore une grande présence du jeu dans les pratiques masculines à la préadolescence, notamment autour d'activités sportives (les « parties de foot »), des formes de mobilités circulatoires (« s'amuser en vélo », « se poursuivre ») ou encore des nombreux jeux axés sur la provocation, déjà mis en évidence par David Lepoutre (1997) et qui mettent en jeu un corps-à-corps proprement masculin :

> En sortant du foyer rural vers 18h, on a pu croiser et saluer Alexandre (12 ans), Karim (13 ans) et Ludovic (13 ans). Ils étaient tous les trois à l'abribus en train de s'amuser et de se « provoquer » entre eux : Karim avait en effet subtilisé le portable de William, faisant mine de regarder ses messages et de ne pas vouloir lui rendre. S'en est par la suite suivi une « course poursuite » en vélo entre les deux garçons sur le trottoir, puis sur le terrain vague situé à l'arrière du château d'eau. Elle s'est ensuite achevée à pied lorsque William a repris assez brutalement son bien, après avoir bousculé Karim, sous le regard de quelques habitants alors présents (Note de journal de terrain du 26 octobre 2010).

De manière générale, on note une plus grande variabilité dans les lieux et les manières d'investir ces espaces centraux du côté des garçons, qui tient notamment au fait que leurs réseaux de sociabilités sont encore assez fluctuants à cet âge. L'investissement de ces espaces par la mobilité dénote par ailleurs un apprentissage de la mobilité autonome et une expérimentation du domaine public résidentiel plus précoces du côté des garçons, opérés bien souvent dès la fin de l'enfance.

Les espaces excentrés et interstitiels

Les espaces excentrés et interstitiels du domaine public villageois sont quant à eux majoritairement appropriés par deux autres catégories d'adolescents de Bresson, en l'occurrence les plus âgés (15-19 ans) ainsi qu'un groupe spécifique de garçons. Il s'agit d'une part de lieux excentrés du territoire de la commune, situés aux extrémités du village et qui s'avèrent être relativement moins accessibles et visibles : le parking situé devant le cimetière où sont disposés des bancs, un hangar agricole situé à la sortie du village, rue des Préaux, devant lequel les adolescents viennent parfois se retrouver. Il s'agit d'autre part des espaces « interstitiels » du domaine public, dont l'existence est permise par les faibles densités résidentielles et qui caractérisent des lieux certes encore publics mais qui apparaissent peu visibles pour l'observateur extérieur. On peut en l'occurrence citer deux lieux en particulier, fortement investis par ces adolescents : le terrain vague situé à l'arrière de l'ancien château d'eau qui donne sur la rue principale et l'arrière de la « salle des fêtes » municipale qui jouxte le terrain de foot (figure 1).

L'investissement des lieux excentrés est principalement le fait des adolescents les plus âgés de la commune, qui sont inscrits dans des relations de « bande ». Il s'agit de désigner par ce terme et par extension de sa définition classique, le ou les groupes d'adolescents de Bresson caractérisés par des relations de sociabilités à la fois fortes et mixtes, la bande incluant aussi bien des filles que des garçons, ainsi que quelques adolescents de communes voisines. Ces relations de bande se traduisent par une forte appropriation de ces lieux particuliers de l'espace public, parfois marqués symboliquement, comme pour le terrain vague situé à l'arrière du château d'eau, où les adolescents ont aménagé un espace « à eux »[7] ou encore dessiné quelques graffitis sur l'un des murs. Elle marque ainsi une double volonté de la part de ces adolescents : d'une part, de se créer un « temps à soi » propre (Zaffran, 2010) autour de sociabilités spécifiques à la culture adolescente (conversations, écoute de musique, consommation de drogue douce…) et notamment autour des relations amoureuses qui structurent assez fortement le groupe ; d'autre part, elle marque la volonté du groupe de se

[7] Ils y ont notamment aménagé une table et des bancs en bois afin de s'asseoir.

dissimuler du reste de l'espace résidentiel, en l'occurrence des autres groupes de jeunes, mais surtout des adultes :

> « On aime bien se retrouver derrière la salle municipale souvent, du genre des fois on est même jusqu'à 8 ou 10 le samedi aprèm quand tout le monde se ramène. On discute tranquille, on s'amuse, des fois Fabien amène sa voiture et il met de la musique [...]. C'est clair qu'on est tranquilles là-bas, on n'est pas dérangé, personne nous voit, que ce soit les gamins ou même les « vieux », des fois qu'il y en ait qui appellent les flics (rires) ! » (Jessica, 17 ans, entretien réalisé le 13 mars 2012).

À l'inverse, l'investissement des lieux interstitiels concerne surtout une partie des garçons de la commune, précisément la fraction issue des familles « marginalisées »[8] de Bresson, qui a notamment l'habitude de s'adonner à des pratiques considérées comme déviantes, en particulier la consommation de cannabis ou d'alcool. Ces pratiques, surtout la consommation de cannabis, concourent à structurer fortement le groupe de pairs, notamment autour de l'importance que revêt le secret entourant la pratique (Becker, 1985). Il apparaît ainsi que ces pratiques de consommation collectives organisent en partie la mobilité quotidienne de ces garçons, se traduisant notamment par leur volonté de se « cacher » spatialement du reste du groupe résidentiel, et ainsi leur investissement régulier de lieux, ou de micro-lieux, à la fois excentrés et dissimulés :

> Alors que nous avons participé au repas de rentrée des adhérents et bénévoles du foyer rural, nous avons notamment pu discuter avec Alexandre (16 ans), Evan (16 ans) et Mathieu (15 ans) qui sont des connaissances de Paulo [le président du foyer rural] [...]. Après le repas, les trois garçons, qui sont restés ensemble durant le repas, sont sortis du foyer rural et se sont absentés durant environ une demi-heure. À son retour, lui demandant discrètement ce qu'ils étaient partis faire, Mathieu nous a confié qu'ils étaient « partis en douce fumer un "oinj" derrière chez Ludo », dans la ruelle qui longe l'arrière du foyer rural, à l'abri des regards (Note de journal de terrain du dimanche 23 octobre 2011).

De manière ambivalente, ces pratiques déviantes semblent conférer des formes de ressources symboliques au groupe de pairs sur la scène locale et notamment une reconnaissance au sein de l'espace social de la jeunesse locale. Elles sont en effet particulièrement valorisées du côté des garçons, d'une part comme pratiques transgressives et proprement générationnelles

---

[8] En référence à la dichotomie entre « established » et « outsiders » de N. Elias et L. Scotson (2001). Cela permet de désigner ici les familles d'origine populaire les plus précaires de la commune et qui disposent des plus faibles ressources sociales et symboliques à l'échelle locale.

(voire en partie constitutives d'une culture adolescente), d'autre part comme formes de compensation à la scène scolaire et aux situations de démobilisations dans lesquelles ils sont nombreux à se trouver dès la fin du collège. En réalité, si la pratique se veut distinctive et dissimulée du reste du groupe résidentiel, elle s'avère néanmoins connue de tous et notamment de la plupart des adolescents, du fait des formes d'interconnaissance et de contrôle social propres au contexte rural. Plus encore, ces pratiques, dès lors qu'elles sont fortement suspectées de la part des adultes, contribuent à d'autant plus stigmatiser et marginaliser ces garçons sur la scène locale, qui deviennent rapidement renvoyés à la figure de la « racaille », d'autant plus péjorative qu'elle renvoie à l'imagerie urbaine. Ce processus de marginalisation de ces garçons est, à de nombreux égards, révélateur de la nouvelle conflictualité qui peut caractériser les rapports sociaux locaux et constitue avant tout un moyen pour les classes populaires « intégrées » de la commune de stigmatiser les familles issues des couches populaires « urbaines », bien souvent récemment installées, en visant leurs stratégies éducatives considérées comme défaillantes.

LE FOYER RURAL, UN LIEU DE SOCIABILITÉS ADOLESCENTES INSTITUTIONNALISÉ

De manière complémentaire, une partie des sociabilités des adolescents de Bresson se réalise dans un cadre institutionnel, en l'occurrence au sein du foyer rural communal. Elles se déroulent plus précisément dans le cadre d'activités socio-culturelles organisées par le foyer rural et encadrées par des animateurs, auxquelles une partie des adolescents du village participe de manière hebdomadaire. Elles ont notamment consisté, durant les deux années au cours desquelles l'observation participante a été réalisée, en une initiation à la production cinématographique ainsi qu'en la réalisation, étape par étape[9], de deux courts métrages par les adolescents.

En réalité, la fréquentation de cette activité a concerné une fraction seulement des adolescents résidant à Bresson, ceux-ci présentant deux caractéristiques principales : on a en premier lieu noté une large surreprésentation des plus jeunes et notamment des préadolescents au sein de cet « atelier vidéo » (10 à 14 ans) et de fait une quasi absence des adolescents les plus âgés. Cela s'explique par le processus que Joël Zaffran (2010) a mis en évidence, en l'occurrence le besoin exprimé à la fin de l'adolescence par les individus de « se fonder en liberté par la maîtrise de leurs temps et de leurs activités », et ainsi le rejet progressif des formes d'activités encadrées à cet âge. Par ailleurs, le profil de ces adolescents a

[9] C'est-à-dire de la conception du scénario, en passant par le tournage des scènes jusqu'à la réalisation du montage.

semblé être quelque peu socialement situé, une majorité d'entre eux étant en effet issue de familles « établies » de Bresson, c'est-à-dire de familles appartenant aux classes moyennes ou aux fractions supérieures des classes populaires. La surreprésentation de ce profil d'adolescents s'explique par la place qui est accordée aux activités culturelles encadrées dans les stratégies éducatives des familles issues des classes moyennes (Kellerhals, Montandon, 1991) en même temps que les représentations péjoratives qu'ont souvent ces parents de l'usage de l'espace public à l'adolescence, symboliquement associé à la déviance et par-là même à la frange populaire et marginalisée des garçons de Bresson. C'est particulièrement ce qui ressort des propos de Mme Delorme, la mère de deux adolescents enquêtés :

> « Je ne comprends pas qu'il y ait aussi peu de jeunes de la commune qui viennent à l'atelier vidéo, après t'entends certains parents se plaindre qu'il n'y a rien qui est fait pour eux dans la commune... Ils savent pas la chance qu'on a d'avoir une association comme ça dans le village. Puis même, ça permettrait d'éviter que certains fassent des bêtises (soupir)... C'est pour ça moi, David et Océane, je préfère qu'ils soient au foyer rural que de traîner dehors » (Mme Delorme, entretien réalisé le 10 mars 2012).

Par ailleurs, il s'avère que de nombreux adolescents issus des classes populaires marginalisées de la commune, dont de nombreux garçons, ont démontré une certaine aversion pour ces activités encadrées lorsqu'ils ont pu y assister, notamment au cours de la première année. Les séances se déroulant dans un cadre institutionnel, supposant le respect de certaines règles civiques, d'une certaine organisation collective ainsi que la mobilisation de compétences culturelles pour la réalisation des courts métrages, nombre de ces garçons leur ont en effet inévitablement conféré une connotation scolaire : ces séances ont été vécues comme un prolongement de leur scolarité au collège. C'est particulièrement le cas pour deux garçons, Karim et Enzo, qui ont très vite développé des pratiques constitutives d'une « culture anti-école » (Willis, 2011) au cours des séances d'atelier vidéo, en s'attachant par exemple à perturber délibérément les séances ou encore en stigmatisant les adolescents les plus investis dans les projets, à l'instar de la « culture du bouffon » décrite par David Lepoutre (1997). Cela permet ici de faire émerger des caractéristiques centrales des sociabilités et des dispositions de ces garçons issues des classes populaires marginalisées de la commune, en l'occurrence leurs goûts pour le dehors et la dépense physique, et plus largement pour la liberté dans leurs pratiques et, à l'inverse, une répulsion pour les formes d'enfermement et d'encadrement, ce qui ressort fortement dans les propos de Karim :

> « Après l'atelier vidéo, c'était pas mal, je suis venu plusieurs fois mais à un moment ça m'a soûlé, les horaires et tout. Et puis dès qu'on s'amusait un peu on nous disait qu'on dérangeait donc... ça me

rappelait trop le collège quoi, avec les surveillants (rires). Et puis même je préfère largement aller traîner dehors et me taper un foot au terrain que de rester enfermé tout l'aprèm le mercredi. Moi ça a toujours été comme ça, je peux pas rester en place, faut que je me dépense, que je bouge quoi (rires) » (Karim, entretien réalisé le 12 octobre 2011).

L'ESPACE DOMESTIQUE : LES SOCIABILITÉS ADOLESCENTES « EN COULISSES »

Les entretiens menés avec les adolescents ont par ailleurs permis de mettre en évidence l'importance que revêt l'espace domestique dans l'entretien des sociabilités juvéniles. Ces sociabilités qui se déroulent « en coulisses », pour reprendre une expression goffmanienne (Goffman, 1973), sont assez fortement structurées par un effet d'âge : les préadolescents vont en effet préférentiellement investir l'espace de la chambre, seuls ou entre pairs, et notamment autour de l'usage des technologies de la communication, alors que les plus âgés vont investir des lieux qui relèvent davantage du péri-domestique, autour des relations de bande, et qui leur assurent une plus grande autonomie vis-à-vis du monde familier.

L'espace de la chambre est fortement investi par les plus jeunes adolescents de Bresson et notamment par les filles. De nombreux auteurs ont en effet montré que cet espace représentait le premier lieu de l'autonomisation des individus au moment du passage de l'enfance à l'adolescence (Glévarec, 2009 ; Rivière, 2012). Il marque surtout à Bresson le premier espace de réalisation des sociabilités autonomes, au travers des formes d'invitation des pairs à la maison. Ces invitations à la maison s'appuient notamment sur la proximité existante entre familles sur la scène résidentielle et s'inscrivent dans un prolongement des sociabilités entretenues au sein de l'école primaire communale pour ces préadolescents. Néanmoins, ces sociabilités domestiques sont fortement différenciées selon le genre à cet âge : les filles investissent plus fortement leur chambre en compagnie d'un réseau de sociabilités restreint et autour du partage de confidences et de passions : *« J'invite souvent Élodie chez moi, des fois elle reste dormir à la maison ou c'est moi qui vais chez elle, parce que nos parents se connaissent bien donc c'est plus facile [...] on écoute de la musique ou des fois on fait juste que discuter. Ma sœur vient des fois nous aider à nous maquiller et nous coiffer ou l'autre fois on s'est regardé un dvd »* (Océane, 12 ans). Les garçons entretiennent quant à eux des sociabilités plus élargies et fluctuantes au sein de leur chambre et axées fortement sur le jeu et notamment les jeux vidéo : *« La plupart du temps on va chez moi parce que j'ai plusieurs manettes comme ça on joue à PES à plusieurs, mais ça change tout le temps vu que à peu près tout le monde a une console ici donc des fois on squatte chez Nicolas ou chez Mathieu, ça dépend. Des fois on arrive à se faire des tournois les dimanches aprèm »* (Robin, 13 ans). Ces sociabilités collectives entretenues dans l'espace de la chambre ont tendance à décroître avec l'âge, à part pour les adolescents issus des classes moyennes de la commune, chez qui elles restent fortement incitées par les parents et s'inscrivent plus largement dans des stratégies éducatives qui reposent sur une représentation péjorative de l'usage de la rue à la jeunesse (Vulbeau, Barreyre, 1994). Cette présence au sein de l'espace de la chambre passe pour ces adolescents d'autant plus par l'usage des technologies de la communication, et notamment de l'internet communicationnel (autour notamment des réseaux sociaux), tandis que les adolescents d'origine populaire de la commune, et en particulier les garçons, ont tendance à en faire un usage minimaliste et à développer un discours critique à leur égard, en ce sens qu'elles s'opposent à leur goût pour le dehors et l'activité physique.

De manière similaire, les adolescents les plus âgés, notamment ceux issus de la frange populaire, investissent occasionnellement l'espace domestique au cours de leurs sociabilités, mais d'une manière assez singulière, délaissant ainsi l'espace de la chambre pour s'approprier des espaces péri-domestiques offerts par la configuration de l'habitat traditionnel rural. Il s'agit en particulier d'un lieu situé au domicile d'un des adolescents de la commune, Alexandre, dont la bande dispose assez librement et qu'elle investit de manière plus ou moins régulière. Situé dans le garage et à l'écart de la maison familiale[10], il est relativement accessible pour les adolescents et leur garantit une assez grande autonomie vis-à-vis des adultes ainsi que toutes les conditions pour s'aménager un temps et un espace « à soi » propres. Son usage est d'autre part permis par le consentement des parents de l'adolescent dont la confiance accordée à ses camarades pour l'utilisation de cette « pièce » repose sur les relations d'interconnaissance qu'ils entretiennent avec la plupart d'entre eux ainsi qu'avec leurs parents, étant en effet une famille « ancienne » de Bresson, particulièrement bien implantée localement. Il permet ainsi à la bande de « se fixer » dans un lieu à part et de partager des moments « à soi » autour de sociabilités essentiellement conversationnelles et du partage de consommations culturelles, le lieu étant d'ailleurs aménagé à ces effets[11]. Lieu propre à la bande et plus personnel que les lieux de l'espace public par ailleurs investis, il ne constitue pourtant pas le lieu privilégié de sociabilités du groupe, du fait de la dépendance de la bande à l'égard d'un des adolescents pour sa fréquentation ainsi que de sa trop

[10] Il s'agit d'une ancienne ferme constituée d'une cour intérieure et de plusieurs bâtiments, dont un atelier et un garage, comme de nombreuses résidences à Bresson.

[11] Les adolescents y ont installé des vieux canapés, une table ainsi qu'une chaine hifi pour y écouter de la musique.

grande proximité avec le monde familier qui ne permet pas aux sociabilités adolescentes de s'y exprimer pleinement :

> « On va souvent dans mon garage genre les dimanches aprèm, il y a une pièce où on peut être tranquilles, quand y'a moyen quoi. Après voilà, c'est pas toujours possible, avec la musique, le bruit, tout ça, mes parents ils vont « criser » si c'est trop le bordel. En plus des fois on boit, y'en a qui fument, et tout... enfin tu vois j'ai pas envie que mes parents voient ça ! et même pour les autres, ils ont pas envie que ça soit raconté à leurs parents. Genre, y'a Jessica ou Mélanie, tu vois qui sait ? ben elles leur disent la plupart du temps que c'est pour aller faire des devoirs donc ils seraient choqués (rires). Donc du coup, quand on a envie d'être plus tranquilles, de pas être dérangés, on va plutôt se poser dehors, derrière la salle des fêtes ou alors on prend la caisse » (Alexandre, 16 ans, entretien réalisé le 19 avril 2012).

LES LIEUX DE SOCIABILITÉ EXTÉRIEURS À LA COMMUNE : LES « SORTIES EN VILLE »

Enfin, une partie des adolescents de Bresson, en dépit de leur localisation résidentielle, parviennent aussi à fréquenter des lieux urbains au cours de leurs sociabilités. Ces lieux de sociabilité extérieurs à la commune de résidence nécessitent en effet bien souvent la mise en œuvre de mobilités qui sont vécues comme contraignantes pour des adolescents qui sont encore pour la plupart dépendants des adultes pour leur mobilité se réalisant en dehors de la commune et qui n'ont pas accès aux transports en commun[12]. Ces « sorties » dans des lieux urbains sont particulièrement fonction d'un effet d'âge, évoluant notamment au moment du passage du collège au lycée, et se différencient par ailleurs en fonction des trajectoires résidentielles des adolescents ainsi que de celles de leurs familles, distinguant ainsi nettement les adolescents d'origine « urbaine » de ceux d'origine « rurale ».

Deux temps différencient les « sorties » en ville des adolescents les plus jeunes de Bresson. En semaine, leurs mobilités urbaines se dessinent à partir du lieu de scolarisation et se déroulent la plupart du temps dans les centres-villes de Fontainebleau et de La Chapelle-la-Reine où sont situés les deux établissements scolaires fréquentés par les collégiens de la commune. Ces sorties rituelles ont lieu généralement en fin d'après-midi lorsque le temps scolaire se relâche et sont ainsi souvent brèves, étant en effet fortement contraintes par les horaires du ramassage scolaire pour le retour au domicile. Si ces mobilités à partir du lieu de scolarisation paraissent assez répandues parmi l'ensemble des jeunes adolescents de Bresson, les « sorties » en ville le week-end à partir du domicile concernent quant à elles quasi

[12] Sinon aux transports scolaires qui desservent La Chapelle-la-Reine et Fontainebleau les jours de semaine et deux fois par jour (le matin et le soir).

exclusivement les adolescents d'origine urbaine de la commune, c'est-à-dire ceux dont la famille a auparavant résidé en contexte urbain avant de s'installer dans la commune. Transparaît ici tout le rôle des parents, et en particulier celui des mères, dans la réalisation de ces pratiques de mobilités, au travers des nombreux accompagnements automobiles consentis, qui prennent en réalité place dans un processus de socialisation urbaine (Authier, Grafmeyer, 2008) de ces adolescents, propre à ces familles de Bresson. Ces deux formes de mobilités urbaines se traduisent pourtant par des pratiques de sociabilité et la fréquentation de lieux sensiblement communs aux deux groupes d'adolescents. Elles se caractérisent en effet la plupart du temps par la réalisation de flâneries en compagnie du groupe de pairs au sein des espaces publics urbains, dans les centres-villes ou dans les centres commerciaux, d'autre part par la fréquentation de commerces et services qui permettent ainsi à ces jeunes résidant dans un désert fonctionnel et culturel de *« faire comme les autres »* et de « *ne pas se sentir à l'écart* » comme nous l'affirment certains d'entre eux. Ces interactions permettent en particulier à ces jeunes de se confronter à une double altérité : d'une part à une fréquentation de jeunes issus d'univers sociaux et résidentiels différents, bien souvent rencontrés sur la scène scolaire ; d'autre part à l'anonymat des espaces publics urbains qui tranche particulièrement avec les rapports personnalisés entretenus au sein de leur commune de résidence :

> « Tous les jeudis après-midi, j'ai pas cours mais je reste au collège pour manger et ensuite on sort avec des copains, la plupart sont de ma classe. On reste un peu devant le collège pour fumer et ensuite on va en centre-ville [de Fontainebleau], on prend un bus qui va direct, et généralement on y passe l'après-midi [...]. En fait c'est juste pour traîner dans le centre-ville (rires) et c'est plus cool qu'ici, il y a plus de choses à faire, de choses à voir et moins d'embrouilles parce qu'ici t'as l'impression que tout le monde te surveille » (Lucas, 14 ans, entretien réalisé le 3 décembre 2011).

Du côté des adolescents les plus âgés de la commune, et notamment de la frange populaire, ces « sorties » se déroulent au contraire essentiellement durant les week-ends du fait d'un allongement du temps scolaire qui s'opère à l'entrée au lycée et ainsi d'une réduction de leur temps libre en semaine. Ceci s'explique de manière ambivalente par le fait que ces mobilités comportent de plus en plus une forte dimension festive et se déroulent ainsi essentiellement en soirée, au travers des habituelles « sorties en boîte » ou encore des « soirées organisées » chez des amis du coin, qui ont lieu les vendredis et samedis soir. Elles marquent par ailleurs pour ces adolescents une accession à une plus grande autonomie dans la mobilité réalisée en dehors du territoire de résidence, notamment au travers de la mise en place de solidarités autour de la voiture dès lors qu'un ou plusieurs adolescents possède le permis de conduire à l'âge requis. Ces « sorties » à caractère festif s'avèrent pourtant exclusivement centrées sur la bande et réalisées en compagnie du groupe de pairs local, et ne marquent pas pour eux de véritable confrontation à d'autres jeunes et à d'autres formes d'altérité. Pour cette jeunesse locale qui se sédentarise[13] progressivement, il apparaît que ces mobilités de « sortie du territoire » constituent un élément central de leur sociabilité de groupe, du fait de la symbolique que comporte la mobilité à cet âge, en même temps qu'une forme de compensation au fort ancrage qui les caractérise le reste du temps :

> « Ça fait pas longtemps qu'on sort en boîte, enfin je veux dire régulièrement. En fait, c'est depuis que certains ont eu le permis, ça a été plus facile parce qu'avant il fallait demander aux parents ou se débrouiller autrement. En fait, à un moment, c'est surtout que t'as envie de bouger, de voir autre chose parce que la plupart du temps on reste traîner ici tous ensemble donc à la longue… Puis même, à un âge, t'as envie de t'amuser, de sortir entre potes tranquille, de faire comme les autres quoi, donc c'est pour ça on s'organise ça quasiment toutes les semaines maintenant » (Mathieu, 17 ans, entretien réalisé le 10 mars 2012).

CONCLUSION

Au final, cette approche spatiale des processus de socialisation offre l'occasion de saisir ce qui fait encore la spécificité des adolescents ruraux aujourd'hui au travers de leurs sociabilités, notamment en comparaison de leurs homologues urbains. Cette spécificité tient essentiellement à la configuration socio-résidentielle particulière dans laquelle ils évoluent au quotidien, ce qui permet de considérer le rôle exercé par les caractéristiques spécifiques du contexte rural tels que les faibles densités, l'isolement géographique ou encore l'interconnaissance résidentielle dans la socialisation des individus. Elle permet de manière complémentaire de souligner la relative richesse qui caractérise leurs sociabilités, qui se révèle au travers des différents lieux qu'ils investissent au quotidien et plus largement au travers de l'intensité de leurs relations sociales. Cela permet ainsi d'aller à l'encontre des visions misérabilistes des territoires ruraux et des jeunes qui y résident, et qui sont souvent véhiculées au travers notamment des figures de l'isolement et de l'enfermement. D'un autre côté, la méthode de l'ethnographie localisée invite à ne pas homogénéiser l'adolescence rurale contemporaine et à la considérer dans toute sa diversité. L'étude des différents lieux de sociabilité des adolescents de Bresson permet en effet de faire émerger de manière classique les différences en termes d'avancée en âge et de genre dans le développement des sociabilités et des parcours adolescents, mais plus encore celles qui se dessinent en fonction des différentes trajectoires socio-résidentielles, qui font notamment émerger

---

[13] C'est-à-dire qui tend de plus en plus à se projeter dans l'espace local à l'âge adulte.

une opposition entre adolescents des classes populaires marginalisées et adolescents des classes moyennes, ou, d'un autre point de vue, en fonction des origines résidentielles familiales.

BIBLIOGRAPHIE

AUTHIER J.-Y., GRAFMEYER Y., 2008, *Sociologie urbaine*, Paris, Armand Colin.

BECKER H., 1985, *Outsiders. Études de Sociologie de la déviance*, Paris, Metaillé.

BERGER M., 2004, *Les périurbains de Paris. De la ville dense à la métropole éclatée ?*, Paris, CNRS éditions.

BREVIGLIERI M., 2007, « Ouvrir le monde en personne. Une anthropologie des adolescences », *in* Breviglieri et Cicchelli (dir.), *Adolescences méditerranéennes. L'espace public à petits pas*, Paris, L'Harmattan, p. 19-59.

DRIS N., 2007, « Les arrangements de visibilité dans les cheminements urbains, du quartier proche au lointain dans la ville », *in* Breviglieri et Cicchelli (dir.), *Adolescences méditerranéennes. L'espace public à petits pas*, Paris, L'Harmattan, p. 63-76.

ELIAS N., SCOTSON J.L., 2001 [1975], *Logiques de l'exclusion : enquête sociologique au cœur des problèmes d'une communauté*, Paris, Pocket.

GLEVAREC H., 2009, *La culture de la chambre. Préadolescence et culture contemporaine dans l'espace familial*, Paris, La documentation française.

GOFFMAN E., 1973, *La mise en scène de la vie quotidienne. La présentation de soi*, T.1, Paris, Les éditions de Minuit.

GUILLUY C., NOYÉ C., 2006, *Atlas des nouvelles fractures sociales en France. Les classes moyennes face à la mondialisation : la tentation du repli*, Paris, Autrement.

JOSEPH I., 1992, « L'espace public comme lieu de l'action », *Annales de la recherche urbaine*, n° 57-58, p. 210-217.

KELLERHALS J., MONTANDON C., 1991, *Les stratégies éducatives des familles : milieu social, dynamique familiale et éducation des pré-adolescents*, Paris, Delachaux et Niestlé.

KOKOREFF M., 1994, « La dimension spatiale des modes de vie des jeunes. Le cas d'une cité de la banlieue parisienne », *Sociétés contemporaines*, n° 17, p. 29-49.

LEPOUTRE, D., 1997, *Cœur de banlieue : codes, rites et langages*, Paris, Odile Jacob.

MISCHI J., RENAHY N., 2008, « Pour une sociologie politique des mondes ruraux », *Politix*, n° 83, p. 9-21.

RIVIÈRE C., 2012, « Les enfants : révélateurs de nos rapports aux espaces publics », *Métropolitiques [en ligne]*, http://www.metropolitiques.eu/Les-enfants-revelateurs-de-nos.html

SIMMEL G., 1999 [1908], *Sociologie : étude sur les formes de socialisation*, Paris, Presses universitaires de France.

VULBEAU A., BARREYRE J.-Y. (dir.), 1994, *La jeunesse et la rue*, Paris, Desclée de Brouwer.

WILLIS P., 2011, *L'école des ouvriers. Comment les enfants d'ouvriers obtiennent des boulots d'ouvriers ?*, Marseille, Agone.

ZAFFRAN J., 2010, *Le temps de l'adolescence. Entre contrainte et liberté*, Rennes, Presses universitaires de Rennes.

POUR UNE GÉOGRAPHIE DES PRATIQUES SOCIOCULTURELLES RURALES

ESSAI SUR LES LOTOS DES CAMPAGNES

For a geography of sociocultural practices in rural areas: on countryside lotto game

Georgette ZRINSCAK[1]
UMR Géographie-cités
Université Paris 1 Panthéon-Sorbonne

Résumé : À partir d'observations de terrain dans les campagnes du Loiret, ce texte envisage les lotos non seulement comme un observatoire prometteur des sociabilités rurales mais aussi comme un facteur important de l'organisation des sociétés locales. Les enjeux qu'ils soulèvent leur confèrent plus de sens qu'une simple pratique de loisir : ils touchent aussi bien au domaine culturel qu'à la sphère sociale et à l'économie. L'étude des trois catégories d'acteurs impliqués (les collectivités territoriales, les participants et les associations) permet l'identification de systèmes socioculturels locaux.

Mots-clés : ruralité, pratiques populaires, système socioculturel local, observation, Loiret

Abstract: *Based on field observations in the Loiret countryside, this paper shows that lotteries are not only a vantage point on rural sociability, but also a key factor for the organisation of rural societies. What is at stake in lotteries goes way beyond a mere pastime, as they have cultural, social and economic dimensions. This paper examines three types of actors involved in the games (local governments, participants and associations) in order to identify local social and cultural systems.*

Keywords: *rurality, popular practices, local social and cultural system, observation, Loiret*

Appréhender une facette de la ruralité par l'étude d'une pratique ordinaire de loisirs, tel est le propos de ce texte. Élément de la diversité des pratiques socioculturelles du monde rural, qu'elles aient lieu en salle (concours de belote, repas des anciens) ou en plein air (rencontres sportives, bals, vide-greniers, concours de pêche…), le loto constitue un loisir largement partagé par les ruraux. Diffusé dans la quasi-totalité des campagnes françaises (et d'ailleurs), mobilisant les collectivités territoriales, les populations rurales et

[1] Courriel : zrinscak@parisgeo.cnrs.fr

les associations qui les organisent en partie, ce loisir engage l'ensemble de la société locale. En ce sens, l'analyse du loto s'apparente à celle d'un « fait social total » (Mauss, 2013) inscrit dans des territoires locaux.

Le cadre géographique de l'étude s'étend, dans le Loiret, sur un territoire correspondant à trois cantons au nord et à l'est d'Orléans – Patay (7 000 habitants[2]), Neuville-aux-Bois et Jargeau (respectivement 15 et 18 000) – et comptant chacun une dizaine de communes, du petit au gros village (200 à 1 000 habitants) et du petit au gros bourg (entre 2 000 et 4 000 habitants) (carte 1). Sur ce terrain, l'étude s'est déroulée de l'hiver 2012 au printemps 2014, soit un peu plus d'un an, pas de temps nécessaire dans la mesure où une association ne peut légalement organiser plus de six lotos par an. L'observation a été la première méthode mobilisée : elle a consisté en la fréquentation d'une quinzaine de lotos et en la constitution d'un fonds photographique. La participation aux jeux n'avait pas comme objectif une observation participante, les modalités de terrain se sont plus apparentées à l'observation flottante chère à Colette Pétonnet : attention portée à l'environnement et approche par le sensible qui laisse la primauté aux sens (surtout la vue et l'ouïe). En complément, des sources documentaires ont été utilisées, celles justement qui informent les participants à ces jeux : la presse locale et régionale – pour cette dernière, l'édition de la République du Centre –, les sites Internet des collectivités territoriales concernées et les prospectus collectés à chaque loto.

Comme le suggère cette méthode essentiellement exploratoire, le propos de cet article n'est pas de présenter des résultats démontrés par une analyse fouillée préalable mais d'ouvrir des pistes de réflexion dans le but de comprendre le fonctionnement de sociétés rurales banales et de montrer de façon liminaire les interactions entre les acteurs de cette pratique qui composent un système socioculturel local.

UNE AUTRE CONFIGURATION DES CENTRALITÉS SOCIOCULTURELLES RURALES

À la différence des jeux a-territoriaux offerts par la Française des jeux ou les jeux en ligne, et contrairement aux casinos, aux cercles privés (pour lesquels un bâtiment est dévolu de façon permanente et structurelle à la pratique ludique[3]), ou au PMU qui constituent autant de jeux spatialisés reflétant une pratique largement urbaine, la spécificité des lotos tient à leur localisation en milieu rural et à leur territorialisation forte bien que non permanente.

---

[2] Toutes les données démographiques, de 2009, émanent de l'INSEE.

[3] Et dont on connaît la cartographie, pour les casinos notamment (cf. Rapport du Sénat cité en sources).

« Locataire » de locaux qui sont la propriété des collectivités locales, le plus souvent, et dont les associations peuvent disposer de façon quasi prioritaire dans la mesure où elles sont elles-mêmes domiciliées sur le territoire communal, le loto s'inscrit dans une territorialité forte et éphémère à la fois qui contribue à la structure et au fonctionnement des espaces ruraux.

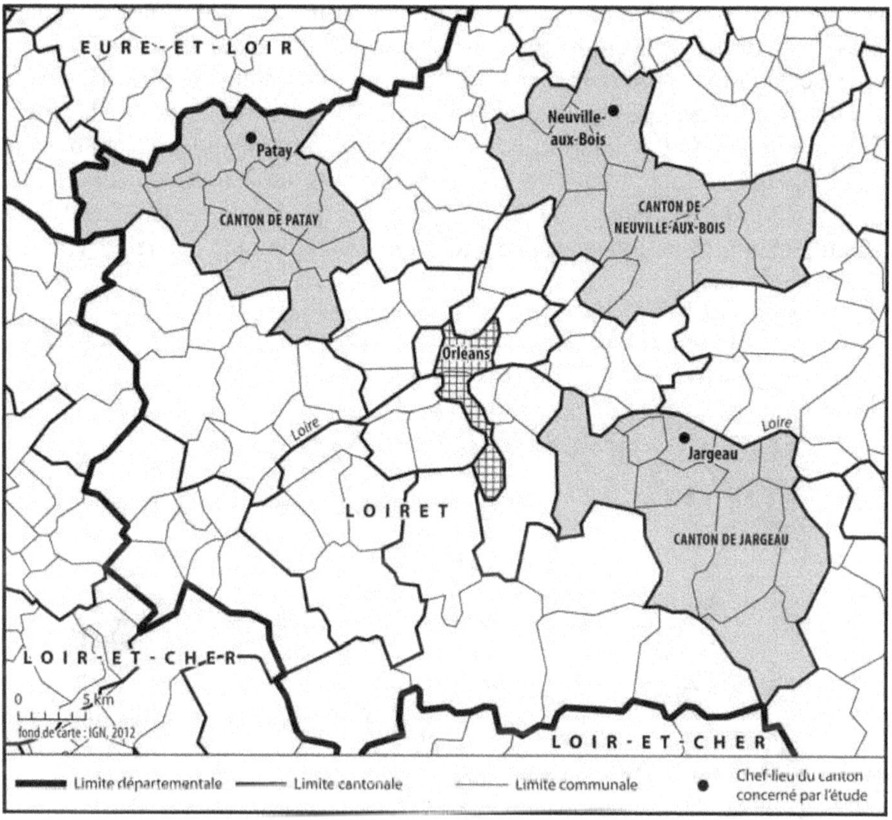

Carte 1 – Localisation des lieux étudiés

Localités et locaux : des hiérarchies inhabituelles

Les collectivités territoriales locales sont les supports des lotos, et les inscrivent dans un environnement massivement rural où se dessine une géographie variable : chaque jour, chaque mois, la carte des lotos prend une autre configuration, même si des structures de fond persistent. Ni les très petites communes ne sont représentées, ni les très grandes, c'est-à-dire les grandes villes. Pour les premières, c'est l'absence de bâtiment public dédié aux activités socioculturelles qui empêche la pratique, ou la petitesse du bâtiment existant qui ne supporterait pas une grande affluence : c'est le cas de Villereau, commune de 400 habitants, dont la salle des fêtes est trop petite et qui a pris l'habitude d'organiser ses lotos dans celle, récente et bien équipée pour l'accueil de 500 personnes, de la commune limitrophe de Saint-Lyé-la-Forêt. Pour les secondes, le cas d'Orléans ici, les lotos ne semblent pas être des invités privilégiés des (trop) grandes salles de l'agglomération, plus coûteuses, plus spécialisées et où les manifestations s'étalent sur plusieurs jours ou semaines. Entre ces deux extrêmes, la distribution des lotos ne suit pas plus la hiérarchie des poids démographiques communaux ou des fonctions administratives. Ainsi, dans le canton de Patay, près de la moitié des communes, qui comptent 200 habitants en moyenne, ne recensent qu'exceptionnellement des lotos, ceux-ci étant (dé)localisés dans le chef-lieu. En revanche, dans le canton de Neuville-aux-Bois, le chef-lieu, gros bourg de 4 000 habitants, est tout autant central en matière de fréquence des lotos que les communes de Loury, petit bourg de 2 500 habitants, ou de Saint-Lyé-la-Forêt, village de 1 000 habitants, qui en dépendent ; et Loury cumule bien plus de lotos sur une année que la commune voisine de Traînou (3 000 habitants)[4].

Photo 1 – La salle des fêtes de Patay, 2013

À une échelle plus fine, les locaux dont la raison d'être est d'héberger les manifestations socioculturelles communales et qui offrent une scène à la pratique des lotos, contribuent à l'attractivité des collectivités locales. La

[4] En l'absence de recension exhaustive des lotos, seul le site *loto-calendrier.info* fournit des informations certes détaillées, mais limitées à l'est de la France. Menée en parallèle à ce terrain, une analyse du Bas-Rhin a fait apparaître une surreprésentation des communes de taille moyenne, mais sans hiérarchie manifeste.

salle des fêtes devient temporairement le centre de la vie locale (photo 1). Qu'elles soient des lieux génériques de rassemblement à divers usages (foyer rural, salle des fêtes, salle polyvalente) ou nommées d'après des références à des personnalités connues ou confidentielles (Espace George Sand, Salle Jeanne d'Arc, Salle Pierre Deret, Espace Marcel Joriot...), elles sont toujours mentionnées sur les prospectus de présentation des lotos. Et certaines salles sont préférées des participants, qui en apprécient l'acoustique, les commodités, le confort, la modernité, la taille, voire l'esthétique. Dans la mesure où ils ont le choix des destinations pour un même projet de sortie, la qualité de l'équipement intervient dans leur fréquentation de tel ou tel lieu, et contribue à nuancer plus encore les hiérarchies communales parfois insolites.

Photo 2 – Exemple d'affichage « fait maison » pour un loto à Loury, 2013

L'accès à la salle des fêtes doit souvent être fléché pour suppléer à l'absence éventuelle des indications routières ou à leur caractère incomplet. Petits ou grands panneaux jalonnent les voies d'accès principales jusqu'à la salle d'abord, jusqu'au parking au besoin (photo 2). Conçu dans le cadre territorial communal, cet équipement est adapté à la taille de la communauté locale, qui, pour une grande partie, peut y accéder à pied. Mais lorsque les manifestations qui y sont organisées, et notamment les lotos, débordent de ce cadre, l'infrastructure devient vite inadaptée. C'est le parking en particulier qui pèche par sa capacité d'accueil insuffisante. Pour la plupart des lotos, il faut pouvoir accueillir deux ou trois cents véhicules, beaucoup plus dans le cas des lotos géants. Peu de communes rurales, même les bourgs les plus importants, ont ce genre d'équipement. Les voies et espaces publics sont alors pris d'assaut : trottoirs, espaces vacants, et parfois des terrains privés sont reconvertis temporairement en parkings (photo 3). Si l'insuffisance et l'inadéquation des structures à ces fonctions constituent une gêne temporaire, pour les participants comme pour les riverains, cet inconvénient demeure toutefois secondaire comparé à l'animation et à l'attractivité communales engendrées par l'événement. Le bricolage de solutions improvisées et provisoires, le caractère hors normes du stationnement (à la limite ou franchement au-delà des règles prévues dans ce domaine), la tolérance momentanément élargie en matière de sécurité sont les palliatifs régulièrement pratiqués face à ce déficit d'urbanité et contribuent à la dimension festive, *via* la transgression facilitée des normes, et à l'impression de plus grande liberté de cet environnement rural.

Photo 3 – Un champ moissonné reconverti en parking à Darvoy, 2013

Horizons des mobilités rurales de loisir

Les déplacements individuels suscités par la fréquentation des lotos génèrent des allers et retours qui entrent dans l'évaluation de la mobilité en milieu rural. Si les mobilités des villes sont plus analysées que les mobilités des champs, les mobilités du travail et les mobilités saisonnières touristiques plus étudiées que celles liées aux loisirs quotidiens, les circulations automobiles en rase campagne sont connues pour être massives (près de la moitié du total – Orfeuil, 2008) et les kilométrages qu'affichent les véhicules ruraux en rendent compte. Toutefois, le détail de ces flux reste à préciser. Étant donné la localisation changeante à chaque manifestation et la multiplicité des lieux en jeu, leur caractère dispersé provoque la dilution du nombre dans l'espace et donc la quasi invisibilité des flux. Les rares moments de relative concentration, appréhendés *de visu* sur le terrain, ne peuvent qu'être estimés à travers la mention de ces événements dans la presse régionale et locale ou leur recension partielle sur des sites d'associations (comme agenda-loto.net).

Ces sources, même si elles ne sont pas exhaustives et ne permettent pas d'évaluer le nombre et la direction des flux, informent en revanche sur leurs rythmes. À l'instar de la majorité des loisirs festifs, les lotos ont lieu le week-end : les samedis et dimanches, en matinée et en soirée, et secondairement le vendredi, concentrent les déplacements dans le cadre hebdomadaire. Sur l'année, le loto est considéré comme un loisir plutôt hivernal, essentiellement par défaut, notamment du fait des alternatives de loisirs plus nombreuses en été. L'importance des soirées du samedi et du vendredi est à noter : elle engage en effet un rythme où les déplacements nocturnes le disputent aux diurnes. La circulation, à 2 heures du matin, sur des petites routes de campagne, moins bien éclairées et délimitées que les grands axes, de véhicules – dont des voiturettes sans permis – conduits par des seniors dont certains se sont offert quelques bières au cours de la soirée, présente un risque potentiel, même s'il est moins pris en considération par les services de gendarmerie que celui occasionné par les sorties de discothèques des jeunes ruraux quelques heures plus tard.

Outre leur masse et leurs rythmes, les mobilités engendrées par la fréquentation des lotos nécessitent une analyse des distances parcourues et des aires sur lesquelles elles se déploient. La majorité des joueurs parcourt en moyenne 15 à 30 km. Mais une partie d'entre eux peut en faire beaucoup plus : les trajets qui dépassent les 50 km sont récurrents. Si la masse des « voisins », à moins d'une demi-heure de route, ne peut être précisément domiciliée, les allochtones se reconnaissent *via* les plaques d'immatriculation des véhicules. Ainsi, dans le canton de Neuville-aux-Bois, les ressortissants du Loiret représentent 80 % des voitures, tandis que le reste des plaques indique (encore) la domiciliation dans des départements limitrophes (notamment l'Eure-et-Loir, le Loir-et-Cher, mais aussi la Seine-et-Marne ou l'Yonne). En fonction de l'importance de la manifestation, le bassin de « clientèle » peut s'étendre sur un rayon de plusieurs dizaines de kilomètres. Les aires d'influence qui se dessinent transgressent les limites des territoires administratifs (cantons, départements ou régions), le lieu, la motivation, la distance, l'événement constituant des paramètres de configuration de l'organisation dynamique des espaces ruraux dont l'importance respective reste à analyser. Ainsi, l'étude de ces déplacements fréquents permettrait d'appréhender de façon plus complète les horizons géographiques des populations rurales, en plus de leurs mobilités liées au travail ou au tourisme. Espace vécu et espace pratiqué, entre une pluralité de lieux centraux et de territoires d'appartenance articulés par des déplacements à géométrie variable, sont des pistes d'analyse de la complexité du fonctionnement des sociétés rurales contemporaines, non réductible à une géographie des « territoires vécus » telle que cartographiée par l'INSEE sur la base des données relatives à l'emploi et aux services (INSEE, 1998).

Pour une collectivité territoriale, en matière d'accueil de lotos, outre la location des infrastructures et des matériels qui contribue quelque peu au budget communal, c'est surtout l'animation de la commune qui constitue le premier objectif. L'importance de la vie locale, des alternatives offertes aux citoyens en matière de loisirs, de l'affluence d'un public qui vient d'environs proches ou plus lointains, participe de la bonne évaluation du bilan des équipes municipales. Certaines communes rurales sont donc régulièrement hébergeuses de lotos, et deviennent en quelque sorte de véritables hauts-lieux en la matière. Leur notoriété en bénéficie : la connaissance géographique des populations rurales des petites localités, que l'on sait parfaitement situer, est largement issue de la fréquentation des lotos, et déborde la seule sphère des participants grâce à la mention récurrente des événements dans la presse régionale qui contribue à la publicité des territoires ruraux les plus dynamiques et forge ainsi la représentation de ces centralités locales.

JOUEURS, JEUX ET ENJEUX : LE LOTO EST PLUS QU'UN JEU

Même s'il n'existe aucune recension ou sondage sur la fréquentation des lotos, cette pratique de jeu s'inscrit dans un contexte de forte inclination du public français pour les jeux de hasard (elle est estimée à deux Français sur trois pour la pratique occasionnelle ou régulière, Viard, 2006). La masse à elle seule confère la dimension populaire. Mais, contrairement à d'autres jeux, le loto, qui ne se pratique pas en solitaire, fonde une sociabilité locale qui participe à la construction sociale et identitaire du monde rural.

Convivialités populaires

Tous les âges sont présents, en une géométrie variable selon l'événement. La place des enfants, petits ou grands, est systématiquement assurée, par les parties et les lots qui leur sont destinés ; parfois, une garderie est même proposée. Les seniors quant à eux sont bien plus nombreux, et non moins turbulents. Les femmes sont régulièrement mises à l'honneur, notamment en février, où les parties « spécial Saint-Valentin » sont gratifiées de fleurs ou de bijoux. Les hommes ne sont pas en reste, surtout à l'approche de Noël ou de la Fête des Pères. Ce mélange des générations et des genres émane du caractère essentiellement familial des lotos. Rarement seuls, les joueurs composent des petits groupes où toutes les combinaisons de parentèle sont représentées : couple, mère célibataire avec enfants, grands-parents et petits-enfants, fratries, grandes tablées familiales, élargies aux amis, aux voisins (photo 4). Et même ceux qui viennent seuls (des femmes le plus souvent) ne sont jamais isolés, intégrés qu'ils sont par le réseau des interconnaissances entre habitués.

Photo 4 – 500 joueurs installés dans la salle des fêtes de Patay, 2013

Ces multiples petits noyaux s'articulent entre eux au gré des nouvelles rencontres que provoquent les voisinages de tables, à l'origine de relations amicales parfois durables. Au minimum, on se côtoie et on échange quelques propos anodins à la faveur du jeu, commentaires fatalistes, excités, ou faussement distanciés sur les échecs et les réussites (« c'qui m'énerve, c'est d'avoir raté la caisse de rosé à cause du 20 ! »), la chance et la malchance (« 'toute façon, j'gagne jamais ! ! »), le probable et l'improbable (« quand je pense que le 13, il est pas sorti une seule fois, c'est bizarre quand même ! ! »). On partage ses encas et autres douceurs apportés de la maison, occasion d'échanger des recettes ; on cherche à connaître l'autre : « vous êtes d'où ? », et on commente : « ah oui, je connais, c'est à côté de... ». Villages et bourgs sont cités et les départements d'origine sont une référence d'autant plus fréquente qu'ils sont directement associés aux numéros, et valorisés de façon spécifique lors des parties de loto-cocorico (un des types de jeu qui se fait, non sur des cartons mais sur une carte des départements français). On cherche à estimer le professionnalisme des joueurs : « vous en faites beaucoup ? », « vous allez où d'habitude ? » et on pèse les avantages et les inconvénients, qualités et défauts respectifs des coutumes locales et d'ailleurs. Spontanément, les joueurs en viennent très vite à établir leur palmarès des lotos et finissent par créer des notoriétés locales de territoires qui se distinguent de leurs voisins : « j'aime bien aller à Saint-Lyé, ils ont toujours des beaux lotos à Saint-Lyé ». Établissant ainsi des concurrences locales, la hiérarchie des préférences nuance plus encore les effets de centralité que les capacités d'accueil et la distance ont déjà brouillés.

Vecteur d'une sociabilité locale fondée sur la convivialité et l'interconnaissance au sein des communautés rurales, le loto est une pratique de loisirs populaire au sens large de peuple (citoyens) et aussi dans un sens plus restreint (Lits, 2009) : les élites y sont nettement sous-représentées, sauf à y inclure quelques notables et édiles locaux, notamment en période électorale où la fréquentation du loto vaut celle du marché hebdomadaire. Une grande partie des joueurs, même occasionnels, est connue et reconnue. Les organisateurs s'efforcent d'ailleurs de fidéliser leur « clientèle » (en offrant un carton gratuit à ceux qui reviendront). Et pour les pratiquants réguliers, ces réunions, lieux de retrouvailles et/ou de rencontres, s'inscrivent dans les territoires du quotidien (Di Méo, 1996).

Fête et construction identitaire locale

Parce que le loto, contrairement à d'autres jeux, se déroule exclusivement de façon présentielle au sein d'une communauté, il est associé à la fête. Plus qu'un simple loisir, c'est une « sortie » qui apparaît dans les inventaires quotidiens de la presse régionale, dont il constitue une rubrique à part entière. Et même lorsque la sociabilité locale est partiellement diluée lors des lotos géants (comme celui de Darvoy où les 1 900 habitants sont facilement noyés au milieu des 2 500 participants), leur caractère exceptionnel crée l'événement (photo 5). Face au loto hebdomadaire qui ponctue presque de façon banale le quotidien de ces sociétés rurales, les lotos géants occupent la population longtemps avant et après le jour J, et confèrent à la communauté locale un rayonnement incomparable. Grand-messe ou petite sortie, le loto est d'ailleurs souvent intégré dans une succession d'événements, lors de (longs) week-ends festifs, entre la brocante ou le vide-greniers du matin, le spectacle de cabaret le soir, et la fête foraine toute la journée. Ces temps éphémères et discontinus de la fête contribuent à une territorialisation des identités locales (Di Méo, 2001).

Sérieux et méthodiques, joviaux et cabotins, les meneurs de jeu animent la fête, donnent le ton de la soirée, et perpétuent les traditions. L'énonciation des numéros peut donner lieu à sa reprise en chœur par le public. Ce doublage, pour éviter tout « malentendu », est sûrement l'objectif initial des slogans décalés assortis à chaque numéro, jeux de mots édifiants (74 : Pavarotti, elle est haute sa voix) et autres procédés mnémotechniques, de nature historique (14 : le grand Louis, 36 : les congés payés), géographique (12 : l'Aveyron, là où on se lave le derrière sans savon, 35 : elle est vilaine), médiatique (52 : à la une), gastronomique (21 : la moutarde), gauloise (6 : la queue en l'air, 69 : tempête sous la couette) ou inclassable (53 : la pointure à Gertrude, 72 : tire lui la blouse qu'on lui place des ventouses) qui constituent autant de référents d'une culture populaire, répertoriés dans leur foisonnante diversité sur les sites dédiés, et même sur Wikipédia à l'article « quine ».

Photo 5 – Affluence massive pour le loto géant en plein air de Darvoy, 2013

Chaque jeu est soumis à des règles, énoncées et/ou écrites, que les contrôleurs se chargent de faire respecter : leurs vérifications et validations confèrent au jeu une certaine solennité, tout en en garantissant la fiabilité. Si des structures de jeu sont repérables d'un lieu à l'autre, il existe toutefois autant de règles et de modalités que de jeux organisés, contrairement à ce qui se passe pour les jeux de hasard institutionnalisés dont les règlements sont quasi intangibles et universels. Loin de l'uniformité institutionnelle, le loto décline ses variantes, de sa dénomination (loto, quine, rifle, bingo, poule au gibier) à son déroulement (parties en ligne, en cartons pleins) en passant par les jeux dans le jeu (loto-perso, bingo, loto-cocorico) en autant de formules que de lieux et de moments. Ressort de cette caractéristique la dimension régionaliste et même localiste de cette pratique, qu'aucune logique de mondialisation ni de standardisation n'a pour l'heure érodée. Cette extrême diversité émane du caractère amateur (à tous les niveaux) du jeu et renforce son identité populaire, accessible à tous, sans pré-requis, puisqu'à chaque fois, chacun prend connaissance des modalités spécifiques. Tous les rituels et règles, du jeu comme des joueurs, et leurs variations individuelles ou collectives, participent aux différenciations régionales et locales de la pratique.

Les lots, une autre valeur de l'échange

Finalité du loto, et fondateurs de son étymologie, les lots sont les produits d'appel de ces festivités. Entre mises, dons, gains et pertes, ils inscrivent le jeu dans une autre forme d'échanges. Outre l'absence de gains monétaires réglementairement interdits, leur principale caractéristique tient à leur diversité : produits alimentaires, petit et gros électroménager, ameublement, jouets, matériel de bricolage, vaisselle, véhicules ou bons d'achat (ces derniers constituant un accès différé à ces mêmes biens de consommation), et des services – soins esthétiques, séjours touristiques – qui complètent la panoplie des biens matériels. Entre sponsoring et mécénat, les petits commerces locaux assurent ainsi leur publicité tout en mettant en avant le territoire de proximité. La variété des lots, valorisée comme signe d'opulence, participe d'un marketing commercial bien compris, dont l'efficacité reste parfaitement opératoire depuis sa création et sa description magistrale par Zola dans *Au bonheur des dames*, qui ont fait entrer la vente dans l'ère de la consommation de masse (photo 6). La profusion est également affichée *via* le total de la valeur marchande des lots : entre 3000 et 4500 euros, montants le plus fréquemment annoncés ; ces additions constituent l'ultime technique dans la palette mise en œuvre pour donner l'impression à tous d'être des gagnants potentiels. Ce déballage, au sens propre du terme, ne tourne néanmoins pas au chaos : les organisateurs, en reproduisant le modèle qui a fait ses preuves, appliquent une stricte hiérarchisation des lots, sur le prospectus, sur l'estrade et dans le jeu : les petits lots au début, le gros lot pour la dernière partie, bien exposé au centre du podium et en tête de liste des affichettes. Ce sont d'ailleurs les trois ou quatre premiers lots qui permettent de qualifier le loto comme « gros » ou « petit » et déterminent largement sa fréquentation, de quelques dizaines de personnes pour les plus petits à deux ou trois milliers pour les lotos géants où l'on trouve comme premier lot une voiture.

Les biens et services mis en jeu changent de statut et de valeur au cours des étapes qu'ils franchissent dans la trajectoire des échanges dont le loto constitue une *réévaluation* majeure. Pour les biens matériels, le parcours est particulièrement lisible. S'ils intègrent un circuit « normal » au sein du système productif, de l'usine jusqu'au consommateur qui effectue l'achat final pour un prix progressivement accru, à chaque nouvel intermédiaire et à chaque nouvelle taxation par les pouvoirs publics, dans le cadre des lotos ou d'autres jeux qui proposent des biens comme lots, un autre circuit se forme. Les produits vendus par les grossistes sont achetés par les associations organisatrices dont le statut spécifique, défini par la loi de 1901, permet l'accès dérogatoire à un prix détaxé. L'exemption de la TVA constitue une forme d'aide indirecte de l'État au fonctionnement de ces associations. Dans les cas extrêmes, certains produits sont gracieusement offerts, entrant par là-même – pour cette étape – dans la catégorie du don que les anthropologues ont bien analysée (Mauss, 2013). Ainsi, une fois acquis par l'association, la valeur marchande du bien décroît mécaniquement, et, parallèlement, son statut devient autre : ce n'est plus une simple marchandise, mais un lot, entendons un « objet à mettre en jeu », qui le positionne dans un autre circuit d'échanges, celui du jeu en général et des loteries en particulier.

Photo 6 – Exposition des lots sur l'estrade de la salle polyvalente de St Lyé-la-Forêt, 2013

Dans ce monde-là, le bien de consommation d'origine est « réévalué ». Sa position dans la hiérarchie des lots traduit certes encore les différentiels de valeur marchande connus et reconnus par les joueurs. Mais l'accès potentiel à chacun d'eux est exclusivement dépendant de la participation au jeu, et donc de la mise. La valeur marchande finale du lot ne répond plus aux règles de l'économie de marché qu'il a quittée au moment de son acquisition par l'association, et au fur et à mesure du jeu, le statut du lot change à nouveau : il devient gain. C'est au final la somme investie par chacun des joueurs qui fixe la nouvelle valeur de chaque bien remporté. Les hiérarchies traditionnelles sont ici bouleversées : on a pu obtenir une voiture pour 20 euros, un écran TV LCD pour 30 euros, des raquettes de ping-pong pour 50 euros... Le rapport entre mise et gain devrait donc décider à lui seul du fait qu'il y a ou pas gain réel. Mais, contrairement aux jeux d'argent où ce calcul ne déroge pas à la règle mathématique de la soustraction, le caractère non monétaire des lots permet toutes les appréciations, comptes d'apothicaires, auto-persuasion et manipulations par les joueurs qui, quelque que soit le gain, se voient toujours gagnants. De plus, le nombre de lots – auxquels s'ajoutent les lots de consolation – rapporté au nombre de participants multiplie les probabilités de succès et contribue à l'impression que chacun a gagné.

Interviennent par ailleurs, en plus de la valeur marchande estimée du gain, d'autres valeurs, non moins importantes : la valeur d'échange (une partie des lots gagnés sont revendus, à moindre coût, à des joueurs moins heureux mais intéressés par tel ou tel bien et/ou service), la valeur d'usage, développée par l'utilisation de l'objet (le petit électroménager d'usage quotidien est particulièrement couru !) ou la valeur symbolique qui rappellera le plaisir d'une soirée entre amis et de moments partagés ou qui sera amplifiée par un nouvel échange où l'objet devient cadeau.

Quelle que soit la valeur marchande initiale et finale des biens ainsi mis en circulation, même s'ils sont sortis du *main stream* de l'économie de marché, ils contribuent toutefois à l'existence d'une économie « seconde » pas si secondaire. Mais c'est surtout l'implication des associations, à l'origine de l'organisation des lotos, qui permet de saisir cette pratique dans la globalité de son fonctionnement.

LES ASSOCIATIONS, ACTEUR CENTRAL D'UN SYSTÈME LOCAL

Face au public, les associations sont les acteurs majeurs et centraux de cette pratique récréative, et c'est leur implication qui confère à ces jeux une dimension autre que celle d'une simple activité ludique. Elles sont la condition *sine qua non* de cette pratique. Et l'importance des lotos peut être considérée comme un bon indicateur du dynamisme associatif local.

Foisonnement associatif

Dans la mesure où une partie du public est d'origine communale, et donc plus directement touchée par l'activité de l'association, la dimension auto-organisatrice où toutes les parties concernées sont présentes renforce la dimension populaire du jeu. Par soi et pour soi, sans pour autant que l'entre-soi ne prime : le loto se place à l'interface de la communauté locale et de la société englobante. Si les grands lotos laissent une place importante à des participants extérieurs aux intérêts de la société locale, au mieux compagnons de route et sympathisants de ces fonctionnements associatifs, la plupart des autres se placent sous le signe de la solidarité locale. Portés dans leur grande majorité par des petites associations, proches de tout un chacun et fortement territorialisées par leur champ de compétence circonscrit à la communauté locale, ils affichent leur appartenance associative (photo 7). Les noms des associations arrivent en tête des prospectus, avec leur domiciliation, *via* le nom du lieu ou l'adjectif s'y rapportant (la pétanque chapelloise ou la perche faycienne).

Photo 7 – Un marketing particulièrement élaboré pour le loto de l'USC La Chapelle Saint Mesmim, 2013

Recensées notamment dans l'annuaire des associations françaises, les associations à but non lucratif émanent de cette société locale qu'elles contribuent à organiser en autant de micro-communautés, qui se recoupent les unes les autres. Leur nombre n'est qu'en partie déterminé par la taille de la collectivité locale. Certes, les plus petites communes totalisent moins d'associations que les plus grandes : dans le canton de Patay, la moitié des communes, qui ne dépassent pas les 250 habitants, ne comptent que cinq ou six associations, tandis que le chef-lieu, avec ses 1 900 habitants, en recense une vingtaine. Mais, à poids démographique équivalent, des différences sensibles apparaissent. Dans le canton de Jargeau, il y a plus de 300 associations pour 18 000 habitants ; dans celui de Neuville-aux-Bois, les 15 000 habitants se partagent entre plus de 200 associations : à Rebréchien

(1300 habitants) on compte 19 associations, et pour le même volume démographique, Vennecy en totalise 12, autant que Sully-la-Chapelle et ses 400 habitants ; il y en a 20 à Saint-Lyé-la-Forêt pour 1000 habitants ; les 2500 habitants de Loury ont le choix entre une trentaine d'associations, les 3000 habitants de Traînou une quarantaine, et il y en a une cinquantaine pour les 4000 habitants de Neuville-aux-Bois. Issues d'initiatives individuelles spontanées et fondées sur une multi-appartenance fréquente, les associations animent la vie socioculturelle locale.

La diversité des raisons sociales des associations se lit dans les catégories récurrentes d'une nomenclature générale : associations sportives, musicales, festives, culturelles, artistiques et de loisirs, associations d'utilité publique, associations d'aide et de services... Avec des dénominations et des combinaisons variables, elles indiquent la sensibilité première de la population locale, à l'origine des hiérarchies dans la nature des associations. Mais toutes ne recherchent pas forcément de financement *via* les lotos : ce sont leurs besoins respectifs qui expliquent l'éventuel recours à cette source de revenus. Les associations sportives sont parmi les plus nombreuses, notamment si l'on tient compte du fait qu'elles sont organisées en sections correspondant à chacun des sports pratiqués (celle de Vennecy en compte 7, celle de Rebréchien 6), et on les retrouve le plus fréquemment comme organisatrices de lotos. Celles qui ont en charge les festivités, récurrentes également, font coup double avec le loto, qui est une fête en soi. Les associations de loisirs, notamment de chasse et de pêche, organisent régulièrement des lotos ; celles d'utilité publique (sapeurs-pompiers ou anciens combattants), sont déjà moins présentes, de même que les associations caritatives ou culturelles, et ce indépendamment de leur nombre.

Loisirs solidaires

Les membres de l'association assurent l'organisation du loto de façon bénévole et sont donc multitâches. Ces tâches sont distribuées en amont, et au fil de l'expérience acquise, des « spécialisations » se font jour. La rigueur et l'attention sont les qualités de mise pour ceux qui tiennent les caisses (photo 8) ; l'efficacité et la technique de vente sont valorisées à la buvette ; la jovialité et la concentration sont sur l'estrade, la force musculaire et le sens de l'organisation se déploient dans l'installation de la salle ; le don pour la négociation est nécessaire dans les relations avec les fournisseurs, l'aptitude au bricolage se manifeste dans la confection et la pose des panneaux publicitaires. Du moins, ces qualités devraient être de mise à chacun de ces postes. Mais l'association fait surtout avec ce qu'elle a. Associée à l'amateurisme relatif que l'on attribue fréquemment – à tort ? – au bénévolat (Hély, 2013), la polyvalence domine donc le plus souvent, et cette auto-organisation de la société civile et les imperfections qui en découlent peuvent être considérées comme un autre critère de la dimension populaire de ces événements.

Photo 8 – Une bonne recette en perspective pour l'association de Neuville-aux-Bois, 2013

Si le jeu est une source de revenus pour l'association, le caractère militant (défense d'une cause, simple financement de projets socioculturels, participation à l'engagement solidaire…) reste néanmoins très atténué dans le cadre des lotos. Les organisateurs savent que le public est là avant tout pour s'amuser et pour gagner. L'occasion peut se présenter de motiver de nouveaux adhérents, ou du moins de sensibiliser une partie de l'assistance à la raison sociale de l'association, mais les éventuels « recrutements » ne sont qu'un avantage collatéral. La promotion de l'association et de ses initiatives s'appuie sur le bref rappel de l'objectif visé, général et/ou particulier. Cette information place d'emblée le loto sous l'égide de la communauté, du collectif, du partage, de l'entraide, du vivre ensemble. Et elle met en avant la transparence qui valide les principes associatif et participatif. On retrouve ces principes et les valeurs morales qui leur sont attachées dans les sites dédiés qui insistent sur le fait de ne pas se faire concurrence, en choisissant de façon adéquate les dates et les lieux des manifestations. De surcroît, chaque association contribue à la promotion de ses consœurs, quand, à chaque rassemblement, on distribue les prospectus pour les lotos à venir dans un périmètre local élargi, et lorsque l'occasion se présente, le loto fait également office de tribune pour lancer des appels aux actions caritatives et citoyennes locales.

Sans but lucratif…

En cas de besoin, les associations recrutent un ou plusieurs employés embauchés pour l'occasion. Intermittents du spectacle, ces acteurs assurent à la fois le bon déroulement du jeu, son animation et sa notoriété. Tel animateur réputé suffit, par sa présence, annoncée *via* les prospectus, à assurer une fréquentation par les fidèles, au même titre que des jeux télévisés suivis pour leur animateur vedette. Leur présence n'est pas systématique : les associations les moins riches (ou qui préfèrent user de leur budget à d'autres fins) organisent elles-mêmes l'animation. Même additionnés aux autres postes (location de salles et de matériels, achat des lots), les dépenses liées à ces emplois ponctuels sont largement compensées par les recettes issues de l'organisation de lotos. Ceux-ci sont en effet considérés comme une manifestation rentable pour collecter des fonds.

Les cotisations des adhérents et les subventions reçues des pouvoirs publics, et notamment des collectivités territoriales, constituent les revenus structurels des associations, tandis que les lotos contribuent à fournir des compléments de revenus sur l'année. Ils sont en effet conçus comme une aide légale au financement de la vie associative. Les tarifs sont modestes : 3 à 5 euros le carton, 27 à 30 euros la formule de 12 cartons adultes et 6 cartons enfants ; ils ouvrent l'accès à la participation d'un public très varié en matière de revenus, où les plus désargentés peuvent avoir leur place. Les mises individuelles, de 20 ou 30 euros en moyenne, s'additionnent et aboutissent à des recettes de plusieurs milliers d'euros qui améliorent substantiellement l'ordinaire des finances associatives, même si les revenus totaux annuels sont plafonnés par la loi et que chaque association a le droit d'organiser un nombre limité de lotos, afin que cette source de revenus reste un complément et qu'il n'y ait pas de dérive vers une véritable pratique commerçante. Les abus en la matière sont punis par la loi, et des associations se retrouvant sur le banc des accusés sont stigmatisées dans la presse régionale.

Enfin, des recettes supplémentaires sont fournies par la vente de consommations à la buvette : là également, les prix attractifs (en général un euro pour une boisson, deux euros pour trois crêpes, une part de gâteau ou un croque-monsieur) participent de la caractéristique des lotos comme loisir peu coûteux et ajoutent à sa convivialité et à son caractère familial. Dans ce coût, on ne comptabilise ni le temps ni l'énergie déployés pour la confection ménagère d'une partie de ces consommations, qui a mis à contribution plusieurs membres de l'association ainsi que leur famille (photo 9).

L'implication des associations inscrit *de facto* la pratique des lotos dans la sphère générale d'une économie sociale et solidaire, dont l'ampleur ne cesse de croître. Or, les travaux menés dans ce domaine insistent plus sur les « entreprises associatives », souvent d'envergure nationale, que sur ces associations « traditionnelles », sans but lucratif (Hély, 2013), dont le champ de compétence est massivement centré sur les territoires locaux, notamment ruraux. Ce relatif désintérêt, partiellement justifiable par la multitude et la diversité des structures concernées, ne fait que plaider en la faveur d'une (re)valorisation de cet acteur majeur, qui, pour ce qui concerne la pratique des lotos, se place au centre d'un système territorial local.

Photo 9 – Quelques échantillons de la cuisine ménagère pour le loto de Loury, 2013

CONCLUSION

C'est sur les articulations entre les acteurs locaux que se fonde ce système socioculturel. Les collectivités territoriales en établissent le périmètre physique. En fournissant les supports matériels de l'organisation des lotos, en soutenant financièrement et symboliquement les associations, elles sont la scène de cette pratique, et, en retour, sont elles-mêmes mises en scène, valorisées et hiérarchisées selon des critères autres que ceux utilisés classiquement (emploi, démographie, offres de services). En découle une complexification des hiérarchies traditionnelles fondées sur le modèle gravitaire ou la loi rang-taille. Dans la mesure où une grande partie du public des lotos est engagée dans des associations, les joueurs sont doublement acteurs dans cette pratique de loisirs : dans leur cellule familiale et leur communauté locale, ils sont les bénéficiaires de ce service, dans leur engagement associatif, ils en sont les prestataires. Quant aux associations, ancrées dans les territoires locaux qu'elles animent, elles organisent les sociétés rurales dont elles sont elles-mêmes une émanation. Le triangle d'interactions entre ces trois acteurs structure ainsi un système socioculturel localisé, territorialisé, par ailleurs intégré dans le système englobant, où l'État législateur et les entreprises sont impliqués indirectement par la pratique du loto.

Parce qu'il est à la fois moyen et finalité d'un fonctionnement socioculturel, ce loisir, populaire et presqu'ignoré, se révèle donc être une entrée et une grille de lecture particulièrement adéquates pour appréhender toutes les dimensions et articulations en jeu dans les systèmes socioculturels locaux. Au même titre que celle des systèmes productifs locaux, identifiés et analysés tant en géographie qu'en économie, leur étude approfondie et élargie à d'autres pratiques devrait contribuer à une meilleure appréhension de la ruralité.

BIBLIOGRAPHIE

DI MEO Guy (dir.), 1996, *Les territoires du quotidien*, Paris, L'Harmattan, coll. Géographie sociale.

DI MEO Guy (dir.), 2001, *La géographie en fêtes*, Paris, Ophrys.

HELY Matthieu, MOULEVRIER Pascale, 2013, *L'économie sociale et solidaire : de l'utopie aux pratiques*, Paris, La dispute, coll. Travail et salariat.

INSEE-IGN-Cartographie et décision, 1998, *Territoires vécus. Organisation territoriale de l'emploi et des services*, carte.

LITS Marc, 2009, *Populaire et populisme*, Paris, CNRS Éditions, coll. Les essentiels d'Hermès.

MAUSS Marcel, 2013 [1950], 12e éd., *Sociologie et anthropologie*, Paris, PUF, coll. Quadrige.

MISCHI Julian (coord.), 2013, « Campagnes populaires, campagnes bourgeoises », *Agone*, n° 51.

ORFEUIL Jean-Pierre, 2008, *Une approche laïque de la mobilité*, Paris, Descartes & Cie, coll. Les Urbanités.

ORFEUIL Jean-Pierre, 2010, « La mobilité, nouvelle question sociale ? », *SociologieS* [en ligne], Dossiers, Frontières sociales, frontières culturelles, frontières techniques, URL : http://sociologies.revues.org/3321

PETONNET Colette, 1982, « L'observation flottante. L'exemple d'un cimetière parisien », *L'Homme*, vol. 22, n° 4, p. 37-47.

VIARD Jean, 2006, *Éloge de la mobilité – Essai sur le capital temps libre et la valeur travail*, La Tour d'Aigues, Éditions de l'Aube, coll. Monde en cours.

SOURCES

www.associations.gouv.fr/710-la-fiscalite-exoneration-de-6.html

www.legifrance.gouv.fr (code général des impôts, article 261)

www.asso1901.com

www.senat.fr/rap/r01-223/r01-22367.html

www.economie.gouv.fr/observatoire-des-jeux

www.lotopassion.com

www.agendadeslotos.com

www.loto-calendrier.info

LES *VIES MINUSCULES* DE PIERRE MICHON, OU L'ASSOMPTION D'UNE RURALITÉ EN MARGE

Pierre Michon's Small Lives*: assuming rurality at the margins*

Jean-Louis TISSIER[1]
UMR Géographie-cités (EHGO)
Université Paris 1 Panthéon-Sorbonne

Résumé : Les *Vies minuscules* de Pierre Michon, paru en 1984, est une œuvre reconnue et singulière de la littérature française. Ce livre contemporain permet d'examiner à nouveaux frais le rapport de la géographie et de la littérature. Ces Vies sont celles de ruraux du Limousin qui pendant le XXe siècle ont connu des destins éprouvants. Pierre Michon les situe dans des lieux précis et leur voue une écriture poétique, ce qui fait de ces pauvres anonymes des campagnes des figures pleinement humaines.

Mots-clés : littérature, Pierre Michon, Limousin, campagne profonde

Abstract: *Vies Minuscules (Small lives) by Pierre Michon (1984) is a celebrated novel that holds a special place in French literature. This contemporary book invites us to a renewed exploration of the existing relationship between geography and literature. These Lives are the ones of rural inhabitants of Limousin who have met sorely tried fates. Pierre Michon situates them in precisely located places and, dedicating them a poetical writing, he turns the anonymous poor from the countryside into fully human characters.*

Keywords: *literature, Pierre Michon, Limousin, deep countryside*

Connaissez-vous André Dufourneau, des Cards ? Et Antoine Peluchet, de Mourioux ? Ils ont vécu au début du XXe siècle en Creuse, cette Marche limousine. En 1984 Pierre Michon, dans un premier livre qui devient presque immédiatement une référence littéraire, un classique contemporain, retrace leurs *Vies minuscules*. L'ouvrage est un recueil de huit biographies de ruraux sortis de l'anonymat habituel par la citation de leur patronyme complet, comme il figurerait sur une pierre tombale. Mais Pierre Michon leur restitue une existence, certes dure, en les considérant comme des « Vies » à part entière.

[1] Courriel : Jean-Louis.Tissier@univ-paris1.fr

La « Vie » est un genre littéraire ancien. Pour mémoire citons les *Vies des douze Césars* de Suétone, puis les *Vies de saints* médiévales, la *Vie de Rancé* de Chateaubriand : ce genre hagiographique paraît réservé à des personnages considérables dont les parcours sont donnés en exemple, en quelque sorte en majuscules.

CHOIX DE *VIES*

Pierre Michon choisit pour sujets de ses *Vies* des hommes et des femmes de son canton natal, des « pays » qu'il a connus ou dont l'existence lui a été rapportée par des proches. Tous ruraux de la Creuse, ce département dont les campagnes sont ingrates au point d'avoir incité durablement ou périodiquement leurs habitants à l'exode : petits paysans et domestiques agricoles, bûcherons, maçons (comme leur illustre aîné Martin Nadaud qui, lui, a connu une vie édifiante politiquement, entre la Creuse et Paris) ou jeunes pensionnaires-collégiens, comme Michon lui-même, qui ont confié à l'École publique leur destin pour sortir de la condition rurale.

> « La province dont je parle est sans côtes, plages ni récifs ; ni Malouin exalté ni Moco n'y entendit l'appel de la mer quand les vents d'ouest la déversent, purgée de sel et venue de loin, sur les châtaigniers » (p. 13)[2].

Les destins de ces Limousins ne sont pas ceux des figures d'aventures océaniques, ils sont continentaux et cantonaux. Ni palmiers, ni cocotiers, ils sont enracinés comme l'arbre repère du massif ancien, qui s'accommode des sols lessivés et froids. Les *Vies minuscules* sont des récits délibérément « contre-exotiques »[3].

On aurait tort aussi, en relevant la précision toponymique des lieux de ces vies, de penser que le recueil est une version contemporaine du récit régionaliste : ces hommes et ses femmes ont, littérairement ou sociologiquement, des frères, des sœurs ou des cousins chez *Les gens de peu* de Pierre Sansot (1992), dans *La misère du monde* de Pierre Bourdieu (1993). P. Michon, grand lecteur de Hugo, sait, de source inspirée, que les Misérables de tous temps et de tous lieux méritent littérature.

---

[2] Sauf indication contraire, les numéros de pages renvoient à l'édition des *Vies minuscules* chez Gallimard, Folio-Poche, n° 2895, 1996.

[3] Pour valider la reconnaissance des *Vies minuscules* au titre de la littérature nous retenons celle de Jean-Pierre Richard, grand re-lecteur de classiques et découvreur de contemporains dans « Servitude et grandeur du minuscule » *in Études de huit écrivains d'aujourd'hui*, Paris, Gallimard, 1990. Puis Jean-Pierre Richard a poursuivi ces lectures de Michon et les a rassemblées dans *Chemins de Michon*, Paris, Verdier poche, 2008.

Comment le géographe peut-il lire ces *Vies minuscules* ? Il aura ici recours à ce cadre ancien mais souple de la géographie, « le genre de vie », parce que ces campagnes qui ne sont pas immédiatement actuelles sont les contemporaines de l'approche en termes de genre de vie que la géographie humaine vidalienne et ses missionnaires comme Albert Demangeon (1911 ; 1920) puis Aimé Perpillou (1940) ont justement développée en Limousin.

Cette grille issue d'une géographie rurale d'hier est-elle une effraction dans un texte de haute tenue littéraire ? Il faut savoir que Pierre Michon est un grand lecteur, un dévoreur de bibliothèques, il a de la reconnaissance, voire de la tendresse, pour les savoirs et les savants d'hier : « Gaston Roupnel, Vidal de la Blache, l'abbé Breuil, Salomon Reinach, Fabre, la génération des "barbichus" de la Troisième République. Je dis cela avec empathie : les positivistes je les adore. C'est un monde intellectuel qui n'est plus à la mode, mais qui a produit des choses admirables... »[4]. Si le poète apprécie les positivistes nous disposons d'une sorte de blanc-seing !

L'œuvre de Pierre Michon, faite de textes courts et denses, est élaborée en partie avec cette culture savante positiviste, l'autre partie étant évidemment la littérature, sacrée et profane. Et dans cette littérature profane rôde le fantôme de William Faulkner et de sa saga de ruraux pauvres et déjantés du Vieux Sud, où nous retournerons plus tard. Enfin sort de cette confluence du savoir et de lectures multiples un volume réduit, perlant parcimonieusement d'un alambic rempli de livres et de mémoires et porté à température par une parole incandescente, des mots de feu, revenus de plusieurs saisons en enfer.

Ces vies, ces existences ont été rurales, elles ont animé, tant bien que mal, ces paysages bosselés de massif ancien, où des blocs de granit émergent de l'arène, où les champs de seigle, les prairies maigres et les taillis de châtaigniers composent une mosaïque sans grâce pastorale. Ces Vies ont eu lieu : aussi elles s'inscrivent, jusqu'à l'enfermement, dans des lieux-dits, dits et habités, identifiés par un toponyme. L'habitat y est dispersé mais, derrière ce constat neutre, on devine un peuplement familial resserré, commensal, parents et enfants, patrons et commis, hommes et bêtes, une cellule domestique qui partage la même frugalité.

LIEUX DES *VIES MINUSCULES*

La plupart de ces vies ont eu lieu dans un triangle Guéret-La Souterraine-Bourganeuf. La nomenclature est bien réelle : elle se compose d'une trentaine de toponymes de bourgs, de villages, de hameaux et de fermes isolées. Pour les hameaux et les fermes on peut remarquer, carte au 1/25 000

[4] Extrait des entretiens accordés par Pierre Michon et publiés sous le titre *Le roi vient quand il veut. Propos sur la littérature*, Paris, Albin Michel, 2007, p. 370.

aidant, qu'ils sont fréquemment sur des chemins vicinaux sans issue, petits bouts d'un petit monde, terres-minus. Le hameau natal de Pierre Michon se nomme Les Cards (commune de Chatelus-le-Marcheix), pour lequel le lecteur maniaque d'étymologie hésite entre la situation disjointe de l'écart et le marqueur botanique de l'abandon agricole, les chardons.

Si on recherche une sorte de lieu central dans cet archipel de toutes les épreuves on choisira la Lanterne des Morts de Saint-Goussaud. Ce fanal (« de leucogranite » se plaît à préciser P. Michon sans doute reconnaissant aux savants barbichus déjà évoqués[5]) atteste du savoir-faire ancestral des maçons de la Marche, et il a abrité, en ce lieu élevé des Monts d'Ambazac, une flamme censée guider les vivants et les âmes des morts.

Commentant lui-même ce souci toponymique, P. Michon explicite dans un entretien : « Dans *Vies minuscules* on trouve à l'état brut certains noms de lieux : les lieux-dits, les noms de carrefours – Croix du Sud, Croix de Laurençon –, ces mots qui désignent des sites non-habités, à l'écart, et cependant marqués par une croix, une pierre levée ou un arbre remarquable [...]. Je pense aussi aux noms de ces hameaux de la Creuse où se déroule l'action des *Vies minuscules* : quand je me suis dit que j'allais nommer ces lieux en leur conservant leurs véritables noms, ceux qui apparaissent sur les cartes, quand j'ai vu que ma main acceptait de tracer ces mots-là, j'ai eu la sensation qu'ils étaient aussi forts et aussi vrais que ceux de *La recherche* »[6].

Une recherche où les lieux qui semblent perdus (ou « paumés ») sont retrouvés, une recherche comme celle ci-dessus nommée, en majuscules du très parisien Marcel P., qui a aussi ses « côtés » : ici en Creuse ils sont de... Mourioux et de Bourganeuf. Ainsi dans la Marche, apparemment délaissée, la littérature dessine des figures, des trajets, des destins. Comme si l'un des droits de ces hommes et femmes pauvres était d'être cités et situés dans un lieu connu et littérairement reconnu, êtres « de », non pas le « de » nobiliaire, mais celui, celle ou ceux d'ici ou de là.

CADRES DE VIE : « LES FOUGÈRES MISÉRICORDIEUSES CACHENT LA TERRE MALADE... » (P. 68)

La Vie d'Antoine Péluchet s'achève au cimetière de Saint-Goussaud, tout près de la Lanterne des morts. Antoine est né à moins d'un kilomètre, « au Châtain. C'est un lieu touffu mais pierreux, de vipères, de digitales et de blé noir, et les fougères y sont hautes sous des arceaux d'ombre bleue » (p. 38). Rares sont dans les *Vies minuscules* les vastes tableaux paysagers. La

[5] Conversation de l'auteur avec Pierre Michon.

[6] *Le roi vient quand il veut. Propos sur la littérature, op. cit.*, p. 276.

campagne n'y est pas contemplée ni méditée, les habitants, dans une vie de labeur plus courbée que redressée, ne sont pas dans la posture qui ouvre la vision panoramique. Ils sont plus attentifs à l'état de leur petit bien, dans la maille cadastrale de leur patelin. P. Michon emploie affectueusement ce terme pour signifier l'attachement, le sien et celui des personnages, à ces lopins conquis sur la lande et menacés par son retour, avec en pionnières ces fougères qui voilent les terres acides.

P. Michon refuse les amples descriptions qui mettent en majesté la physionomie du pays : ses vies minuscules sont au contraire accompagnées d'observations réduites, des sortes de croquis, de touches cursives qui tonalisent les lieux-dits : « [s]ur le plateau rocheux vers Gentioux, sous le toit d'une ferme pauvre de cette terre vaine où les bruyères et les sources écorchent à peine de rose et de frais la cuirasse revêche des granits maigres » (p. 107). Ces notations désignent les traits des sites plutôt qu'elles ne mettent en place un panorama avec des plans distincts, les mouvements du terrain, puis un ensemble de bâtiments agricoles. « Ce que je recherche, c'est peut-être l'épure du roman, son minimum vital, ce qui lui suffit »[7] ainsi P. Michon réduit ce qu'il appelle « le bouillon trop allongé du roman » et particulièrement le registre descriptif, il dégraisse le genre de ses digressions.

Dans ces lignées de paysans sans blason, le paysage se réduit à des espèces symboles, sauvages ou à peine domestiques, rurales et rudérales : genêts, ronces, fougères, bruyères, sureau, blé noir, digitales, seigles, rejets de châtaignier… Il y a, ici et là, les plantes commensales de ces vies minuscules qui accompagnent plutôt qu'elles n'ornent ces genres de vie.

Petit-fils de Félix Guyaudon, propriétaire des Cards et « paysan médiocre », P. Michon sait que son pays est une contrée agricole ingrate, une « terre gâtée ». Les travaux et les jours qui y sont menés ne garantissent aucune opulence, les rendements y restent médiocres ou minuscules au regard des bons pays qui paraissent bien lointains à ces damnés du terroir.

Ainsi chez les Péluchet, voisins et cousins des Guyaudon, « [i]l faut encore faucher, par exemple le pré du Clerc, qui n'est qu'une pente, une ombre dans le brouillard dans le souffle noir des sapinières, vers le col de Lalléger » (p. 46). Ce pré du Clerc, parcelle-repère du récit, rend compte de ce combat inégal de la terre et des hommes : « Les ronces des boutures gagnaient ; dans le pré du Clerc, les genêts avaient hauteur d'homme, les sureaux poussaient en plein champ » (*ibid.*). Il suffit qu'un fils unique, Antoine Péluchet, en rupture de ban familial, décide de partir, pour que celui qui reste, Toussaint, accuse ce coup du sort : « [l]e père peu à peu délaissa son lopin, ces huit ou

[7] *Le roi vient quand il veut*, op. cit., p. 24.

dix hectares disputés aux brandes, aux caillasses, ce morne reliquaire des jours perdus et des sueurs vaines de trente générations de Péluchet » (p. 57).

Ces fragments de paysage, ruralisés par des paysans qui n'ont que leur force de travail à mettre en œuvre, correspondent au diagnostic que les géographes classiques ont porté sur cette contrée. Ainsi dans le *Tableau* de Vidal, quand il aborde le Limousin (Livre 2, Chapitre 1, p. 278) : « On entre dans les terres froides, dans le domaine des bruyères, des ajoncs, des digitales, du ruissellement diffus des eaux, des races animales d'ossature menue, faute de phosphate de chaux ». « Menue » écrit Vidal… on est bien proche de minuscule… Le texte du géographe, publié en 1903, correspond chronologiquement au terme de la triste et étroite saga des Péluchet : « Ensemble ils allèrent en terre sous un ciel en fuite, dans la bière d'un seul en janvier 1902 ». La coïncidence de date est singulière, elle dit peut-être qu'en ce temps-là, celui de la Belle époque urbaine, demeuraient bien des pays ingrats. En 1911, Albert Demangeon, qui vient d'arpenter méthodiquement le Limousin après l'opulente Picardie de sa thèse, confirme : « sur cette terre avare et rebelle, où tant d'espaces demeurent improductifs ou livrés à une pâture extensive, il n'y a pas de place pour une nombreuse population […]. Pendant longtemps presque tout le territoire du Limousin et de la Marche souffrit des mêmes conditions de stérilité » (Demangeon, 1911, p. 330).

La para-fiction des *Vies minuscules* développe une poétique du milieu pauvre. Les fougères n'y sont pas aigles (soit victorieuses) ou mâles (soit dominatrices), elles sont miséricordieuses. Elles sont sensibles au malheur de ces lieux et de ces hommes, et leur élégante vitalité, leurs crosses quasi épiscopales sont comme un pardon réconfortant, délivrant une onction à la terre malade.

Terre malade… Les géographes, méthodiques médecins de campagne, exerçant là leur agronomie empirique, valident le diagnostic littéraire : terres froides, carencées en phosphates et, finalement, improductives et stériles… On pourrait penser que cette corrélation de vies minuscules, d'agriculture pauvre et de terre déficiente a un relent de déterminisme… Mais ce lien a aussi une valeur poétique, il met en résonance les destins humains et la nature des lieux. Cette terre n'est pas promise, elle est dépourvue de gestes prophétiques, elle porte, supporte des hères.

« ET LÀ-BAS, DANS LA MAISON NOIRE QU'ON DEVINE AU DÉTOUR DES HAIES… » (P. 58)

Dans ce pays de maçons l'habitat des vies minuscules est solide, appareil de granite oblige, mais reste exigu. « La ferme des frères Bakroot était un peu à l'écart du village et quasiment dans les bois : une demeure naine de mangeurs de patates sous l'éternel colosse gris » (p. 130).

Les cellules domestiques, coquilles de ces genres de vie, sont élémentaires. Ces intérieurs sont, comme les extérieurs sans ampleur paysagère, réduits par la frugalité à une sorte de minimum vital. Ils ne relèvent pas de ces inventaires balzaciens qui, accumulant les détails matériels, en viennent à des jugements esthétiques et moraux. On peut cependant, en rassemblant les indications éparses, et en passant le seuil de la porte, franchissement qui est relevé dans ces récits comme le moment de passage du dehors au dedans, de la campagne au foyer, du social au privé, des ragots des villages aux vrais et pauvres secrets, établir un état des lieux.

On entre d'emblée dans « la grande cuisine paysanne que la fumée boucane comme un jus d'atelier » (p. 21). Dans ce lieu deux feux : celui ouvert, antique, l'âtre de la cheminée et celui, captif, du fourneau ; les femmes, comme Élise et Juliette, veillent sur ces foyers, les alimentent et les activent. Elles dressent des tables et servent les convives masculins posés sur des bancs, « sur la longue table de cuisine fumeuse, entre le pot de café et le litre de vin les nobles et violents liquides dont les paysans croient devoir ratifier la candide croyance en leur vie » (p. 131). Le jour décline, allons au Châtain chez les Peluchet : « La porte se referme, la nuit patiente vient. La chandelle s'allume, on les voit tous les trois par la fenêtre, penchés sur la soupe ; la louche dans la main de Juliette va et vient, un grand papillon effaré cogne aux vitres ; du vin coule, beaucoup de vin, dans le seul verre de père. Soudain il regarde Antoine… » (p. 44).

Autour de cette salle commune, lieu des repas taiseux ou des disputes décisives, peu d'autres pièces, parfois « une arrière-salle humide et glaciale » (p. 131). Au-dessus les combles où dorment les reliques familiales : « il y a dans le grenier des Cards une cantine qu'Elise appelle "la caisse du Châtain" et où dort la maigre trace chue de la Maison Peluchet » (p. 42). Sous le même toit, de la table commune à l'étable des bœufs il n'y a que deux à trois pas : « Il entra dans l'étable pour on ne sait quelle besogne ou pensée, y regarda voués à la pénombre les trop vieux bœufs inutiles ; il les appela par leurs noms… » (p. 65). Ces noms les assimilent à la famille, et comme des membres à part entière ils meurent de vieillesse, échappant au maillet du tueur. Ils sont d'ailleurs statufiés dans l'église de Saint-Goussaud, compagnons paisibles du saint patron, le bon Goussaud, pâtre et supposé protecteur. En dessous du logis, la cave : les hommes y descendent dès que la soif les tourmente ou que des visiteurs en procurent l'alibi : « Fiéfié de la cave remontait encore un litre », d'ailleurs « dans la caisse du Châtain de vieilles factures accusaient réception de barriques » (p. 42), ce poste de dépense atteste que les lacunes viticoles de la polyculture nécessitaient des sorties d'argent que le patron s'autorisait. Enfin le puits par lequel les femmes accèdent à l'eau mais qui pour les hommes assume, si près dans la cour, le saut vers la fin des misères : « Il le hissa sur la margelle pourrie du puits dans quoi fougueusement ils se précipitèrent… Ils furent noyés comme deux chats, innocents et balourds » (p. 68). La cave, le puits et finalement, au village, la tombe, c'est la dernière demeure des hommes voués au malheur et au sein de la terre. « Tous les noms que j'ai dits sont attestés ici et là par les stèles des cimetières de Chatelus, Saint-Goussaud, Mourioux, invariables sous le grand soleil et dans le gel des nuits » (p. 36).

A. Demangeon, dans sa typologie de l'habitation rurale en France (1920), note méticuleusement à propos de la maison élémentaire « [d]ans le Limousin et une partie de la Basse-Auvergne et surtout dans les exploitations les moins importantes c'est la disposition classique qui prévaut : un même corps de bâtiment où s'alignent sur la même façade, logis, étable et grange. [...] Souvent le logis communique directement avec l'étable par une porte intérieure car le paysan veut demeurer en relation étroite avec ses animaux » (Demangeon, 1920, p. 363). C'est bien là pour le géographe classique le cadre matériel du genre de vie des « petits ». Cet huissier sévère se garde bien, neutralité scientifique oblige, d'aborder, au-delà de la fonctionnalité agricole, les modes de vie et de mort des habitants, de leur humaine condition, tant pour les femmes que pour les hommes.

LE VIN, FIL ROUGE DES *VIES MINUSCULES*

Dans ces vies minuscules court le fil rouge du vin, de cave en cuisine, de la ferme au hameau, jusqu'aux débits de boisson du bourg. Ce fil, le lecteur le suit dans les huit chapitres, il accompagne plus qu'il ne guide la sociabilité des hommes qui consomment sans distinction de bien, patrons et commis, d'âge, du grand père au petit fils, de statut, curé et fidèles. Le vin anime et amenuise les vies minuscules. Tous alcooliques ? On serait tenté de bredouiller que l'addiction prend figure d'adduction tant cette société rurale, domestique et communale, paraît par les hommes sous l'emprise de ce vin. La marge… ce serait d'être sobre, la sobriété correspondant à une sociabilité réduite. « La foire faite, ils allèrent boire chez Marie Jabely avec des maquignons… » (p. 58). « Chaque dimanche inlassablement il refaisait l'expérience de la déroute, dans les bistrots de Chatelus, Saint-Goussaud, Mourioux, où le vin n'avait plus saveur que de vin, où la dérision était devenue son lot… » (p. 62.)

Les nombreuses occurrences individuelles et collectives de ces situations, des désordres qu'elles entraînent dans le comportement des personnages, dessinent un tableau sombre : « Entre eux un litre de vin rouge, aux trois quarts vide ; le teint égal des crapuleux compères tachait malsainement leur visage fatigué ; je me doutais qu'ils n'étaient pas aux premières libations » (p. 195). Nous cesserons ici la chronique de ces neuvaines pitoyables et récurrentes, qui poursuivent une sorte d'oubli de la marge et y ramènent, comme les tournées sans fins des attablés, qui sont les ornières d'un cercle vicieux.

FUIR LES CANTONS GUEUX...

Pour échapper à ces destins locaux et éviter cet enfermement dans les horizons réduits de ce que P. Michon nomme des « cantons gueux », les hommes jeunes saisissent des occasions plus qu'ils ne développent de vraies stratégies migratoires.

Pour le premier, l'orphelin A. Dufourneau dans l'Entre-deux-guerres : « Sa vocation fut l'Afrique [...] le mobile majeur de son départ : l'assurance que là-bas un paysan devenait un Blanc fut-il le dernier des fils mal nés » (p. 19). Le second, A. Peluchet qui a passé : « une enfance au Châtain ? Genoux écorchés, baguette de coudre pour tromper les jours et courber les herbes, "habits puants la foire" et vieillots » (p. 40). Son père « Toussaint perçut dans le fils quelque chose, geste, parole ou plus vraisemblablement silence, qui lui déplut : une pesée trop légère aux mancherons de la charrue, une paresse à vivre » (p. 43) ; ce malentendu générationnel conduit à cette scène connue : « La vieille arrogance patriarcale retrouve son geste définitif, la droite du père se tend vers la porte, la chandelle fléchit, le fils est debout ; la porte s'ouvre comme une dalle tombe [...] Antoine un instant s'encadre sur le seuil, sombre dans le contre-jour [...]. Il part, il n'est plus d'ici » (p. 45). Il quitte parents et village pour une improbable Amérique. Rémi Bakroot, l'ami du lycée de G. (Guéret) avait choisi l'armée pour réussir sa vie « [i]l avait peur d'être mal habillé ; le shako ringard et les épaulettes écarlates le captivèrent : il prépara Saint-Cyr et y fut admis » (p. 128).

Ces échappés des cantons gueux ont des destins peu gratifiants. Dufourneau l'Africain, « qui avait sans doute été d'autant plus impitoyable envers les humbles qu'il se défendait de reconnaître en eux l'image de ce qu'il n'avait jamais cessé d'être » (p. 30), est piégé par les premières révoltes indigènes : « il abattait la chicotte sur leurs dos, l'injure à leurs oreilles ; et les nègres soucieux de rétablir la balance des destins lui arrachèrent une ultime terreur équivalant à leurs mille effrois, lui firent une dernière plaie valant pour toutes leurs plaies » (p. 31). Antoine, le banni du père Toussaint, qui avait souligné dans son atlas scolaire les noms de Galveston et de Baton Rouge, fut peut-être bagnard à Cayenne, qui est l'Amérique, sans son rêve.

Rémi le Saint-Cyrien meurt accidentellement tout juste adulte, sa vie qu'il rêvait élargie est moins minuscule qu'abrégée, il retourne chez lui, chez les mangeurs de pommes de terre, « [l]es Bakroot n'avaient pas de caveau, la tombe était creusée : ce trou et ce talus de belle terre neuve, parmi la vieille neige grise et les dalles aux christs rouillés, aux fleurs pourries, étaient printaniers et réconfortants. Les cantonniers avec leurs cordes firent doucement descendre dans ce labour frais l'œuvre du menuisier, avec dedans ce qu'on ne voyait pas. C'était un enterrement comme tous les autres, dans Courbet, dans Greco, à Saint-Armand-Jartoudeix » (p. 135).

« CAR À L'ASILE PLUS QU'AILLEURS ENCORE, LE MONDE EST UN THÉÂTRE... » (P. 177)

On doit aussi parler de ceux qui restent à demeure et dont les vies minuscules relèvent plus de l'asile que de l'exil. Ce sont des marginalisations intérieures, des aliénations dans le sens où ces vies ont perdu leur autonomie. Les individus y deviennent des nombres et les ombres de ces théâtres dont le décor est la verdure profuse des plateaux limousins.

Le père Foucault, patient d'une salle commune hospitalière, refuse obstinément de suivre les prescriptions des médecins qui lui proposent de soigner son cancer de la gorge dans un service spécialisé parisien et leur répond « d'un ton navré mais d'une voix si étrangement claire que toute la salle l'entendit : “Je suis illettré” » (p. 157). Le père Foucault n'a donc que la parole pour communiquer et cette ressource orale lui est contestée par son mal : « il avait honte de son aveu public, lui qui n'aurait pas beaucoup à attendre pour que le cancer lui brisât avec les cordes vocales tout aveu dans la gorge » (p. 159).

Dans ces campagnes profondes, les établissements psychiatriques assurent l'accueil des vivants qui campent aux marges de la raison, momentanément ou définitivement. Lieux singuliers qui sont pour les ruraux alentour des opportunités d'emplois et pour les résidents des hébergements décents, sinon curatifs.

La *Vie de Georges Bandy* est le texte le plus long de ces vies. Cette ampleur relative tient au parallèle qu'elle établit entre la vie de l'abbé Bandy qui a été curé de Saint-Goussaud et celle de l'auteur lui-même qui y suit une longue cure. Un troisième personnage, simple d'esprit, natif de Saint-Goussaud y séjourne et y meurt : la jeune Lucette Scudéry. On a donc ici un triste rendez-vous de villageois, de pays, sur lequel l'auteur porte un regard d'une lucidité sarcastique. « De la petite paroisse de jadis, nous étions venus tous les trois : le jeune curé promis à l'épiscopat, le garçon vif plein d'avenir et l'idiote sans lendemain ; l'avenir était là et le présent nous réunissait, égaux ou bien peu s'en fallait » (p. 192).

L'auteur y fait confidence de cette partie de sa vie, expérience humaine devenue ressource littéraire : « J'allais à La Ceylette. J'y avais fréquenté cette année-là un de ces hôpitaux psychiatriques new-look, construits en pleine campagne et sans murailles, qui ne manquent pas de charme » (p. 175). Dans la région Limousin la carte hospitalière a placé là, sans esprit de relégation, près d'Eygurande en Haute-Corrèze, un établissement considéré comme pilote.

L'auteur, plutôt que d'y aménager un réseau de relations avec des pairs, choisit ces compagnons d'infortune : « Il y avait là quelques-uns de ces malades citadins instruits [...] je leur préférais le commerce des crétins dont l'extravagance était maladroitement sentimentale, et que ne déparaient aucun mot appris » (p. 178). L'auteur reconnaît que sa vie a croisé par deux fois celle de l'abbé Bandy. Dans son enfance, innocent paroissien, il a admiré ce « jeune théologien plein d'avenir mais frondeur, dont l'évêché avait jugé bon de mettre la vocation à l'épreuve en l'envoyant paître les plus humbles ouailles paysannes, à Arrènes, Saint-Goussaud, Mourioux, autant dire *in partibus* » (p. 182). Il se souvient de ses sermons dominicaux, « obscurs et rutilants » qui l'initièrent au Livre : « J'y appris que la Bible est écrite de mots » (p. 182).

Il y retrouve, après leurs chutes parallèles, l'abbé Georges Bandy. « L'enfant terrible du diocèse, le théologien séduisant et roué, était devenu un paysan alcoolique confessant les cinglés » (p. 199). Celui qui avait étonné Saint-Goussaud en bel apôtre chevauchant une puissante BMW ne dispose à La Ceylette que d'une mobylette. En sortant du bistrot « il pédala pour lancer le moteur ; la pétrolette fit un maigre zig-zag, il tomba ». Michon se rappelant un ancien sermon de l'abbé cite ironiquement un psaume : « La terre chancelle devant le Seigneur comme un homme ivre » (p. 197). Lui-même reconnaît un frère dans ce qui fut à Saint-Goussaud un père… « Les ivrognes croient volontiers que Dieu ou l'Écrit sont derrière le prochain comptoir » (p. 199).

« SA LIGNÉE ASSEZ RICHE POUR PRODUIRE CE MORT EN HERBE » (P. 142)

La vie la plus écourtée est celle de la sœur de P. Michon. *Vie de la petite morte* place le lecteur devant le mystère de la mortalité infantile dans ces campagnes où la circonstance fatale est intégrée au genre de vie terrestre qui garantit aux enfants morts ici-bas de rejoindre là-haut le cortège des anges. « C'était pendant la guerre, au bout des chemins des colonnes allemandes terribles et mornes roulaient… Le maquis, avec ses jeunes spectres, courait les bois, brouillait les aiguillages, faisait sauter des convois » (p. 237) et dans ce moment où le Limousin entre, avec armes et barrages, dans l'histoire de la guerre mondiale (Oradour-sur-Glane est à 40 km de Marsac), « [l]'enfant naquit entre Élise, la relique et un médecin de campagne vieille France, dans l'école de Marsac. Cette fille s'appela Madeleine » (p. 238). À l'été suivant elle meurt, elle avait six mois, « Madeleine mourut le 24 juin 1942 au matin, jour de la Saint-Jean, dans la chaleur immense qui se levait sur Marsac » (p. 241).

Vie minuscule par la durée que celle de ce nourrisson, attendu, célébré puis pleuré par ces parents. La mort de Madeleine permet dans le dernier chapitre du livre de faire une généalogie de tous ses ascendants collatéraux. Madeleine est le rejeton, au sens du rejet d'un arbre, disons un châtaignier puisque cette essence a présidé à sa trop courte existence. P. Michon, né deux ans après sa sœur, dresse comme une sorte de tombeau littéraire, en contant son enterrement. Dans son texte il convoque ceux qui y ont assisté, ceux qui ont pu y assister mais aussi tous les ascendants nés plus d'un siècle avant et qui étaient déjà morts depuis longtemps. La Vie de la petite morte est la somme de toutes ces vies minuscules qui l'ont précédée ici-bas ; elle est le terme provisoire d'une lignée qui a trouvé enfin son chantre, son frère cadet. Et en citant les membres de cette lignée P. Michon les réfère aux lieux d'où ils sont venus pour les obsèques : en filigrane et *in fine* se redessine la géographie du triangle de la Marche.

La mort précoce a épargné à la toute petite Madeleine les avatars d'une vie minuscule : les travaux des champs, les mécomptes conjugaux, la rivalité du vin, les peines d'une mère.

DES GENRES DE VIE AUX RÉCITS DES EXISTENCES

Les genres de vie de la géographie classique étaient souples et accommodants mais les mailles un peu lâches de leur filet laissaient passer bien des aspects non matériels des vies qu'ils voulaient décrire. Le sens, le goût, les joies et les épreuves, les relations humaines, certes, ne relevaient pas en ces temps-là de la géographie. Le principe de précaution des savants positivistes avait été d'exclure ce qui relevait non de leur « vie » étroitement définie mais du vécu, de l'existence. Curieusement les vies qualifiées de minuscules par Michon sont plus larges et plus riches que celles rangées dans la typologie des genres qu'ont construite les savants.

La géographie n'est pas la seule des sciences dites humaines à avoir fait l'impasse sur la dimension existentielle. Ce sont les chemins souvent sans issue parcourus par les textes de Pierre Michon qui nous ouvrent ici l'accès à ce qui avait été tu, caché ou ignoré de ces existences. Existence(s)… Jean-Paul Sartre, de père limousin, dans ses *Carnets de la drôle de guerre* (1983), a peu de considération pour celles-ci : « On les a envoyés (les réfugiés alsaciens) chez les croquants limousins, les derniers des hommes, arriérés, obtus, âpres au gain et misérables » (Sartre, 1983, p. 61). Michon, qui fut gauchiste, aime rappeler incidemment ces considérations du fondateur de la *Cause du peuple*, pour ses pères, frères et cousins. Son pari littéraire a été de partir de ces conditions pour les « repêcher », de les assumer pour les mener par l'écriture à une sorte d'Assomption.

Ce créateur d'ici-bas n'a que le pouvoir du verbe (ni « C », ni « V » majuscules du Créateur qui seul dispose du Verbe : on reste dans les minuscules) pour tenter le coup ! Ces vies rurales limousines en marche vers une reconnaissance littéraire ont été vécues, P. Michon les a extraites, comme on dit « extrait de naissance », d'une mémoire familiale, locale, elles ont eu *lieux*, ici et là, leur inhumation paraît être un point final, le lieu ultime, une dernière demeure. Mais non !

Elles sont passées du trépas à la vie de papier et d'encre que ménage le pari littéraire. Assomption : passer des lieux dits aux cieux rêvés… Dufourneau, Peluchet, Rémy et Roland Bakroot, Foucault (le père), Bandy, Eugène et Clara, dans la marge de vos actes de naissance et de décès, des témoins illustres peuvent attester que vos existences, si minuscules paraissent-elles à l'état civil et aux communs des mortels, ont mérité validation de haute extraction !

L'auteur apparie ces humbles ruraux à des figures de la grande littérature : bouffons de Shakespeare, un balourd chez Cervantès, des naïfs chez l'abbé Prévost, des songeurs chez Chateaubriand, un provincial rêveur chez Balzac, des cohortes de misérables chez Hugo, des femmes distantes de Flaubert, un adolescent fugueur, Rimbaud, et les douloureux idiots de Faulkner. L'auteur donne des parrains éminents à ces presqu'anonymes.

Ces scènes de genre de vie rurale renvoient à – ou font se lever – des références picturales : Dürer, Greuze, Watteau, Chardin, Courbet, Greco, Van Gogh, les chefs-d'œuvre de ces maîtres viennent, comme un secours iconographique, prendre en charge l'assomption de l'auteur lui-même qui se présente en écrivain raté et qui a pourtant écrit, il a trouvé l'assomption auprès du père, William Faulkner, « le père du texte » (Michon, 1997).

Nous avons pris le risque de déconstruire ces fabuleuses *Vies minuscules*, nous avons extrait gauchement des mots, des lignes, des phrases pour les rapporter à nos lubies de géographes. La seule raison que nous pussions avancer pour notre misérable défense est que la géographie humaine manque souvent d'humanité. « Est-ce ainsi que les hommes vivent ? » pour répondre à cette lancinante question il faut prendre en compte l'ici. Ici c'est ainsi que des hommes et des femmes vivent (et meurent). Dans les années quatre-vingt du XXe siècle, Pierre Michon nous a fait entrer dans des vies passées mais proches et dans la sienne.

Donnons une dernière fois priorité au texte de Pierre Michon. Mieux qu'une paraphrase pauvre et parasite il formule le singulier but de son entreprise de parole :

> « Qu'un style juste ait ralenti leur chute, et la mienne peut-être en sera plus lente ; que ma main leur ait donné licence d'épouser dans l'air une forme combien fugace par ma seule tension suscitée ; que me terrassant aient vécu, plus haut et plus clair que nous ne vivons, ceux qui furent à peine et qui redeviennent si peu. Et que peut-être ils soient apparus, étonnamment. Rien ne m'entiche comme le miracle » (p. 247).

BIBLIOGRAPHIE

BOURDIEU Pierre (dir.), 1993, *La misère du monde*, Paris, Seuil.

DEMANGEON Albert, 1911, « La montagne dans le Limousin », *Annales de géographie*, XX, p. 316-337.

DEMANGEON Albert, 1920, « L'habitation rurale en France », *Annales de géographie*, XXIX, p. 352-375.

MICHON Pierre, 1997, « Le père du texte », in *Trois auteurs*, Paris, Verdier, p. 77-88.

MICHON Pierre, 2007, *Le roi vient quand il veut. Propos sur la littérature*, Paris, Albin Michel.

PERPILLOU Aimé, 1940, *Le Limousin, étude de géographie physique régionale*, thèse pour le doctorat ès lettres présentée à la Faculté des lettres de l'Université de Paris.

RICHARD Jean-Pierre, 1990, « Servitude et grandeur du minuscule » in *L'état des choses. Études de huit écrivains d'aujourd'hui*, Paris, Gallimard.

RICHARD Jean-Pierre, 2008, *Chemins de Michon*, Paris, Verdier poche.

SANSOT Pierre, 1992, *Les gens de peu*, Paris, Puf.

SARTRE Jean-Paul, 1983, *Carnets de la drôle de guerre*, Paris, Gallimard.

VIDAL DE LA BLACHE Paul, 1903, *Tableau géographique de la France*, Paris, Hachette.

DÉLIVRÉS DE L'URBANO-CENTRISME[1] ?

LES GRANDS ESPACES DU DÉSIR DANS LE CINÉMA D'ALAIN GUIRAUDIE

Delivered from urbanocentrism?
Wide-open spaces of desire in Alain Guiraudie's films

Serge WEBER[2]
Laboratoire Analyse comparée des pouvoirs
Université de Paris-Est Marne-la-Vallée

Résumé : Cet article combine un entretien avec le réalisateur Alain Guiraudie et des analyses d'extraits de ses films. Le rural est resté depuis un siècle très minoritaire dans la production cinématographique. Les mythes de la terre, de la malédiction ou de la rédemption attestent des stéréotypes urbano-centrés. Rares sont ceux qui, ouvertement ruralistes, font un cinéma militant pour le point de vue ruralo-centré. Alain Guiraudie présente une œuvre fictionnelle originale, associant ruralité et discours politique, où la sexualité et l'homosexualité sont abordées librement et combinées aux rapports de production. L'utopie permet de proposer une démarche proprement géographique fondée sur les structures spatiales, où le paysage et son esthétisation sont remis en question. Poursuite, escapade et embuscade sont autant de métaphores du désir, faisant des grands espaces une incorporation de l'imaginaire.

Mot-clés : géographie et cinéma, ruralité, utopie, émancipation, désir

Abstract: *This paper is based on an interview with Alain Guiraudie and extracts from his films. The rural is a minor issue in movie production throughout the last century. The myths of earth, curse and redemption are evidences of urban stereotypes. Few openly ruralist filmmakers advocate for a rural point of view. Alain Guiraudie presents unusual fictions combining rurality and political discourse, he freely addresses sexuality and homosexuality as intricated with relations of production. Utopia allows him to implement a geographical thought based on spatial structures and discussing the esthetisation of landscape. Pursuits, flights as well as ambushes are metaphors of desire, wide-open spaces embody imaginaries.*

Keywords: *geography and cinema, rurality, utopia, emancipation, desire*

[1] Allusion à la reprise de la formule de Salman Rushdie « Lead us not into exotica and deliver us from nostalgia » dans l'article de Claire Hancock « Délivrez-nous de l'exotisme » (2007).

[2] Courriel : serge.weber@gmail.com

Le cinéma français portant sur le monde rural occupe au cours du XXe siècle une position minoritaire : Christian Bosséno (1981) recensait seulement 259 films tournés à la campagne entre 1911 et 1981, dont Michel Cadé (2004) ne retenait que 49 la filmant comme autre chose qu'un décor. Ils représentent seulement 0,5 % des films produits en France dans les années 1980 (Hennebelle, 1990). Un chiffre dérisoire, plus encore que les rares travaux de sciences humaines et sociales interrogeant la place du rural dans le cinéma (Bretèque (de la), 1992 ; Sorlin, 1998 ; MacDonald, 2001 ; Fowler et Hellfield, 2006 ; Costa, 2012). Rares aussi sont ceux qui évitent l'emphase de l'immobilisme et du passéisme prétendument paysan, et ce d'un point de vue normatif urbain qui altérise et exotise le rural : « La position normative pour le réalisateur et le spectateur est "l'urbain", par contraste avec la posture exotisée de "l'autre" rural » [3] (Fowler et Hellfield, 2006, p. 2).

Les géographes connaissent bien ce mythe ruraliste, surtout depuis le pamphlet *Oser le désert* de Jacques Lévy (1994) qui, en réduisant le rural à « l'infra urbain », conspuait « cette exception française qui explique que [...] la ruralité survit dans des mythes [...] [qui] pren[nent] la forme du repli nostalgique et de la peur du mouvement [auxquels s'] ajoutent des connotations nationalistes et xénophobes plutôt déplaisantes ». Ce n'est pourtant pas parce que nombre de ruraux ont maintenant des voitures, des diplômes et des téléphones portables qu'ils sont devenus urbains, ils expérimentent tous les jours leur position minoritaire par rapport aux urbains et ont un point de vue sur le monde qui n'est pas urbain ; ils habitent et font vivre une campagne qui est loin d'être un désert prétendument archaïque ou réactionnaire, d'autant plus que le rural, pas seulement profond, continue à être un espace où les luttes libertaires et politiques contribuent à structurer les sociabilités.

Le cinéma ruraliste véhicule le plus souvent une nostalgie urbaine sur un monde paysan où « la tristesse et la sensation de fin du monde [...] émane[nt] d'une forte proportion de paysages mornes, d'environnements dramatisés [...] comme si, pour citer Michel Cadé, dire le monde rural [serait] nécessairement dire sa fin » (Amblard, 1990). Le ton idéaliste et passéiste qui construit ce mythe paysan de la rédemption par la terre (Cadé, 2004, Oms 1990) est à l'origine d'un stéréotype bien urbain du paysan taciturne et fataliste qui ne se voit qu'au cinéma et n'est jamais tout à fait mort, *l'agricola filmicus* (Chevallier, 1959).

---

[3] « The normative position for the filmmaker and spectator is 'the urban' in contrast to the exoticized position of the rural 'other' ».

POURQUOI GUIRAUDIE ?

« Exode, refuge, racines : ce triptyque colle à l'imaginaire des cinéastes qui ne semblent pas inspirés par l'univers d'un monde rural autre que paysan. Alors on se prend à espérer que de nouveaux cinéastes s'ouvrent à d'autres dimensions [...] d'un univers campagnard qui n'est ni plus idyllique ni plus dramatique que celui des villes » (Amblard, 1990). Le réalisateur aveyronnais Alain Guiraudie semble avoir réalisé ce vœu : il est de ces rares cinéastes dépourvus du point de vue citadino-centré à filmer le monde depuis le rural, son regard ne portant pas tant sur la campagne agricole que sur le monde. Avec lui, l'*agricola filmicus* et le passéisme ruraliste sont bien enterrés. Ses films, « ovnis cinématographiques » pour la critique (Martin, 2001 ; Azoury, 2005 ; Gonzalez, 2009), sont des manifestes communistes et homosexuels qui en disent sur la ruralité plus long par des fictions hors normes et décalées que n'importe quel documentaire.

À partir de l'analyse de son matériau filmique et d'un entretien réalisé avec lui à Albi en 2011[4], nous proposons d'explorer quelques-unes des multiples facettes de la démarche artistique d'Alain Guiraudie. Il témoigne dans ses films d'une attention rigoureuse à un certain nombre de logiques géographiques : un traitement particulier des déplacements et de la distance (la fuite, la poursuite et le cheminement sont omniprésents), une affinité avec le structuralisme géographique (les lois de l'espace), une réflexion sur les savoirs géographiques, dominants, minoritaires et libertaires, une remise en cause du paysage en tant que pathos bourgeois. L'artiste, par sa connaissance du terrain et son désir pour les espaces qu'il fait jouer, traite l'image comme un géographe, ses films sont autant de documents pour qui voudrait s'inspirer de sa réflexion d'intellectuel dans une géographie marxiste, radicale, minoritaire et contestataire.

Alain Guiraudie est né en 1964 dans une famille d'ouvriers-paysans en Aveyron, dans une petite exploitation agricole tenue par sa mère (dix-sept vaches et quelques cultures fourragères) dont les revenus étaient complétés par le salaire de son père ouvrier. Il fait ses études secondaires à Villefranche-de-Rouergue avant de vivre successivement à Toulouse, Gaillac et Albi. Après des études en histoire, il se lance dans le cinéma parallèlement aux petits boulots, dont celui de veilleur de nuit à l'université de Toulouse. Là, il participe à l'association *Séquences* et obtient ses premiers financements grâce au Groupe de recherche et de l'essai cinématographique, émanation du CNC qui y redistribuait son reliquat. Marqué par le mouvement du Larzac dans son adolescence, il s'inscrit au parti communiste et milite par la suite au parti de gauche.

---

[4] Les citations de l'interview sont annoncées par les lettres AG, les autres citations sont des dialogues retranscrits extraits des différents films.

Ses films[5] sont tous reliés entre eux par des fils rouges, en particulier l'attente, les bourgades nocturnes, la poursuite, le sexe hors chambre et la libération des travailleurs exploités ; ils s'enchaînent ainsi : *Les héros sont immortels* (14', 1990), *Tout droit jusqu'au matin* (10', 1994), *La force des choses* (16', 1997), *Du soleil pour les gueux* [DSG] (55', 2000), *Ce vieux rêve qui bouge* (50', 2001, Prix Jean Vigo, Cannes Quinzaine des réalisateurs, remarqué par Jean-Luc Godard comme « le meilleur réalisateur français »), *Pas de repos pour les braves* [PRB] (102', 2003), *Voici venu le temps* [VVT] (88', 2005) et *Le roi de l'évasion* [RE] (90', 2009, Cannes Quinzaine des réalisateurs).

OSER LE DÉSIR : IL FAUT DE L'ESPACE

Pour comprendre comment un réalisateur militant, marxiste et homosexuel construit un autre monde possible, celui qui résulterait d'une remise en question des rapports sociaux de classe et de sexe contemporains, pour comprendre comment il utilise l'espace et son traitement géographique dans l'invention de cet autre monde, il faut commencer par le moteur premier, celui du désir. En effet, l'espace, c'est avant tout la distance qui permet au désir de se construire et de cheminer.

Sexe et politique : le monde rêvé est décloisonné

Les héros masculins de Guiraudie désirent des hommes, certes, mais l'homosexualité n'est jamais le thème de ses films. Ses héros sont en général traités sur un pied d'égalité par les personnages hétérosexuels – et les ambivalences du désir échappent le plus souvent à la dichotomie. Dans *La force des choses* et *Voici venu le temps*, le même dialogue revient entre le héros homo et son ami hétéro, chacun des deux tergiversant sur l'inopportunité de tomber systématiquement amoureux de partenaires marié-es : on ne peut conditionner par avance son désir à la disponibilité de son objet. La similarité des positions interroge donc les deux dénominateurs communs du désir : d'une part, ce qui compte, c'est ce qui cloche pour tout-e un-e chacun-e dans l'assouvissement et l'entretien du désir, d'autre part, c'est la logique intrinsèque du désir, sa loi, qui est irréductible aux convenances sociales.

Voilà qui permet d'emblée de sortir des catégorisations minorisantes : tous les sujets désirants sont logés à la même enseigne, l'homosexualité ne fait pas un thème – ou plutôt n'aurait plus aucune raison d'en faire un dans un monde où l'homophobie n'existerait pas.

---

[5] Les renvois des dialogues cités aux films dont ils sont extraits sont indiqués par les initiales entre crochets. Le présent article a été rédigé avant la sortie de *L'inconnu du lac* (2013).

> AG : Autant je trouve intéressant de brasser l'homosexualité avec la lutte des classes, autant pour moi, l'homosexualité ça ne fait pas un film. Je n'aime pas les films à sujet. Ce que j'aimais beaucoup dans Fassbinder, c'est qu'il ne faisait pas de l'homosexualité une thématique, il l'inscrivait toujours dans un contexte social, dans du politique. [...] Avec les gens avec qui je travaille, un film homo peut prétendre avoir une portée universelle.

Guiraudie, en envoyant compassion et victimisation au tapis, nous emmène donc bien au-delà des multiples productions intellectuelles brandissant l'étendard de la tolérance, de l'acceptation et de la différence. Ce qui mérite d'être interrogé, plutôt que le droit à la différence, c'est le libéralisme, par le biais de ses à-côtés. C'est cet ordre économique et social qui s'arrange pour attribuer une place à ses marges afin de fonctionner sans être entravé par les contestataires. Et cet ordre économique et social assigne de confortables places minoritaires aux minoritaires, d'où ils sont priés de ne pas se réveiller. C'est donc au fondement économique de l'ordre social que Guiraudie s'intéresse, à partir du point de vue des minoritaires : les ouvriers qui entament avec désarroi leur chômage à la fermeture de l'usine, les gens ni jeunes ni beaux qui ne font jamais le box-office des scènes d'amour, les travailleurs agricoles et les petits exploitants soumis à la concentration capitalistique de la filière aval et de la propriété foncière.

> AG : Rappeler que la sexualité et la sensualité ne concernent pas que les gens jeunes, beaux et bien foutus, c'est déjà politique. Filmer les fermetures d'usine autrement qu'en termes misérabilistes, c'est déjà politique.

La question du sexisme n'est pas en reste dans la dénonciation de la violence patriarcale, qu'elle soit conjugale (« quand un berger vient à abuser d'une bergère » [DSG]), adolescente (lorsqu'Armand, sans honte de ne faire preuve d'aucune bravoure virile, sauve Curly de ses agresseurs [RE]) ou même reproductive : « C'est quand même une chance de pouvoir donner la vie. – Il n'y a que des hommes pour penser cela » [DSG].

Ainsi, l'homosexualité est là au même titre que l'hétérosexualité, la question n'est pas tant dans la différence d'orientation que dans la manière dont le désir de chacun-e cherche son chemin au travers des assignations genrées, culturalisées et socialisées de l'ordre patriarcal et capitaliste. Le lieu d'où parle Guiraudie, c'est la conscience d'être homosexuel, rural et loin des milieux dominants, son point de vue sur le monde parvient ainsi à avoir une portée universelle sans parler la langue du vainqueur, pour reprendre l'expression de Viktor Klemperer.

Contestataire, Guiraudie l'est à plein régime, mais sans en avoir l'air et d'une manière inhabituelle, d'abord en ce qu'il délaisse les catégories forgées par les dominants pour penser les dominés, ensuite en ce qu'il propose un monde décloisonné, certes rêvé, mais supposant possible l'inefficacité de tels cloisonnements intellectuels. La construction d'un tel point de vue est rendue possible par deux conditions. La première est la distillation de l'expérience et des souvenirs qui apportent un témoignage presque documentaire de l'homosexualité à la campagne, en soi décloisonnée puisque liée à la faible densité et à un temps socialement moins métré, davantage liée à la rencontre intersubjective en tant que telle qu'à une identité minoritaire, à des lieux anodins, mais soumis eux aussi au contrôle moral des espaces publics à la campagne.

> AG : [Dans mes films], il y a des pédés comme il y a des fleurs, mais ça dévoile tout un truc sur l'homosexualité en milieu rural, on est même parfois dans la réalité documentaire, par exemple quand, après la fermeture du parking de drague, [Jean-Jacques] dit « aujourd'hui pour draguer t'as plus que Toulouse ou Internet » [RE].

La deuxième condition est l'envie de sortir, d'aller voir ailleurs, de partir à l'aventure, de faire son chemin, de provoquer le hasard de la rencontre, d'imaginer un autre monde. Cette sortie de l'ici se conjugue à la sortie de l'enfance, au désir de changer les choses, de trouver sa place. Nombre de personnages font état de l'ennui, du désir de ville ou d'aller boire des verres entre amis, de se déplacer pour faire l'amour et ils marchent, courent, pédalent autant qu'ils peuvent. La distance est condition du désir, de même que le cheminement. Il est donc nécessaire de construire un ailleurs rêvé, où aborder la question du sexe, de l'amour, de la politique et des lendemains qui chantent se ferait librement. La liberté de ce cinéma combine alors la libération des entraves de l'ordre moral, économique et social qui sous-tend le capitalisme, mais aussi la liberté d'aller vers l'autre, d'une autre économie, celle où l'équivalent universel entre les hommes serait le désir, celui qu'il est si difficile de laisser parler autrement qu'au nom de quelque chose d'autre.

Imaginaire spatial et universalité

Un des personnages principaux des films d'Alain Guiraudie, c'est l'espace, le grand espace, l'horizon dégagé, où on voit loin. Le grand air, c'est le décloisonnement géographique : pas de géolocalisation, pas de quadrillage ni de projection cartographique, pas de territorialisation du contrôle, les bons moments de sexe ne sont plus cantonnés à la chambre patriarcale, les centralités n'obéissent à aucun modèle spatial. Le savoir géographique s'y libère de sa fonction de gouvernementalité et de domination.

> AG : J'étais épaté par le nombre de gens qui ont découvert le Causse à l'occasion de mon film. C'est des terres qui m'ont toujours fasciné, c'est un espace à la fois originel comme celui de la fin du monde. Quand j'ai fait ma note d'intention et le résumé court pour avoir le financement du *Soleil pour les gueux*, j'avais écrit « j'en ai marre de

> ce cinéma urbain coincé entre quatre murs, je veux des horizons, je veux un cinéma où on voit loin », et c'était un film très théâtral : ça va être ma grande scène de théâtre, le Causse. Ce qu'il y a de bien sur le Larzac, ça peut être 10 km^2 comme ça peut être 10 000 km^2, c'est à la fois un monde extrêmement ouvert et aussi une prison (à ciel ouvert évidemment). Il ne se passe pas deux mois sans que j'aille faire une balade dans un endroit comme ça, je trouve ça à la fois extrêmement angoissant et mystérieux.

Ce n'est pas l'espace en soi, c'est un espace bien spécifique, qui est un monde en soi et d'où on peut se dire, l'ailleurs, c'est loin, c'est autre. Cet espace, à la fois isolé, difficilement accessible et mystérieux permet de libérer l'imagination pour inventer un monde à part qui, puisqu'il est à part, fonctionne comme univers fictionnel. Il devient structurant pour un monde imaginaire qui n'a besoin que d'avoir les coudées franches pour pouvoir révéler ses logiques internes. Cet espace est avant tout lié au désir, au fantasme mais aussi à l'angoisse produite par son mystère.

Qu'il soit Ménoascoular ou Montagne Pourpre (ou même Montagne Verte), cet espace est un ailleurs angoissant et fantasmé, un espace de la projection érotique qui combine les deux incarnations de l'interdit sexuel : le danger de la région maudite propre aux contes (le maléfice de la lande, de la montagne ou de la forêt) et le fantasme sexualisé de l'Autre, lié au croque-mitaine, aux ogres et autres créatures. Sauvagerie et barbarie supposées des rapports entre hommes et animaux propres à l'imagerie des contes y sont représentées par les ounayes, ces animaux de bétail qui doivent sucer le sang des hommes lorsqu'ils sont malades et peuvent alors leur transmettre la mortelle borondale – tout en ayant une fâcheuse tendance à s'enfuir, à tel point qu'on ne les voit jamais et que les bergers passent leur temps à les chercher. Ainsi, les allochtones qui ont réussi à transgresser l'interdit et sont parvenus à entrer grâce à la force de leur désir de connaître les ounayes et leurs bergers ne réussissent pas à rencontrer ces fameux bestiaux mais parviennent à rencontrer les bergers et à coucher avec eux, ce qui semble le plus important [DSG et VVT]. En revanche, le désir comme perpétuelle recherche de quelque chose qui est toujours déjà disparu continue de fonctionner avec la recherche des ounayes, que les bergers ont toujours déjà perdus.

La transitivité du désir anime une interdépendance entre les êtres, tour à tour objets et sujets désirants, qui ressemble fort à une économie du désir, fondée sur l'interrelation et la verbalisation directe de l'envie (de faire jouir l'autre, de boire, d'aimer, de partir, de retrouver, de ne pas faire de sexe). Les sujets désirants animent les films de bout en bout par le langage : l'économie du désir est une économie du dialogue permanent, « *ça* parle » dirait Lacan.

L'espace rêvé mais aussi partiellement réel fonctionne donc comme une utopie, et avec *La force des choses* et *Voici venu le temps*, on est aussi dans une uchronie. Imaginaire certes, mais dotée de structures suffisamment concrètes et efficaces pour fonctionner selon des règles, un ordre établi et un relatif équilibre comme toutes les utopies. Cette utopie évolue au gré des films. Dans les premiers, il s'agit du cadre des *gamers* et des maîtres de jeu, comme si le monde imaginé était celui des jeux de rôle où position et fonctionnalité sont strictement liées, dans le cadre de règles du jeu qui tendent à estomper toute réalité externe. Progressivement, ce théâtre propre au genre de l'*heroic fantasy*, spécifiquement dans *La force des choses*, à la fois nulle part et n'importe où et généralement déconnecté du monde réel, s'approche peu à peu de la réalité, d'espaces localisables, reconnaissables, proprement géographiques. Ce glissement diégétique, où le décalage s'amoindrit entre le lieu de tournage et le lieu supposé de la fiction témoigne de la maturation d'une réflexion qui, d'utopique et fondée sur l'envers du pouvoir tyrannique, devient ouvertement critique et ancrée dans la matérialité de la société présente. On passe donc de la topologie des jeux à la topographie et ce glissement dans le réel ne peut se faire sans basculer dans un autre univers imaginaire – car Alain Guiraudie affirme sa défiance vis-à-vis du naturalisme.

> AG : L'idée que peindre le réel ce serait le but du cinéma ça m'insupporte. Comment on évite d'être dans de l'idéalisation ? On est entre le souvenir et le désir. Le cinéma comme moyen de refaire le monde en l'accordant à mon désir, comme l'a écrit un critique, j'aime bien cette formule. Mais il y a une réalité à respecter. Le matériau reste concret.

De ce fait, c'est l'onirisme qui s'impose, un monde fonctionnant pour le coup selon les modalités du rêve et de l'inconscient, que Guiraudie aborde en structuraliste par la distillation d'invariants qu'il épingle des rapports sociaux actuels.

La structuration de ce monde un peu parallèle bien que de plus en plus vraisemblable révèle deux niveaux de structures. D'une part des lois proprement spatiales, de l'autre un ordre social spatialisé et régulé.

STRUCTURES GÉOGRAPHIQUES ET LOIS DE L'ESPACE : BRUNET Y RETROUVERAIT SES OUNAYES

D'une certaine manière, le monde imaginé de Guiraudie est décodé par le monologue de Basile Matin décrivant Faftaoulaopo, à la fois « autre monde » et « image de l'avant-dernier sommeil », vu en rêve, décrit comme la structure d'un film (« une farandole d'images auxquelles on commence par ne rien comprendre ») et qui entretisse le réel, le présent, le sommeil, la mort et l'éternité : « ce qui compte, c'est le rêve » [PRB].

Noms d'ici : les noms (les plus invraisemblables)

L'onomastique est la première des règles de l'utopie, en premier lieu les oronymes : Ménoascoular pour le haut plateau inaccessible (le Grand Causse [DSG]) ou la Montagne Pourpre pour le massif maudit ; choronymes pour les régions historiques ou les « pays » (avec des structures politiques disjointes) avec l'Obitanie, voisine de la Catalie où les bandits peuvent chercher refuge [VVT] ; jeux d'échelles avec des régions emboîtées (l'Emborque révèle davantage une appartenance locale et communautaire au sein de l'Obitanie) ; points de passage difficiles comme le col de Tringossa ou le passage de Monlandorque, qui permettent d'accéder aux plateaux enclavés. La toponymie définit donc des régions emboîtées à différentes échelles.

À la toponymie fait pendant l'anthroponymie. Guiraudie prend visiblement plaisir à inventer des noms improbables (dont l'orthographe l'est encore plus), tellement improbables que Pool Oxanosas Daï doit sortir de sa poche le script de *Du soleil pour les gueux* pour s'en souvenir. De ces noms propres, prénoms et patronymes, on retiendra ceux des propriétaires Chaouch Malines, Astana Lobira Rixo ou Lomadis Bron, des guerriers Pool Oxanosas Daï, Fogo Lompla ou Jonas Soforan, ou des bergers Djema Gaouda Lon et son voisin Ribados Matola. Les allochtones et les urbains, par opposition, ont des noms réalistes qui renvoient à l'histoire du peuplement de cette partie de la France : Nathalie Sanchez [DSG] est la figure de l'habitante du Sud-Ouest descendante de réfugiés républicains espagnols, Bodowski et Sorano [PRB] descendants d'immigrés polonais (à Carmaux par exemple) et italiens, dont la présence est liée aux paysages industriels en friche et à l'histoire ouvrière. L'idiographie qui en découle se traduit par le fait que tout le monde se connaît. La place pour l'inconnu est extrêmement restreinte. « Les gens qui ne sont pas d'ici je les repère à cent mètres » [PRB]. À quoi on ajoutera les multiples phytonymes et autres noms de boissons plus ou moins psychotropes allègrement travaillés comme la dourougne, l'évangeade, la goulagne ou les ondonans.

Des rationalités géographiques autrement rurales

> Toi il t'est encore arrivé des bricoles.
> Avec tes idées de vouloir traverser la forêt par le chemin-grand
> ça devait bien t'arriver un jour ou l'autre. [VVT]

L'organisation des réseaux de circulation est spécifiquement rurale : on voit plus de chemins que de routes et plus de petites routes que de grandes routes ; on reste au bas de la hiérarchie du chevelu. Même quand il s'agit de routes, c'est essentiellement l'idée de chemin et de cheminement qui est valorisée, qui renvoie à la notion de trajectoire et qu'on suit essentiellement à pied. L'usage de la bicyclette est valorisé tant pour les adolescents (pour qui c'est la première autonomisation par la mobilité) que pour les adultes (et la passion masculine pour le vélo de course est rendue à titre presque documentaire dans le *Roi de l'évasion*).

La connaissance des chemins révèle des points de connectivité inattendus et humoristiques : le téléphone qu'il suffit de brancher sur une fontaine au bord d'un chemin, le téléphone de secours routier qui permet de passer des appels privés, ces deux centralités absurdes transposent à la campagne des équipements de la société en réseau, comme si les routes et chemins vicinaux étaient les grands réseaux et hubs du monde mondialisé. De la même manière, les localités portent des noms de métropoles mondiales à l'orthographe bien régionale : les départementales, qui mènent à Oncongue (112 km par l'autoroute), Glasgaud, Riaux de Jannerot et Bairoutte. L'entrée dans le réalisme géographique est donc fantaisiste, elle aboutit à un écrasement des distances et des échelles et semble dire qu'il est bien inutile de changer d'échelle pour comprendre le monde.

Les carrefours, nœuds ou synapses du réseau de circulation, ouvrent la porte à un autre savoir géographique, celui des trois catégories de guerriers, dont la mission est de capturer des bandits d'escapade. Avec le guerrier de combat, on est dans l'effectivité de la rencontre et de la confrontation corps à corps. Avec le guerrier d'attente (ou d'embuscade), on touche à la notion de situation géographique en termes de géographie militaire, le site, la situation stratégique : les lois de l'espace mènent nécessairement à ce lieu, savoir choisir le lieu de son embuscade témoigne d'une rationalité spatiale informée des structures spatiales et des pratiques de mobilité. Le guerrier de poursuite quant à lui doit entrer dans la tête du bandit d'escapade pour comprendre sa façon de courir.

Les logiques de déplacement témoignent d'une rationalité qui, même si elle est autre, renvoie à des modèles d'analyse spatiale qui ne sont pas dénués d'une certaine scientificité – tout en rappelant les lois de la drague et de la poursuite de l'objet du désir à la manière des romans de chevalerie. La même mise en œuvre analytique de stratégies spatiales se repère chez les poursuivis qui préfèrent poursuivre leurs poursuivants [PRB].

Ainsi, les lois de l'espace ne sont pas celles qu'on croit, elles renvoient à une cartographie sous-jacente. La hiérarchie du réseau est subvertie : les grands axes ne sont pas les plus fiables pour s'orienter ni pour atteindre les lieux recherchés, au contraire, ils sont réservés aux ignorants, on a plutôt intérêt à les traverser rapidement. Les chemins n'ont pas à être tracés, il faut disposer d'un savoir géographique autre. Les pancartes sont tournées en dérision, elles ne peuvent se substituer aux orientations qui mènent à bon port, ces orientations étant bien sûr dictées par le désir : chacun suit son propre chemin. Par ailleurs, c'est dans l'herbe qu'on marche, c'est la matière de l'herbe qui oriente les pas. Le lapiez en est la preuve, seul endroit dénué d'herbe, on s'y désoriente, on y hésite, on s'y réoriente, c'est là que Carol

Izba et que Pool Oxanosas Daï calculent et modifient la direction de leur course, comme si le lapiez parlait moins que l'herbe, en termes de signalétique [DSG]. Guiraudie ne se prive d'ailleurs pas de jouer avec la signalétique. Les pancartes absurdes et autres indications détournées prolifèrent dans ses trois derniers films.

Le paysage est mort, vive la chlorophylle

Guiraudie se méfie de l'effet paysage « épate-bourgeois » que le cinéma rural a magnifié comme cadre par excellence du mythe et de la rédemption. Il déclare, à propos du paysage dans les films de Raymond Depardon : « si on peut trouver une image spectaculaire, tout Depardon qu'on est, on ne s'en prive pas et puis tous les plans sont pris de la route, il ne va pas dedans ».

> AG : [Je choisis mes lieux de tournage] dans la matière de la campagne plutôt que dans le « beau » paysage. Sinon c'est purement de la contrainte pragmatique. Dans le *Le roi de l'évasion*, j'avais plus envie de rentrer dans la chlorophylle de la forêt, dans la pierre pour la ville, plutôt que de paysage. Même si j'ai sacrifié deux fois au paysage, je voulais recoller au réel. Dans chaque plan il y a une maison au moins, le paysage est humanisé, c'est une nouvelle vision de la campagne, avec les lotissements, on est en pleine bulle immobilière, ça pousse, les maisons, partout, je trouvais important de mettre toujours une maison qui traîne par-ci par-là. Les nouveaux paysages avec des lotissements et avec des grands hangars modernes, moi je ne les trouve pas nécessairement moches. Je suis opposé à toute folklorisation de nos mondes, c'est la mort de la culture dynamique.

De fait, il se défend de s'en tenir au bord de la route pour installer sa caméra, il entre profondément dans les taillis, les bois, les landes, les chemins creux, là où les usagers de la route ne s'aventurent pas – et la plupart des cinéastes non plus. Il est attentif aux sous-bois, aux buissons, c'est là qu'on se cache, qu'on fait l'amour, qu'on se masturbe tranquillement, qu'on cultive la dourougne et surtout qu'on construit sa cabane ; c'est là plus généralement qu'on prend conscience de l'ampleur de la tâche à accomplir pour arriver à l'émancipation.

C'est dans la matérialité de la campagne que le reste du monde n'est pas, c'est dans les taillis ou dans la lande qu'on échappe à la mise en cartes, en normes et en réseau du monde approprié et exploité et qu'on peut, autrement qu'en rêve, édifier cet autre monde. S'y déplacer, s'y reconnaître et y faire son chemin suppose une sémiotique radicalement autre (des pierres, des arbres, des plans d'eau), dont témoignent avec humour les signes fantaisistes peints sur les arbres – qui détournent l'usage commun des sentiers de randonnées, de l'Office national des forêts et des sylviculteurs. Il y a une corporéité du végétal qui renvoie à l'irréductibilité du corps dans la nature, à la sensualité de s'y frotter : un rapport au monde qui, malgré la méfiance du réalisateur pour l'emphase, a quelque chose de métaphysique.

> AG : [Dans le travail de cinéastes tels que A. Tarkovski ou B. Dumont], ce que j'aime c'est la sensualité dans la représentation de la campagne. Il[s] pren[nent] le monde à bras le corps, dans un vrai rapport au monde.

UN REGARD MARXISTE SUR LE MONDE

On pourrait croire que Guiraudie, en tant que cinéaste rural, filmerait la déprise rurale, il la balaie au contraire d'un revers de main – se permettant même une provocation : « un village mort, c'est comme un village vivant, sauf qu'il n'y a plus personne » [PRB]. On s'attendrait à ce que le réalisateur communiste s'attachât à dépeindre les classes sociales dans ce qu'elles ont de spécifiquement rural, à la manière de ce que Pierre George (1964) avançait dans son analyse marxiste des campagnes, se résumant parfois aux seuls individus du fait de l'interpersonnalité concrète et du faible nombre des représentants des classes dominantes ou de la petite bourgeoisie rurale. Ce n'est pas non plus le propos de Guiraudie, pour qui l'apparente cordialité des rapports de classes, affabilité et interconnaissance aidant, n'est pas spécifique à la campagne mais est universelle. En cela il rejoint des analyses comme celles de Frédéric Lordon (2010) : on ne cesse pas de traiter le désir dès l'instant qu'on analyse des rapports sociaux de production.

Le prolétariat rural, c'est à la fois les ouvriers de *Ce vieux rêve qui bouge*, vivant la dernière semaine de l'usine avant son démantèlement complet et les bergers d'ounayes dans trois autres films. Ces fameux bergers sont décrits comme un sous-prolétariat mis en servage par les propriétaires. Le corps du berger est entièrement voué au propriétaire : il donne son sang aux bêtes quand elles sont malades, risque alors d'attraper la borondale et d'en mourir ou de finir dans les mines de randelase.

Du soleil pour les gueux, « c'est la rencontre des pauvres de chez nous et des pauvres d'ailleurs, le Tiers monde entre Rodez et Montpellier » [AG]. Il y a un début de dialogue et de similarité, l'internationale des travailleurs, qui transgresse les frontières, où l'étrangère a une fonction, celle d'éveiller la conscience de classe et l'organisation collective, plutôt que de laisser les bandits soulager individuellement les injustices. Une telle situation renseigne sur la structure entrepreneuriale de l'économie agraire, monopole de la très grosse entreprise ou oligopole : les agriculteurs sont tellement nombreux qu'ils sont par définition émiettés face à quelques dizaines de transformateurs et deux ou trois distributeurs. De son côté, Nathalie Sanchez témoigne de l'aliénation hors du Causse, le chômage du père routier, la mère vendeuse à l'Intermarché de Millau, l'absence de signification du travail de coiffeuse à Rodez, qu'elle n'a pas choisi, les heures travaillées et non payées. L'aliénation est donc partagée et l'altérité culturelle qui semblait première laisse place à ce dénominateur commun des travailleurs d'ici et d'ailleurs. Voilà pourquoi les personnages sont des représentants de groupes sociaux : ils se définissent comme figures de classes sociales.

Voici venu le temps, dont le titre évoque à la fois le temps de la révolution et le temps de *l'Île aux enfants*, décrit un mouvement de lutte pour la libération des bergers, mais avec une distance critique qui sourit à l'impuissance de l'idéalisme adolescent. D'un côté Soniéra Noubi-Datch, en révolutionnaire enthousiaste, compte mener une révolution immédiate en versant le sang mais commet l'erreur de s'adjoindre Urbanos, un bandit sanguinaire et désavoué par sa corporation ; elle ne réfléchit que trop tard à l'inefficacité de son action. De l'autre, Fogo Lompla négocie avec la veuve du propriétaire Rixo Lomadis Bron en exprimant, au nom du collectif, des revendications syndicales (l'arrêt des déplacements forcés de bergers, un salaire de 5000 krobans par mois et un deuxième jour de congé hebdomadaire) et choisissant comme premier moyen de lutte de boycotter la viande d'ounaye pour interrompre l'accumulation du capital. Discorde classique entre gauchistes et syndicalistes, auxquels les premiers reprochent de négocier avec le patronat et de nuire aux travailleurs par le boycott des produits. Mais les intérêts de classe des propriétaires sont beaucoup plus évidents : « vous savez que les autres propriétaires ne me laisseront jamais faire une chose pareille », répond Gala Lomadis aux revendications exprimées par Fogo Lompla. Les propriétaires « font corps avec leur argent » [DSG] : l'incorporation du capital dans le corps du possédant est le pendant de la domination qu'il exerce sur les espaces soumis au contrôle qu'il pilote indirectement.

La collusion entre les différentes instances du maintien de l'ordre se concrétise plus explicitement dans *Le roi de l'évasion*, où police, gendarmerie et petite bourgeoisie s'allient pour empêcher la rébellion d'Armand qui enfreint les règles par lassitude : les règles commerciales des représentants de commerce, les normes sexuelles qui cantonnent les homosexuels au « milieu homo » et à l'homonormativité de la drague, le contrôle social du tout se sait. Ce consensus pour empêcher Armand de sortir de sa place assignée mobilise des techniques spatiales de pouvoir, de contrôle et de répression dont sont familiers les géographes : avant d'en arriver au bracelet électronique et au bipper, à l'hélicoptère, aux alarmes, aux chiens pisteurs, à la géolocalisation et à la traçabilité, Guiraudie mobilise tout simplement une carte topographique. Le cinéaste a recours à des corpus législatifs loufoques, le Service départemental pour la prévention de l'adolescence déviante, la Loi de protection des familles et bien sûr, le fumeux Protocole d'Orléans. Dans *Le roi de l'évasion*, la fuite semble impossible du fait de ces techniques géographiques du pouvoir. Ainsi, quel qu'il soit, homonormatif ou hétéronormatif, l'ordre social de la société capitaliste ne supporte pas qu'un individu le remette en cause, et savoirs et techniques géographiques sont ses meilleurs outils de mise au pas.

CONCLUSION

Le matériau cinématographique a contribué à enrichir les méthodologies en anthropologie (Turton, 1992 ; Devereux et Hillman, 1995 ; Rose, 2001 ; Sorlin, 1998 [1953]), en tant que document ou objet d'étude. Le cinéma d'Alain Guiraudie, au même titre qu'un certain nombre d'œuvres d'art abouties, invite les chercheurs à dépasser le prétexte du truchement audiovisuel et à prendre le travail de l'artiste pour ce qu'il est : une recherche rigoureusement rationnelle, qui croise les mêmes lectures théoriques minutieuses et la même empathie empirique que celles qui sont mises en œuvre dans la production scientifique. Mais les techniques de construction du discours sont tellement plus sophistiquées dans les œuvres d'art et en particulier dans le cinéma qu'elles permettent de télescoper les références et les positionnalités en un instant – cependant qu'un chercheur doit progresser lentement dans son argumentaire hiérarchisé – catalysant une compréhension de la complexité bien plus immédiate et plus aiguë : Guiraudie est à ce titre un géographe accompli, qui nous donne accès à une autre manière de faire de la géographie.

Les ouvriers de l'usine fermée chantant la *Villanelle* de Berlioz (une invitation implicite au sexe dans les sous-bois), la volte-face d'Armand au « bravo mon cœur » de Curly, l'inspecteur partouzeur qui une fois au lit avec son présumé coupable, préfère dormir, et mille autres dénotations-connotations permettent, depuis le fin fond des campagnes méridionales, de provincialiser (Chakrabarty, 2000) Paris, de décentrer (Rojek, 1995) le plaisir et de décoloniser l'imaginaire (Latouche, 2003) politique ou érotique autant que les savoirs (Bourdeau, Ouardi et Rennes, 2012), en particulier géographiques – dont il est clair qu'ils sont au cœur du double processus de domination et d'émancipation.

RÉFÉRENCES

AMBLARD Marie-Claire, 1990, « Au seuil de 1992… », *in* Guy Hennebelle et Marcel Oms, *Le cinéma rural en Europe*, *Champs-Contrechamps*, p. 8-10.

AZOURY Philippe, 2005, « Alain Guiraudie, dans le maquis », *Les Inrocks*, n° 502, 13 juillet.

BALDIZZONE José, GUIBBERT Pierre (dir.), 2003, « Le monde rural au cinéma », *Les cahiers de la cinémathèque*, n° 75.

BOSSÉNO Christian, 1990, « De 1980 à nos jours, toujours les stéréotypes », *in* Guy Hennebelle et Marcel Oms, *Le cinéma rural en Europe*, *Champs-Contrechamps*, p. 21-24.

BOSSÉNO Christian, 1975, « Cinéma et monde paysan », *La revue du cinéma. Image et Son*, n° 294, mars.

BOSSÉNO Christian, 1981, « 84 ans de cinéma paysan », *Cinémas paysans, CinémAction*, n° 16, p. 17-57.

BOURDEAU Vincent, OUARDI Samira, RENNES Juliette, 2012, *Décoloniser les savoirs. Internationalisation des débats et des luttes*, Paris, La Découverte.

BRETÈQUE (de la) François, 1992, « Images of Provence. Ethnotypes and stereotypes of the South in French cinema », *in* Richard Dyer et Ginette Vincendean, *Popular European Cinema*, London, Routledge, p. 58-71.

CADÉ Michel, 2004, « Le mythe du ruralisme dans le cinéma français », *in* Jordi Canal, Gilles Pécout et Maurizio Ridolfi (dir.), *Sociétés rurales du XXe siècle France, Italie et Espagne*, Rome, Collection de l'École Française de Rome, n° 331, p. 369-385.

CHAKRABARTY Dipesh, 2000, *Provincializing Europe. Postcolonial thought and historical difference*, Princeton, Princeton University Press.

CHEVALLIER Jacques, 1959, « La caméra aux champs », *La revue du cinéma. Image et son*, n° 121, avril.

COSTA Catarina Alves, 2012, *Camponeses do cinema : a representaçao do cultura popula no cinema português entre 1960 e 1970*, thèse de doctorat en anthropologie sociale et culturelle, Lisbonne, Universidade nova de Lisboa.

DEVEREUX Leslie, HILLMAN Roger (dir.), 1995, *Films of vision. Essays in film studies, visual anthropology and photography*, Berkeley, California University Press.

DUVIGNEAU Michel, 1986, « La ruralité au miroir déformant des médias », *Cinéma et monde rural*, *CinémAction*, n° 36, p. 7-15.

FOWLER Catherine, HELLFIELD Gillian (dir.), 2006, *Representing the rural, space, place and identity in films about the land*, Detroit, Wayne State University Press.

GEORGE Pierre, 1964, « Anciennes et nouvelles classes sociales dans les campagnes françaises », *Cahiers internationaux de sociologie*, n° 37, p. 3-22.

GONZALEZ Yann, 2009, « Alain Guiraudie : j'avais envie d'aller contre les stéréotypes du monde gay », *Têtu*, n° 15, juillet.

HANCOCK Claire, 2007, « Délivrez-nous de l'exotisme. Quelques réflexions sur les impensés de la recherche sur les Suds (et les Nords) », *Autrepart*, n° 41, p. 69-81.

HENNEBELLE Guy, 1990, « Liminaire : 0,5 % », *in* Guy Hennebelle et Marcel Oms, *Le cinéma rural en Europe*, *Champs-Contrechamps*, p. 7.

LATOUCHE Serge, 2003, *Décoloniser l'imaginaire. La pensée créative contre l'économie de l'absurde*, Paris, L'Aventurine.

LÉVY Jacques, 1994, « Oser le désert. Des pays sans paysans », *Sciences humaines*, hors-série n° 4, janvier-mars, p. 6-9.

LORDON Frédéric, 2010, *Capitalisme, désir et servitude. Marx et Spinoza*, Paris, La Fabrique.

MACDONALD Scott, 2001, *The garden in the machine : a field guide to independant films about place*, Berkeley, University of California Press.

MARTIN Marie, 2001, « Guiraudie, cinéma, rêve, réalité », *L'œil électrique*, n° 21.

OMS Marcel, 1990, « France : des origines à 1980, une mutation irréversible », *in* Guy Hennebelle et Marcel Oms, *Le cinéma rural en Europe*, *Champs-Contrechamps*, p. 17-20.

PRÉDAL René, 1986, « L'image du paysan dans le cinéma mondial », *Cinéma et monde rural, CinémAction*, n° 36, p. 19-38.

ROJEK Chris, 1995, *Decentring leisure. Rethinking leisure theory*, London, Sage.

ROSE Gillian, 2001, *Visual methodologies: an introduction to the interpretation of visual materials*, London, Sage.

SORLIN Pierre, 1998, « Stop the rural exodus: images of the country in French films of the 1950's », *Historical Journal of Film, Radio and Television*, vol. 18, n° 2, p. 183-197.

SORLIN Pierre, 1998 [1953], *L'univers filmique,* Paris, Flammarion.

TURTON David, 1992 (dir.), *Film as ethnography*, Manchester, Manchester University Press.

LECTURES

Inégalités, conflits et distinction dans les campagnes

MISCHI Julian (coord.), 2013, *Campagnes populaires, campagnes bourgeoises*, *Agone*, n° 51, Éditions Agone, Marseille, 197 p.

Les recompositions contemporaines des campagnes bénéficient trop rarement d'une lecture au prisme de la transformation des groupes sociaux qui y vivent, y travaillent et participent à la vie politique. Ce numéro de la revue *Agone* qui regroupe des contributions de jeunes chercheurs d'horizons divers (sociologie, histoire, géographie) rappelle l'importance des différenciations sociales et leur fondement matériel et symbolique dans les espaces ruraux, en rupture avec les représentations indifférenciées généralement associées à la « communauté villageoise ». Les contributions éclairent de manière transversale plusieurs thématiques.

Elles montrent d'abord le rôle crucial des conflits sociaux dans les dynamiques de recomposition des groupes. Les contributions sur les luttes sociales dans l'espace rural (Julian Mischi) et sur les mouvements paysans dans la Loire-Atlantique des années 1960-1970 (Élise Roullaud) insistent particulièrement sur ces conflits en analysant de l'intérieur les répertoires d'action collective et les modes de légitimation spécifiques de ces mouvements au sein des espaces ruraux. Plus que dans les espaces urbains, les enjeux fonciers et les formes d'usages de la terre apparaissent cruciaux, ce que soulignent notamment les contributions sur l'embourgeoisement d'une classe d'agriculteurs dans le Châtillonnais (Gilles Laferté) et sur la recréation d'un équipage de chasse à courre (Héloïse Fradkine). Enfin, ce numéro analyse les modes de construction des représentations associées aux espaces ruraux. Si les élections font figure de moment central dans la construction de représentations « urbaines » dévalorisant les espaces « ruraux » et leurs habitants (Jean Rivière), les activités de loisir comme la chasse ou les pratiques de consommation apparaissent comme des vecteurs de distinction légitimant (ou délégitimant) la présence de groupes sociaux au sein des espaces politiques ruraux.

La force de numéro est de réunir autour d'espaces similaires et d'un ensemble de concepts communs (distinction sociale, capital d'autochtonie) des chercheurs de disciplines différentes. Deux contributions donnent largement la parole à des personnes qui y ont rarement accès (une animatrice d'un centre de vacances et un ouvrier du bâtiment). Celles-ci explicitent des trajectoires personnelles et professionnelles au prisme des relations sociales qui se nouent au quotidien dans ces espaces. La place laissée au travail dans l'ensemble du numéro souligne de manière pertinente les spécificités paysannes et surtout ouvrières des campagnes. On regrettera cependant, compte tenu de la cohérence de l'ensemble, l'absence d'une introduction qui aurait permis d'expliciter les similarités d'approches entre les contributions.

Clément CORBINEAU
UMR 5600, Environnement, ville, société

L'impensé de l'espace dans les politiques européennes de lutte contre la pauvreté

BOULINEAU Emmanuelle et BONERANDI-RICHARD Emmanuelle† (dir.), 2014, *La pauvreté en Europe. Une approche géographique*, Rennes, PUR, 259 p.

Dans l'actualité de la réflexion sur la pauvreté en Europe, les auteurs du livre abordent par le prisme de la géographie les relations entre l'Union européenne et les politiques nationales de lutte contre la pauvreté. Leur approche cherche à saisir, non pas les formes spatiales de la pauvreté en milieu urbain et rural, mais l'articulation entre le volet social et le volet territorial des dispositifs européens de lutte contre la pauvreté. Elle se fonde sur une entrée par les maillages territoriaux comme niveaux d'observation, niveaux d'organisation spatiale, niveaux d'action. L'intérêt du livre tient à l'originalité de cette grille d'analyse spatiale à l'échelle européenne. Il tient aussi à la solidité des démonstrations méthodologiques, appuyées par de nombreuses cartes univariées et multivariées à différentes échelles, à la richesse des comparaisons entre les politiques publiques nationales et leur articulation à la politique européenne ainsi qu'à la qualité des résultats empiriques présentés dans le cadre de six pays (France, Allemagne, Italie, Bulgarie, Pologne, Suède).

La première partie (deux chapitres) fait l'inventaire des sources statistiques disponibles à l'échelle européenne. Elle démontre avec pertinence les difficultés de la lecture cartographique des disparités régionales de pauvreté en Europe en raison de la pluralité des définitions de la pauvreté constituant des sous-populations différentes, en raison de biais introduits par la forme, la taille des mailles et les procédures de discrétisation des données. La deuxième partie (deux chapitres) consiste en une étude statistique originale du lexique spatial des PNAI (Plans nationaux d'action pour l'inclusion) et une étude diachronique de l'émergence des niveaux territoriaux d'action à l'échelle européenne. La troisième partie (six chapitres) explore, pays après pays, à des échelles fines, la diversité des répartitions spatiales de la pauvreté, les concentrations urbaines mais aussi les répartitions plus diffuses et la pauvreté cachée dans des espaces ruraux de faible densité. Elle rappelle que la diversité des politiques publiques de lutte contre la pauvreté est liée à la variété des modèles d'État-providence et de protection sociale hérités de situations historiques différentes. Enfin, elle montre d'importants effets de rupture au niveau des États et des régions, dans les anciens pays du bloc de l'Est, et à un niveau plus fin, ces ruptures débouchant sur un cumul entre crise sociale, crise urbaine, crise économique, voire crise politique et une perte de repères identitaires. Emmanuelle Bonerandi-Richard a été particulièrement attentive à ces ruptures dans l'espace rural français, dans un département « riche » comme celui de l'Ain, non exempt de situations de pauvreté masquée et en Thiérache marquée par la mémoire d'établissements industriels aujourd'hui disparus.

À la lecture du livre, on ne perd jamais le fil directeur qui est l'étude critique de l'impensé de l'espace dans les politiques de lutte contre la pauvreté à l'échelle européenne. Néanmoins il reflète un peu les conditions de sa production dans le cadre d'un projet collectif de recherche et d'écriture en ce sens qu'un chapitre de synthèse, avant la conclusion, aurait permis de mieux articuler le volet théorique et méthodologique avec le volet empirique, donnant ainsi plus de facilités au lecteur pour mémoriser ses riches apports.

Catherine SÉLIMANOVSKI
UMR 5281-Laboratoire ART/Dev, Acteurs, Ressources et Territoires dans le Développement

Une exploitation agricole vue par la BD

BERNARD Marc et LEGOUPIL Guillaume, *2012, Jo le paysan,* tome 4 : *Haro sur les OGM*, Les éditions du Coprin, 48 p.

La série d'albums de bande dessinée *Jo le paysan*, dont Marc Bernard (pharmacien de son état, à Paimpol) est le scénariste et Guillaume Legoupil l'illustrateur, constitue une des trop rares œuvres du 9e art portant sur le monde agricole contemporain. De ce point de vue, la collection est bienvenue. Destinés plutôt à un jeune public, les albums successifs publiés depuis 2006, *Main basse sur la ferme*, *La ferme contre-attaque*, *L'accueil à la ferme* et *Haro sur les OGM*, portent sur la vie d'une exploitation agricole localisée en Bretagne (M. Bernard est originaire de Carhaix, G. Legoupil est rennais).

La ferme de Jo se veut représentative d'une agriculture familiale au tournant du XXIe siècle. Les difficultés, surtout financières, des exploitations encore tournées vers le polyélevage sont bien exposées : le banquier est d'ailleurs un personnage central de la série, même si son rôle est très ambigu. La question de la main-d'œuvre familiale et du partage des tâches sur l'exploitation est également abordée, en particulier à travers le statut de la femme et de la sœur de Jo. Enfin, l'enjeu foncier et l'agrandissement – présenté comme nécessaire – de la taille de l'exploitation, pour répondre aux exigences de sa survie et de son développement, sont clairement présentés. En contrepoint des fermes voisines spécialisées, l'exploitation de Jo montre donc bien les caractéristiques d'un modèle agricole en pleine mutation, même si quelques scènes sont un peu caricaturales – notamment pour les moments d'action qui jouent sur la fibre humoristique.

Le quatrième volume intitulé *Haro sur les OGM*, publié en 2012, rend plus particulièrement compte d'un enjeu global de société qui dépasse largement le strict contexte du monde agricole : la question polémique des OGM et les tensions et conflits qu'elle engendre entre les agriculteurs. Après la présentation extrêmement critique à propos du remembrement et de la débocagisation qui ouvrait le tome 1, on pouvait s'attendre, eu égard au caractère vindicatif du titre, sinon à un pamphlet militant contre les organismes génétiquement modifiés, du moins à un parti pris tranché. Or ce « haro » n'est qu'une accroche pour exposer, sous une forme résolument didactique, les avantages avérés ou supposés ainsi que les inconvénients et/ou les risques de cette récente évolution des biotechnologies adoptées par l'agriculture productiviste. Si Jo le paysan n'est certes pas un adepte des OGM, mais clairement une de leurs « victimes », le débat est tranché *in fine*, non par une prise de position du héros mais par l'arrêté de 2008 issu du Grenelle de l'Environnement qui fait office de *deus ex machina* pour résoudre l'intrigue de ce 4e tome (on retrouve là le même ressort, d'origine exogène, que celui utilisé dans le premier tome, où des investisseurs japonais permettent à Jo de régler momentanément les problèmes financiers que rencontre son exploitation). Cette prudence et cette neutralité sur la question des OGM sont expliquées par Marc Bernard lui-même dans une interview accordée en 2014 à *Breizh-info.com* : « En tant que pharmacien, je ne peux pas être contre la recherche. Mais pour moi, la culture d'OGM en extérieur est dangereuse pour l'environnement. »

Par ses ambitions tant didactiques qu'humoristiques, *Jo le paysan* reste certes loin des documentaires bédéistes d'Étienne Davodeau (dans *Rural !* et dans *Les ignorants*) ou de la philosophie caustique de l'absurde de F'murr (dans *Le génie des alpages*), mais il n'en demeure pas moins une première approche appropriée à la sensibilisation et à l'édification d'un jeune lectorat sur les questions relatives au monde agricole contemporain. En conséquence, on déplorera surtout la faible diffusion de la série qui reste difficile à se procurer, même dans les librairies spécialisées en bande dessinée...

Georgette ZRINSCAK
UMR 8504 Géographie-cités

Géographie et cultures

n° 88, hiver 2013

VARIA

La revue *Géographie et cultures* est publiée quatre fois par an par l'Association Géographie et cultures et les Éditions L'Harmattan, avec le concours du CNRS. Elle est indexée dans les banques de données Pascal-Francis, GeoAbstract et Sociological Abstract. Les vingt-deux derniers numéros sont consultables en ligne : http://gc.revues.org/

Laboratoire Espaces, Nature et Culture (ENeC) – Paris IV Sorbonne CNRS UMR 8185 – 1 rue Victor Cousin, 75005 Paris – Courriel : revue.geographie.cultures@gmail.com

Abonnement et achat au numéro : Éditions L'Harmattan, 5-7 rue de l'École polytechnique 75005 Paris France. Chèques à l'ordre de L'Harmattan.

	France	Étranger
Abonnement	55 euros	18 euros
Prix au numéro	18 euros	18 euros

SOMMAIRE

DES ÎLES AUX AMÉRIQUES ET AUX PLANÈTES

PETIT VOYAGE EN REPRÉSENTATIONS SPATIALES

From islands to the Americas and to planets:
a small journey into spatial representations

André MÉTRAL[1]
Lycée du paysage et de l'environnement, ministère de l'Agriculture, Lyon-Dardilly

Résumé : La culture de la géographie – à distinguer d'une « géographie des cultures » – doit tenir compte de l'existence d'un certain nombre de représentations spatiales communément admises, dont il est possible de dégager une signification connotée, non dite, une sorte de message subliminal véhiculé souvent à l'insu même de leurs locuteurs, au moyen de figures de rhétorique qui relèvent généralement de la synecdoque. Je m'efforce ici d'en démasquer trois, en montrant qu'à des degrés divers, elles représentent un point de vue qu'un usage généralisé tend à imposer de manière hégémonique. Chacune de ces trois représentations peut être désignée par un signifiant géographique-clef, soit respectivement les îles, l'Amérique, la planète.

Mots-clés : culture, géographie, représentation, connotation, rhétorique, synecdoque, île, Amérique, planète

Abstract: *The culture of geography – to distinguish from « geography of cultures » – must take into account the existence of a number of commonly accepted spatial representations, from which it is possible to identify a connoted meaning not known, a sort of subliminal message conveyed often unknown even to their speakers, using figures of speech that generally belong to most often synecdoche. I am trying here to unmask three of them, showing that, to varying degrees, they represent a point of view that widespread use tends to impose. Each of these representations can be denoted by a key meaning geographically, respectively the islands, America, the planet.*

Keywords: *culture, geography, representation, connotation, rhetoric, synecdoche, island, America, planet*

[1] Courriel : andremetral@orange.fr

Il existe deux manières d'aborder les liens qui unissent la géographie et la culture. La première fait de la culture, définie par exemple comme « ce tout complexe qui comprend la connaissance, les croyances, l'art, la morale, le droit, les coutumes et les autres capacités ou habitudes acquises par l'homme en tant que membre de la société » (Tylor, 1871, p. 1), une lunette que le géographe appliquera pour décrire des aires culturelles différentes dans une démarche comparative. Il pratique dans ce cas une « géographie des cultures ». La seconde manière à l'inverse, fait référence à ce qui serait une « culture de la géographie » : la géographie devient un objet pour une culture définie en tant qu'un « système de significations que les membres d'un groupe connaissent et utilisent dans leurs interactions », (Badie, 1983, Geertz, 1973), bref un code, un langage qui se superpose à la langue commune. La culture de la géographie pourrait alors être définie comme la manière dont une société se représente l'espace, en premier lieu à partir d'un savoir accumulé scolaire et universitaire, qui prend l'espace comme objet, et qui vise à sa représentation au moyen d'un appareillage conceptuel et cartographique. Mais, au-delà de ces connaissances académiques, inégalement partagées au sein d'une société, celle-ci diffuse dans sa pratique quotidienne du langage un certain nombre de représentations spontanées, non scientifiques de l'espace et des concepts mêmes de la géographie.

Cet ensemble de représentations forme-t-il un système et si oui, est-il unique ou pluriel ? Dans ce dernier cas, est-il lié à une classe sociale, à un groupe social, à un territoire ? En ce qui concerne ce dernier critère, il est probable que les systèmes de représentations de l'espace varient selon les aires culturelles, ce en quoi la seconde conception des liens entre géographie et culture rejoint la première : s'il s'avère que la représentation de l'espace diffère d'une aire culturelle à une autre, il en découle que la culture de la géographie est conditionnée par la géographie des cultures. Mais une cartographie des différentes représentations de l'espace dépasse très largement l'objet de cet article.

Cependant, il est tout aussi probable que la mondialisation, porteuse d'uniformisation, ait abouti à constituer un plus petit dénominateur commun, un socle de représentations sociales de l'espace universellement acceptées malgré leur caractère formellement erroné, partiel, partial, en tout cas connoté. J'analyserai un nombre réduit de ces représentations, sans aucune prétention à l'exhaustivité ni même à la représentativité statistique. Ces quelques cas ont été choisis pour deux raisons : leur caractère particulièrement répandu dans la société leur confère une sorte d'« innocence » ; pourtant, et c'est la seconde raison, elles ne sont pas neutres. À l'insu le plus souvent des locuteurs, elles expriment un point de vue qui pourrait être au plan spatial l'équivalent d'un point de vue de classe au plan social, et ce, alors même qu'elles sont universellement véhiculées. Il est tentant d'établir ici une analogie entre ce mécanisme et la notion marxiste d'hégémonie par laquelle « les idées de la classe dominante deviennent les idées dominantes ».

Mon analyse sera donc centrée sur l'interprétation de ces représentations : quel est le message subliminal qu'elles délivrent, ce dernier exprime-t-il le point de vue d'un groupe social ou territorial particulier ? Si oui, exercent-elles une hégémonie dans le sens où leur usage se généraliserait bien au-delà des frontières de ce groupe ou de ce territoire et conduirait une majorité d'acteurs à défendre à leur insu un point de vue qui n'est pas le leur ?

Sans aucun *a priori* idéologique structuraliste, j'utiliserai l'appareillage conceptuel de la sémiologie de R. Barthes, qui définit la connotation comme un système de signification à double étage : à l'étage supérieur, un signe associe un signifiant à son signifié dans une relation de dénotation. Ce signe constitue lui-même, à l'étage inférieur, le signifiant d'un nouveau signifié dans le cadre d'une relation de connotation (Barthes, 1957). Cette connotation constitue en quelque sorte le message implicite, que l'on pourrait qualifier d'idéologique s'il était possible d'identifier de manière précise un groupe social dont il servirait les intérêts. Quoi qu'il en soit, ce message est bien véhiculé à l'insu de ses locuteurs. Les exemples qui vont suivre sont représentatifs d'une montée en puissance contemporaine (2012) qui se traduit par une généralisation de leur usage bien au-delà des quelques locuteurs qui auraient intérêt ou tout simplement qui adhéreraient consciemment au message véhiculé. Cela suppose une force de propagation dont il conviendra d'expliquer le mécanisme dans chacun de ces cas.

Dans ces exemples en outre, le système de la connotation passe par des figures de rhétorique qui sont toutes des cas particuliers de la synecdoque : « Trope qui permet de désigner quelque chose par un terme dont le sens inclut celui du terme propre ou est inclus par lui » (Dupriez, 1984). Cette définition prévoit donc les deux directions : la généralisation et la particularisation. Pierre Fontanier (1968) énumère de nombreuses variétés de synecdoques, que l'on peut classer en fonction de ce critère. Certaines variétés désignent un signifié général par un signifiant plus particulier : prendre la partie pour le tout (désigner un cheval par une « ganache »), la matière pour l'être (« Rome est dans les fers » signifiant que Rome est en esclavage) l'abstrait pour le concret. D'autres variétés peuvent fonctionner dans les deux directions : prendre le singulier pour le pluriel ou le pluriel pour le singulier, le genre pour l'espèce ou l'espèce pour le genre, un nom commun pour un nom propre ou l'inverse.

On peut d'ores et déjà citer quelques exemples de représentations spatiales de la catégorie particularisante, par laquelle on prend la partie pour le tout : c'est le cas lorsqu'on désigne les Pays-Bas par la Hollande, la Grande Bretagne ou le Royaume Uni par l'Angleterre, ou lorsqu'on désignait l'URSS par la Russie. Signifié et signifiant étant ainsi posés dans chacun de ces cas, on peut s'attarder à titre d'exercice préliminaire sur l'analyse de la connotation. Dans les deux derniers, exemples, il est plausible de discerner la dénonciation d'un impérialisme, le message étant : « On vous dit que ce territoire s'appelle le Royaume-Uni ou l'URSS, mais derrière ces unions de façade, un seul pays, le plus puissant, contrôle l'ensemble ». Ajoutons dans le dernier cas l'influence probable d'un anticommunisme qui se déclinait selon les locuteurs en deux versions : dans sa version libertaire, le refus d'utiliser le signifiant URSS visait à dénier à ce territoire le caractère tant socialiste que soviétique ; dans une version libérale, ce même refus avait valeur de refoulement : « puisque le caractère socialiste de cet objet nous indispose, cachons-le à nos propres yeux et continuons à voir derrière lui la Russie que nous aimions ».

Je voudrais m'attarder sur d'autres illustrations dont l'enjeu est plus actuel, et dont la généralisation, à la différence des cas qui viennent d'être évoqués, constitue une propriété rhétorique commune : on y désigne toujours le particulier par le général. J'en distinguerai trois catégories, construites en fonction du message connoté qu'elles délivrent.

Dans la première de ces catégories, la généralisation contribue à la négation d'une identité territoriale. Le message délivré pourrait ainsi s'exprimer : « Peu importe où les choses se passent », et ce – soit dit en passant – à l'encontre de la vocation même du géographe, lequel s'ingénie au contraire à cartographier, identifier, nommer des portions d'espace. Lorsqu'un touriste de l'hémisphère nord déclare se rendre dans « les îles », lorsqu'une agence de voyages évoque « les îles » dans son enseigne ou dans l'éventail de son offre, lorsqu'un disquaire présente dans sa classification la catégorie « musique des îles », qui laisse aussi songeur que « musique du monde », il s'agit bien d'une généralisation : on se doute que l'île d'Angleterre, par exemple, n'appartient pas à l'ensemble signifié. Une partie (les îles « ensoleillées » de l'hémisphère sud) est désignée par le tout (l'ensemble des îles). Plus précisément, cette synecdoque est de la variété des antonomases : on substitue un nom commun (île) à un nom propre (par exemple La Réunion) qui désignerait l'île particulière dont on parle.

Le choix des noms des enseignes professionnelles constitue un matériau précieux tant pour la mise en évidence de cette représentation que pour son interprétation. En effet, il révèle à la fois la représentation du professionnel qui a choisi ce nom, cette raison sociale, cette vitrine, et renseigne en même temps sur celle du public auquel il s'adresse. L'interrogation de l'annuaire *Les pages jaunes*[2] à partir du critère « les îles » révèle la liste des professionnels qui se signalent au public par l'évocation de l'insularité. Pour

---

[2] www.pagesjaunes.fr

la seule ville de Paris, si l'on ôte les 646 réponses qui font référence à l'Île-de-France, les 19 références explicites aux îles parisiennes sises sur la Seine, principalement mais pas seulement[3] l'Île Saint Louis, (citée 15 fois) la dizaine d'allusions à ces mêmes îles, et enfin les 45 dénominations qui comprennent le mot « île » de manière purement métaphorique[4], il reste 18 références à une ou des îles déterminées non parisiennes. En effet, les îles parisiennes sont « hors sujet » dans la mesure où le choix d'une telle référence pour dénommer son enseigne est davantage motivé par la proximité que par l'objet de l'entreprise. Ce sont les îles de l'océan indien qui se taillent la part du lion, avec 9 cas, dont 5 font référence à l'île Maurice et 4 à La Réunion. Les autres cas concernent à parts presque égales les Antilles (3 occurrences dont 2 concernent la Guadeloupe), l'océan Pacifique (2 cas), l'Europe méditerranéenne (2 cas concernant les îles grecques en général et la Crète en particulier) et, enfin, l'Europe du Nord pour 2 occurrences (Wight et Belle-Île en mer). Face à ces références précises, qui par conséquent, affirment une identité propre à l'encontre de mon hypothèse, il demeure 15 cas, donc presque autant, qui mentionnent « les îles » de manière indéterminée. On trouve parmi eux 4 enseignes concernant la restauration[5], une boulangerie-pâtisserie[6], 2 parfumeries[7], une enseigne de commerce de gros[8] et, enfin, 7 agences de voyage[9]. Ce sont donc ces dernières qui comptent le plus dans cette énumération, et ce n'est guère étonnant, leur but étant de séduire une clientèle en partance, qui se définit beaucoup plus souvent par ce qu'elle veut quitter en voyageant, que par ce qu'elle veut atteindre. L'adage « Peu importe le flacon, pourvu qu'on ait l'ivresse » pourrait être ainsi adapté pour préciser la connotation de cette représentation : « Peu importe l'île, pourvu qu'il y ait du soleil et de l'eau », le second élément se trouvant de toute façon garanti par la notion même d'insularité. Le contexte de cette représentation fait partie de sa définition : le locuteur ne fait pas référence à son espace vécu, mais à l'espace des autres, dont la spécificité peut être ainsi niée en raison même de cette altérité. Ce mécanisme d'indifférenciation de tout ce qui est lointain, géographiquement, culturellement, socialement, est une variété de cet ethno

---

[3] Les autres sont l'Île Seguin, l'Île de la Cité et l'Île de Bercy.

[4] Par exemple les *crêperies L'Île au Blé noir* ou *L'Île aux Crêpes, l'Île du Bonheur, l'Île aux Trésors…*

[5] *Comptoir des Îles.*

[6] *Douceur des Îles.*

[7] *Filles des Îles.*

[8] *Négoce des Îles.*

[9] *Îles du Monde, Îles et Voyages, Voyageurs dans les Îles*, etc.

centrisme, qui a conduit dans l'histoire à considérer tour à tour les colonies, le « tiers-monde », ou la « périphérie », comme un « ensemble mou et indifférencié » (Judet, Courlet, 1986). Ce point de vue est-il cependant pris en charge par les habitants du « Sud » et des îles en question ? Un seul indice pour répondre à cette trop vaste question dans le cadre de cette recherche : il concerne les enseignes de la restauration, dont il est frappant de constater que, à l'exception d'un seul cas, celles qui contiennent l'évocation des îles de manière indéterminée n'affichent aucune identité gastronomique précise. À l'inverse, les restaurateurs originaires de ces îles touristiques affichent clairement leur culture à travers leur gastronomie sans jamais se contenter dans leur enseigne de la vague évocation « des îles »[10]. Cela laisse entendre que cette représentation n'est pas autochtone, mais qu'elle signale le seul regard du « Nord » en direction du « Sud »[11]. Il faudrait ajouter que le trope de l'insularité est indissociable de l'éloignement. On n'imagine pas un habitant de la Guadeloupe feindre l'ignorance au point de ne pas nommer son territoire autrement que par son nom propre. Par conséquent, si le point de vue exprimé peut ici être assez clairement identifié, il ne semble pas que le mécanisme de l'hégémonie fonctionne très bien dans ce cas.

À l'inverse de cette négation de l'identité territoriale par le renvoi à une insularité en soi, le message délivré dans la seconde catégorie de généralisation est affirmatif ; il consiste, selon les locuteurs, à revendiquer ou à reconnaître une domination.

Lorsqu'on appelle « Hollandais » un habitant des Pays-Bas, on désigne un ensemble par une partie de cet ensemble. À l'inverse, quand on désigne un habitant des États-Unis comme étant un « Américain », on désigne la partie (les États-Unis d'Amérique) par le tout (l'ensemble du continent américain). Le message délivré est polysémique. Dans la bouche ou sous la plume d'un citoyen des États-Unis il peut signifier : « Je voudrais que mon pays domine l'ensemble du continent américain » ou bien : « Je reconnais que mon pays, de par son influence culturelle et son poids économique, domine l'ensemble du continent américain ». La reconnaissance peut être vécue sur le mode de la fierté ou du regret. Dans la bouche ou sous la plume d'un citoyen d'une autre partie du monde elle signale plus ou moins consciemment l'acceptation d'une telle domination – « dont acte » – ou sa dénonciation anti-impérialiste sous le mode de l'ironie : « vous voyez bien ». Les locuteurs se réclamant d'une théorie léniniste ou post léniniste semblent ainsi affirmer « que cette puissance est bien un empire puisque le langage commun trahit son extension à l'échelle du continent ».

---

[10] Exemples : *À l'Île Maurice*, *Restaurant Île de La Réunion*, *L'Îlet créole*... D'autres enseignes se passent de toute évocation géographique.

[11] « Nord », « Sud », autres exemples de représentations qu'il conviendrait de questionner.

La puissance inégalée de cette représentation tient en partie au fait, il faut bien le reconnaître, qu'il n'existe que peu d'alternatives commodes à l'oreille au mot « Américain ». Échapper aux périphrases encombrantes (« citoyen des États-Unis d'Amérique ») implique inévitablement le terme « états-unien » auquel il manque la force évocatrice élémentaire requise, de celles qui font apparaître, dès leur prononciation, une carte géographique à l'esprit. Tout se passe comme si la désignation d'un territoire exigeait sur le plan des mots une force évocatrice particulière et ne pouvait se contenter d'un signifiant institutionnel, anonyme et interchangeable. En effet, il pourrait exister des États unis ailleurs qu'en Amérique, et il semble important, surtout pour un citoyen « américain », de ne pas confondre l'union à laquelle il appartient avec toutes les autres.

Cependant, si la langue ou la plume peinent et renâclent devant l'adjectif, on comprend beaucoup moins leurs réticences au substantif « États-Unis » qui a largement été consacré par la langue. Dans ces conditions, il est plausible de penser que l'usage répété du substantif « Amérique » à la place de « États-Unis » connote chez un locuteur une intention d'exaltation du pays où il est né (groupe d'appartenance) ou bien auquel il s'identifie (groupe de référence) si jamais il n'en est pas ressortissant. *« America is back ! »* est un slogan qui marque l'arrivée au pouvoir de R. Reagan en 1980 dans un contexte vécu par de nombreux « Américains », du moins par ceux d'entre eux qui l'avaient porté au pouvoir, comme celui de la fierté retrouvée après une décennie considérée comme celle du déclin de leur pays. « Ce pays est si grand » semble proclamer le locuteur, (ressortissant ou non), qu'il s'étend à l'ensemble du continent américain. Glissement de sens, confusion entretenue entre l'étendue géographique dénotée par cet adjectif et la grandeur morale qu'il connote.

Les archives médiatiques constituent des documents partiels mais privilégiés pour observer la diffusion d'une représentation. Cette ébauche de recherche prend appui sur l'observation du quotidien *Le Monde*[12], matériau certes réduit, parti pris que l'on dira arbitraire. Je fais cependant l'hypothèse que le choix des mots dans une telle publication ne peut ignorer les attentes de son lectorat, que celui-ci possède un niveau d'instruction plutôt supérieur à la moyenne et que s'il accepte, voire réclame, l'usage de telle ou telle représentation, c'est que cette dernière connaît une diffusion large, dont les raisons dépassent très largement le manque de « culture » au sens académique. C'est ainsi que, en une année, entre le 15 août 2011 et le 14 août 2012, le substantif « Amérique » a été utilisé 109 fois dans des titres issus de cette publication et seulement 46 fois pour désigner le continent américain (rarement dans sa totalité, le caractère partiel étant précisé par

[12] Source : www.lemonde.fr.

l'emploi de l'adjectif « latine » ou du complément « du Sud » et plus rarement « du Nord »). Dans 63 cas, le mot désignait en réalité le territoire des seuls États-Unis d'Amérique. Citons parmi les titres les moins ambigus : « Le déclin moral de l'Amérique » (22 avril 2012) ; « Dans l'Amérique surarmée où il est permis de tuer » (6 avril 2012) ; « Une bombe entre Israël et l'Amérique » (9 mars 2012) ; « L'Amérique commémore le 11 septembre » (11 septembre 2011) ; « La croisade de l'Amérique contre l'"axe du mal" » (8 septembre 2011).

Il n'y a pas toujours contresens dans l'emploi du substantif. Il en est ainsi en particulier lorsqu'il est utilisé en tant que complément de lieu. Par exemple, seule la lecture du texte intitulé : « Gaz : pschitt en Amérique, boom en Asie » (18 mars 2012) permet de comprendre que le territoire visé est bien celui des États-Unis. Pour autant, nul ne peut nier que les États-Unis appartiennent à l'Amérique, ce qui confère au titre une pertinence formelle indéniable dans son imprécision. Il en est de même pour : « Tintin, presque rien en Amérique » (22 octobre 2011) ou encore : « Les nouvelles frontières de l'or noir en Amérique » (18 juillet 2012).

En revanche, le contresens est indéniable dans les titres qui suivent : « Barak Obama : "L'Amérique reste la nation indispensable au monde" » (26 janvier 2012) ou bien encore : « Ben Laden, secret de famille de l'Amérique » (9 septembre 2011). Dans le premier cas, le locuteur est un président des États-Unis qu'il est difficile de soupçonner de visées impérialistes. Le second article reproduit un point de vue publié dès le 15 octobre 2001, celui de l'écrivain Roy Arundhati, traduit de l'anglais par Frédéric Maurin, concernant la réaction des États-Unis aux attentats du 11 septembre 2001. « Mais qui est vraiment Oussama Ben Laden ? », s'interrogeait alors cet auteur. Il répondait en substance : « … C'est le secret de famille de l'Amérique. Le double noir de son président… Le rejeton d'un monde ravagé par la politique étrangère de l'Amérique… ». En bref, Roy Arundhati s'oppose alors farouchement à la politique de Georges Bush en Afghanistan, dénoncée pour son arrogance, la méconnaissance du terrain dont elle témoigne, etc. En même temps, il véhicule une représentation dont la connotation relève exactement de ce qu'il dénonce. La mise en évidence de cette apparente contradiction n'a aucune visée morale. Elle vise seulement à montrer, à partir de cet exemple, que les représentations de l'espace dont il est question dans cet article relèvent bien d'un code, si solidement ancré que des locuteurs peuvent véhiculer malgré eux les messages connotés.

Le mécanisme de l'hégémonie fonctionne donc ici à plein puisque la représentation « américaine » est utilisée non seulement au-delà des frontières des États-Unis, mais par ceux-là mêmes qui par ailleurs dénoncent précisément le caractère hégémonique de la politique de ce pays[13]. Qu'il s'agisse de nier une identité, comme dans la première catégorie de généralisation retenue, ou qu'il s'agisse au contraire d'en affirmer une autre, comme dans le cas de la seconde catégorie, le message semble du moins univoque. Ce n'est pas le cas de la troisième catégorie de généralisation. Le signe qui l'illustre est composé du signifiant « planète » attribué au signifié « Terre ». La « Terre » ne constituant qu'une des neuf planètes que compte le système solaire, nous avons affaire ici à une synecdoque relevant de l'espèce des généralisations (on désigne la partie par le tout) et de la variété des antonomases (on utilise un nom commun à la place du nom propre). Pour évaluer la diffusion de cette représentation à travers le prisme médiatique, je me reposerai une fois de plus, pour des raisons qui n'ont pas changé[14], sur l'observation du quotidien *Le Monde*. En 1987, le mot « planète » est revenu 47 fois dans les titres (ou sous-titres ou « chapeaux ») des articles de ce journal et en 2011, 136 fois. Entre ces deux années, le nombre d'occurrences a oscillé de 44 en 1992 à 154 en 1994. A ces données statistiques on pourrait ajouter quelques indices anecdotiques : le même quotidien a intitulé « planète » sa rubrique traitant des questions d'environnement ; on a nommé « Planète » une chaîne de télévision thématique[15] ; on note la présence du mot dans le titre d'au moins une autre chaîne de télévision (« Planète Thalassa »[16]) ou d'émissions « (« Planète chaude » de France 3[17], « Sale temps pour la planète » de France 5, « Un œil sur la planète » de France 2[18], « Planète des hommes » de France 5, « Planète investigation » de France Ô[19]). Cette liste n'est pas exhaustive.

Pour mieux interpréter ce foisonnement, il y a lieu d'établir une distinction entre les emplois « propres » du signifiant « planète » (« une » planète) et ses emplois comme synecdoque (« la » planète). Les premiers recouvrent trois cas :

- Dans le premier cas, l'emploi du substantif « planète » de manière indéfinie et indéterminée, permet de désigner une ou plusieurs planètes du système solaire. On pourrait nommer cet usage un usage

[13] Pourtant, d'autres exemples montrent que des peuples savent parfois refuser en bloc l'usage d'un terme dont ils contestent la connotation. C'est le cas de la ville de Jérusalem, désignée dans le monde arabo-musulman par « Al Qods » (ville sainte en arabe).

[14] Cf. supra, à propos de la précédente illustration.

[15] Lancée le 19 septembre 1988, par la Générale d'images.

[16] Lancée le 1er novembre 2002 par l'éditeur Multithématiques et France Télévision.

[17] Qui n'a duré, il est vrai, que de janvier 1993 à août 1994.

[18] Lancée le 9 décembre 2002.

[19] Créée en octobre 2011.

« astronomique ». À titre d'exemples : « Les conquérants de la planète Terre », (15 août 1993) ; « Le télescope spatial Hubble observe ce qui pourrait être de la planète en formation » (20 décembre 1992), ou encore : « Découverte d'une planète à quatre soleils » (16 octobre 2012). Dans ces acceptions, s'il est question de la Terre, cela est précisé, sinon dans le titre, du moins dans le chapeau de l'article ou inversement. Ainsi le titre « L'espace proche de la Terre est une poubelle de débris » (23 novembre 2002) ouvre sur : « 45 ans d'activités spatiales ont ceinturé la planète de millions d'objets,… » ; tandis que « La Terre en danger » (7 juin 2002) est suivi de : « … les choix politiques…seront déterminants pour l'avenir de la planète. » Il est frappant de constater que cette acception première du mot est minoritaire puisqu'elle n'apparaît que dans 4 occurrences sur 39 en 2012, 20 sur 136 en 2011, 4 sur 154 en 1994, et 7 sur 44 en 1992.

- Le deuxième cas concerne l'emploi de l'adjectif « planétaire » (« Les dangers de l'égoïsme planétaire », 17 novembre 1992), de manière assez marginale, puisque jamais en 2012, 13 fois en 2002, 6 fois en 1992...

- Le troisième cas présente le substantif « planète » mais dans une signification qui est précisée à l'aide d'un adjectif épithète ou possessif, d'un complément de nom ou d'un article indéfini. Souvent, cette détermination vise à alimenter une métaphore. Citons : « la planète financière » (en sous-titres d'articles consacrés à la Bourse) ; « La manifestation du 16 janvier pour la défense de l'école publique. La réaction dans des établissements catholiques bretons : On vit sur une autre planète » (18 janvier 1994). Mais il faut souligner que cette catégorie comprend également les cas où le mot retrouve son sens propre grâce à un qualificatif ou à une apposition comme dans l'*incipit* : « Le premier Sommet planète Terre… » (24 mai 1992) ou grâce au possessif, comme dans « Lancement de l'opération "1000 défis pour ma planète" » (7 octobre 1993) » ou encore dans « Au large du Costa Rica, une mission… va forer l'écorce…, témoins de l'histoire géologique de notre planète… », (en sous-titre de « Voyage vers le manteau de la Terre, dans la croûte océanique du Pacifique », 16 avril 2011). Le possessif sert à exprimer un sentiment d'appartenance à la planète Terre autant que d'appropriation. À l'encontre de la tradition juridique latine qui associe à la propriété le droit de détruire (*abusus*), le possessif constitue ici un appel à la protection et à la retenue dans l'usage de ce bien unique : « nous n'avons qu'une planète ».

Quant aux utilisations comme synecdoque du signifiant « planète », lesquelles visent, avec l'article défini et singulier, à désigner implicitement la seule planète Terre, il convient d'en relativiser l'importance en mettant à part la chronique de télévision consacrée à la chaîne « Planète », qui en gonfle artificiellement le chiffre, spécialement en 1993 et 1994. Les autres utilisations peuvent concerner la thématique environnementale, avec une part significative mais non exclusive réservée aux commentaires des sommets de Rio (1992), Johannesburg (2002) et Durban (2012). Par exemple : « La Fête de la planète à Paris… » (9 juin 1992) ; « Supplément : La conférence de Rio sur l'environnement. La planète en majesté » (2 juin 1992). Ajoutons, pour les années plus récentes : « Soutenir la planète » (3 septembre 2002), « Nourrir la planète : le pari des "agro-écosystèmes" » (24 août 2011), enfin : « Novembre est le 333e mois consécutif de surchauffe de la planète » (21 décembre 2012).

La fréquence de cette dernière utilisation en tant que synecdoque passe de 19 cas sur 44 en 1992 à 14 sur 154 en 1994 et à 50 sur 136 en 2011. Sa part explose en 2012 avec 24 occurrences sur un total de 39. Il est vrai que 2012 marque un anniversaire célébré en tant que tel, comme l'illustre le titre suivant : « À la veille de Rio+20, nouveau cri d'alarme sur l'état de la planète » (6 juin 2012). Ceci explique peut-être cela.

Ce qui rend l'étude de cette synecdoque particulièrement digne d'intérêt, c'est que son usage répété a de quoi étonner par son caractère *a priori* paradoxal : le contexte de son emploi fait toujours référence à une volonté de protection écologique de la Terre, alors même que la forme de l'élocution de cette volonté, à travers l'usage du nom commun « planète » en lieu et place du nom propre « Terre », exerce un effet de banalisation de cette même planète. Cette manie verbale serait-elle un lapsus, qui révélerait derrière les discours alarmistes une véritable indifférence au sort de la Terre ?

Avant de conclure de manière si hâtive, il est certainement nécessaire d'aller plus loin dans le travail d'interprétation de ce trope.

En effet, l'antonomase n'est pas toujours synonyme de banalisation, comme l'atteste le contre-exemple du « journal » de province, jamais nommé par son titre propre, en raison même de l'attachement qu'on lui voue jusqu'à l'exclusivité.

Mon hypothèse d'interprétation est que le message ici délivré serait un message d'humilité, à l'opposé de l'orgueil prométhéen qui est censé avoir mis cette planète en danger. Une conception radicale de l'écologie[20] « met la nature et non l'homme au centre et n'accorde aucune priorité à l'humain

[20] Représentée par exemple par Arne Naess (1912-2009).

dans la défense des droits des espèces vivantes »[21]. Par analogie, il en découle que la Terre, patrie de l'Humanité, n'est qu'une planète parmi d'autres. Présentée de loin, comme à travers un télescope, perdue parmi la multitude des étoiles, la « planète » fait peur, – on s'y sent à l'étroit – là où la « Terre » rassure. Or, il ne s'agit surtout pas de rassurer, mais au contraire de surprendre, d'attirer l'attention de tous, car le danger est imminent.

L'histoire même de cette représentation peut venir à l'appui de mon interprétation. En effet, il est – cas suffisamment rare pour être signalé – possible de dater son origine à l'année 1992. Cette année-là, à la conférence de Rio, est ainsi défini le concept d' « empreinte écologique ».

> « L'empreinte écologique est la surface correspondante de terre productive et d'éco-systèmes aquatiques nécessaires pour la production des ressources utilisées et l'assimilation des déchets produits par une population définie à un niveau de vie spécifié, là où cette terre se trouve sur la planète » (M. Wackernagel, 1992).

La notion fut approfondie (Wackernagel, Rees, 1995, 1999) et popularisée par un certain nombre d'ONG, parmi lesquelles, outre le WWF (*World wide fund for nature*), figure en bonne place le réseau *Global Footprint Network*, lequel publie chaque année depuis 2003 un *Atlas de l'empreinte écologique*. Des formules à succès y font leur apparition, qui ne tarderont pas à devenir de véritables slogans :

> « Un Français a besoin de 4,6 hag[22] pour maintenir son niveau de vie. Si tout le monde consommait autant qu'un Français, il faudrait disposer de 2,5 planètes. Un Américain (sic) a environ besoin du double d'un Européen pour maintenir son niveau de vie (9 hag). Si tout le monde consommait comme un Américain, il faudrait disposer de 5 planètes » (*Global Footprint Network*, 2009).

Par le biais de ces analyses, la Terre, que l'on croyait jusqu'alors immense, se trouve ravalée au rang d'un point dans l'espace, que l'on peut multiplier par 1, 2 ou 3, une simple unité de mesure de la consommation énergétique. Il est temps de prendre soin de cette « planète », qui est fragile, petite, comparable à beaucoup d'autres, susceptible de disparaître comme bien des étoiles, et ce par opposition à l'unique et orgueilleuse Terre.

À l'inverse de la norme marxiste, il semble que le mécanisme de l'hégémonie fonctionne ici à l'envers ! En effet, tandis que, selon cette

---

[21] Cf. *Les grands dossiers de sciences humaines*, n° 19 « les pensées vertes », p. 28 : « Les sept familles de l'écologie » et p. 21 : « la longue marche de l'écologie » (Christophe Rymarski), sur la conception « impérialiste » de l'écologie, définie par l'historien Donald Worster comme considérant l'homme « comme un être mauvais et destructeur ».

[22] Hectares globaux.

norme, les représentations idéologiques expriment un point de vue particulier tout en prétendant à l'universalité, dans ce dernier cas c'est l'intérêt objectif exprimé qui relève de l'universalité (il est de l'intérêt de tous les habitants de la « planète » que sa fragilité en soit reconnue et prise en charge), tandis que l'on peut s'interroger sur la portée de la diffusion du message, et se demander si la prise de conscience qu'il vise ne demeure pas cantonnée aux groupes sociaux les plus avertis et les plus instruits, et aux territoires les plus développés.

Une autre réponse est certes possible à la question de l'hégémonie de cette représentation. Elle serait fournie à l'aide de la notion d' « ingérence écologique » (Rossi, 2000), dont s'inspire par exemple une Sylvie Brunel (2011) lorsqu'elle dénonce la « mise en réserve de 14 % des terres arables africaines » sous forme de parcs naturels, au détriment, selon elle, de l'agriculture locale. Par le passé, le slogan « La Terre est à tous » a pu être utilisé pour justifier l'appropriation de ses ressources par la partie la plus développée de l'Humanité. En bref, la défense de la planète au nom de tous ses habitants pourrait cacher, selon cette interprétation, un véritable mécanisme d'hégémonie du « Nord » développé, qui imposerait encore aujourd'hui, sinon ses intérêts, du moins ses préoccupations, au « Sud » en voie de développement. Aujourd'hui, la planète à laquelle on proclame haut et fort son attachement reste si profondément divisée entre territoires riches et pauvres, entre pays émergents et pays anciennement industrialisés, entre ceux qui subissent les menaces et ceux qui en parlent, qu'elle demeure une abstraction commode. C'est peut-être là la véritable clef du succès de cette représentation.

Entre la négation d'une identité territoriale, entre l'affirmation-reconnaissance d'une domination continentale et, enfin l'expression de l'attachement à un territoire planétaire, il semble *a priori* n'exister aucun point commun. Certaines de ces représentations paraissent universellement partagées (l'Amérique) tandis que d'autres représentent le regard d'une portion de la « planète », le « Nord » sur une autre, le « Sud » (les îles, voire la « planète »). Certaines connaissent un ancrage d'autant plus solidement établi qu'il est ancien (l'Amérique encore), alors que d'autres (la planète) relèvent d'une histoire récente.

Au final, le mécanisme de l'hégémonie demeure le seul véritable fil conducteur entre ces représentations. Il resterait bien entendu à affiner cette recherche, afin de vérifier ce qui demeure ici un jeu d'hypothèses par un élargissement des illustrations à une plus grande diversité de médias, par un essai de quantification et par une recherche de corrélation entre types d'acteurs et types d'usage de ces trois illustrations de la rhétorique ou « art de l'éloquence ».

BIBLIOGRAPHIE

BADIE Bertrand, *Culture et politique*, Paris, Économica, 1983.

BAILLY Antoine, BEGUIN Hubert, *Introduction à la géographie humaine*, Paris, Armand Colin, 1982, 2001.

BARTHES Roland, 1957, *Mythologies*, Paris, Le Seuil, coll. Pierres vives.

BRUNEL Sylvie, 2011, « L'Afrique est-elle bien partie ? », *Sciences humaines*, n° 225, p. 28-33.

COURLET Claude, JUDET Pierre, 1986, « Industrialisation et développement : la crise des paradigmes », *Tiers-Monde*, n° 107.

DUPRIEZ Bernard, 1984, *Gradus, les procédés littéraires* [dictionnaire], Paris, Union générale d'éditions.

FONTANIER Pierre, 1968, *Les figures du discours*, Paris, Flammarion.

GEERTZ Clifford, 1973, *The interpretation of cultures*, New York, Basic Books, p. 5.

GLOBAL FOOTPRINT NETWORK, *Ecological footprint*, Atlas 2009.

« Les pensées vertes », 2010, *Sciences humaines*, Les grands dossiers n° 19, p. 28-29.

ROSSI Georges, 2000, *L'ingérence écologique. Environnement et développement rural du Nord au Sud*, CNRS éditions.

RYMARSKI Christophe, 2010, « La longue marche de l'écologie », *Sciences humaines*, Les grands dossiers n° 19, p. 21-25.

TYLOR Edward B., 1871, *La civilisation primitive* (trad. française), Reinwald, Paris, 1876-1878.

WACKERNAGEL Mathis, 1992, *Ecological footprints and appropriated carrying capacity : what urban economics leaves out* [Empreinte écologique et capacité de charge appropriée : ce que la science économique urbaine laisse de côté], Université British Columbia de Vancouver, communication à la *Conférence de Rio*.

WACKERNAGEL Mathis, REES William, TESTEMALE Phil, 1995, *Our ecological footprint: reducing human impact on the Earth*, New Society Publishers, coll. The new catalyst, Bioregional series.

WACKERNAGEL Mathis, REES William, 1999, *Notre empreinte écologique*, Les éditions Écosociété, Montréal.

PRATIQUES MUSICALES, REPRÉSENTATIONS ET TRANSTERRITORIALITÉS EN RÉSEAU ENTRE L'ARGENTINE, LE BRÉSIL ET L'URUGUAY

Musical practices, network representations, and transterriorialities between Argentina, Brazil, and Uruguay

Praticas musicais, representações e transterritorialidades em rede entre Argentina, Brasil e Uruguai

Lucas Manassi PANITZ[1]
Université Fédérale du Rio Grande do Sul, Brésil
Laboratoire Espace, Nature et Cultures (ENeC)

Résumé : Cet article propose une analyse géographique d'un territoire musical fonctionnant en réseau entre l'Argentine, le Brésil et l'Uruguay. La recherche multi-située tient compte des flux de production culturelle ainsi que des représentations et des pratiques musicales qu'ils génèrent. Un axe musical majeur constitué par les villes de Porto Alegre, Pelotas, Montevideo et Buenos Aires apparaît. Nous prenons le parti de le nommer « musique platine » (musique du Rio de Plata), genre musical contemporain, transfrontalier et métis, prenant ses références à la fois dans le folklore, la folk music et la pop music. Ces réseaux de scènes musicales et de musiciens consacrés à la musique platine font entendre un appel à l'intégration régionale qui se matérialise à travers des concerts, des productions musicales et des politiques culturelles spécifiques. Ces réseaux nous amènent à réfléchir sur les nouveaux arrangements, économiques, politiques et géopolitiques que la culture engendre dans un moment d'intégration régionale de ces pays par le Mercosud.

mots-clés : géographie de la musique, transterritorialité, espace platine, Mercosud, réseau musical

Abstract: *From the standpoint of geography, we propose the discussion of a network of music production involving Argentina, Brazil, and Uruguay. We mobilize a multi-sited ethnography research design in order to describe and analyze the flow of music production and representations as well as the context of musical practices connecting cities such as Porto Alegre, Pelotas, Montevidéu, and Buenos Aires. This paper, in sum, describes the network of « platina music », a contemporary musical genre which crosses national borders and combines syncretic elements of folklore, folk, and pop music. From the vantage point of this network, one can observe a call for regional integration through music, which is organized around performances and specific cultural productions. This network offers a case for renewed reflection*

[1] Courriel : lucaspanitz@gmail.com

upon economic, political, and geopolitical integration in face of economic policies carried out by Mercosur.

Keywords: *music geography, transterritoriality, platino space, Mercosul, musical networks*

Resumen : Nos propomos a discutir a partir da mirada da Geografia uma rede musical estabelecida entre Argentina, Brasil e Uruguai. Optamos por um desenho de pesquisa multi-situado para dar conta do fluxo da produção cultural, suas representações e práticas musicais, o que nos permitiu visualizar um eixo principal composto por Porto Alegre, Pelotas, Montevidéu e Buenos Aires. Falamos, portanto, em uma rede da "música platina", gênero musical contemporâneo, transfronteiriço e mestiço de referências do folclore, do folk e do pop. Nesta rede se percebe um apelo para a integração regional através da música, viabilizado por shows, produções e políticas culturais específicas. Esta rede nos traz reflexões sobre os novos arranjos econômicos, políticos e geopolíticos que a cultura engendra em um momento de integração regional destes países através do Mercosul.

Palavras-chave : geografia da música, transterritorialidade, espaço platino, Mercosul, rede musical

La réflexion sur les relations entre la musique et l'espace géographique, bien qu'elle ne soit pas nouvelle, a acquis de l'importance dans les dernières années avec la rénovation de la géographie culturelle et sociale, à travers des auteurs comme Kong (1995, 1997), Leyshon *et al.* (1998), Lévy (1999), Raibaud (2005, 2011), Guiu (2007), entre autres. Il s'agit de voir dans la musique, créatrice de spatialités et de territorialités, une spécialité géographique, C'est dans cette optique que nous présentons un groupe de musiciens, ses pratiques et ses représentations dans l'espace de la Plata, entendu comme une coupe où se superposent des unités géographiques, politiques et culturelles, incluant l'Argentine, le Brésil et l'Uruguay (figure 1). S'en suit la réalisation commune de ces musiciens, leurs propositions esthétiques, leurs chansons, leurs articulations en réseau et leur réceptivité dans les politiques culturelles d'intégration régionale – à partir d'une approche géographique. Du point de vue théorico-méthodologique, nous avons opté pour la construction d'un travail de terrain multi situé, rendant compte d'un ensemble de lieux, d'événements et de représentations qui constituent un réseau de musiciens et sa territorialité. Du point de vue analytique, nous nous sommes aperçus que les représentations sociales de l'espace des acteurs coïncident avec la production d'un courant esthétique musical ancré dans la région et dans le paysage. Elles font apparaître une territorialité musicale spécifique, en réseau, qui réutilise des éléments régionaux (folkloriques) et d'autres éléments populaires tels que la culture *pop*. La compréhension de cette territorialité, précisément parce qu'elle fonctionne en réseau, sera mieux comprise si l'on suit des acteurs et des actants de formes multi situées, et si l'on accompagne *in loco* les artistes, leurs événements et la production de leurs représentations.

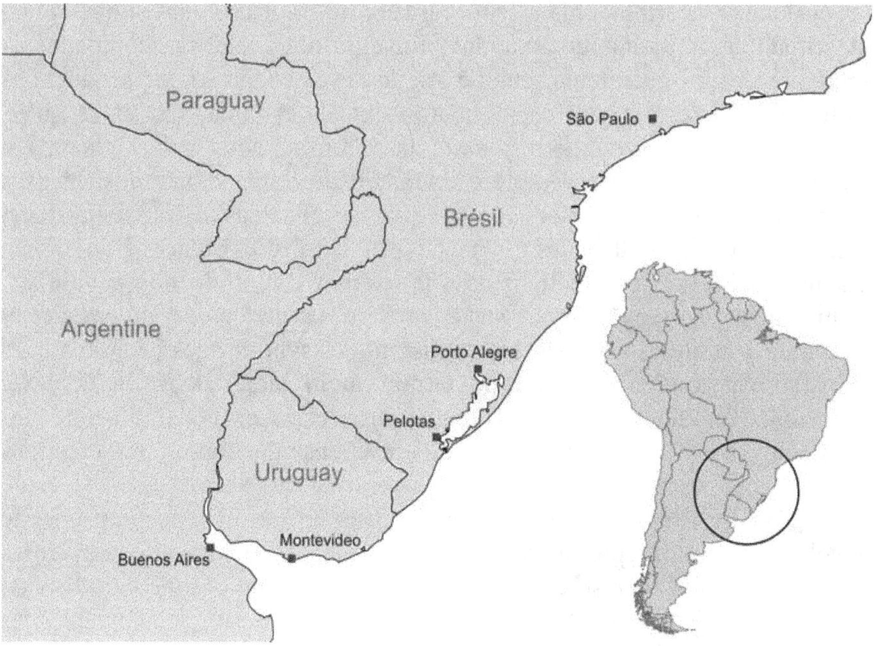

Figure 1 – Les frontières entre l'Argentine, le Brésil et l'Uruguay et leurs principales villes

UNE APPROCHE MULTI SITUÉE POUR LA GÉOGRAPHIE

Un groupe important de musiciens et d'acteurs culturels s'organise en réseau à partir de villes comme Buenos Aires (Argentine), Porto Alegre (Brésil) et Montevideo (Uruguay). Ils produisent des concerts, enregistrent des disques, créent de petits festivals, en s'insérant dans des politiques culturelles d'intégration régionale de l'Amérique du Sud au point que certains d'entre eux débattent publiquement sur les relations entre le paysage, la culture et la musique. Qu'ont-ils en communs ? Tout d'abord, une réutilisation de la culture régionale, populaire et folklorique, au sein de la musique *pop*, contemporaine, globalisée, avec une forte tendance à représenter une mosaïque de paysages ruraux, urbains et du littoral dans la région de la Pampa. Nous avons identifié au long de ses six dernières années de recherche, la production d'une nouvelle territorialité musicale en réseau dans cet espace en suivant les acteurs là où ils se trouvaient et en cherchant à comprendre, à travers un ensemble d'événements et de représentations, comment un tel réseau était produit. La *multisited ethnography* de Marcus (1995, 2005), ainsi que la proposition de suivre les acteurs et les actants comme le propose Lussault en se référant à Latour (Lussault 2007), sont fondamentales pour faire un travail de terrain géographique à travers trois axes imbriqués les uns aux autres. Nous sommes partis des acteurs sociaux, principalement les musiciens mais aussi les producteurs et gestionnaires de la musique, en cartographiant leurs réseaux de production artistiques et en identifiant leurs opérateurs spatiaux. Ensuite, nous avons accompagné la spatialité de ces opérateurs, établie par les événements et les productions culturelles d'une part, par les discours (textuels et musicaux) et ce qu'ils véhiculent de représentations d'autre part. Enfin, nous avons cherché à identifier comment cet ensemble d'acteurs et d'actants se manifestent dans les parcours qui mènent à ces réseaux. Par où ont transité les musiciens et leurs productions culturelles ? Chacun des lieux d'existence d'un réseau assume-t-il les mêmes fonctions dans la relation à la production culturelle ? Comment se réalisent les processus créatifs qui visent à passer du paysage et du climat à la question musicale, établissant des synesthésies géographiques dans la chanson ? Le travail de terrain multi situé, dans un contexte transfrontalier nous aide à comprendre comment s'établissent les rapprochements et les tensions, les négociations identitaires, les créations artistiques et les formes distinctes d'intégration des acteurs sociaux et de leurs produits culturels. Il est important dans ce travail d'accompagner le développement des représent(actions) dans l'espace, pour ensuite pouvoir les intégrer dans une analyse cohérente reflétant le rôle de chaque lieu dans un réseau donné. Tracer les lignes et les nœuds d'un réseau, accompagner les représentations et les événements là où ils surviennent, construire un *corpus* de données de différentes sources, ces opérations rendent possible une lecture totalisante (mais non totale) des spatialités impliquées dans un type spécifique de fabrication musicale. Notre position de géographe, musicien, spectateur et chercheur nous a permis d'accompagner dans diverses positions sociales, un ensemble d'artistes, en interagissant avec eux, mais surtout en apprenant *in loco* les espaces intersubjectifs produit par le résultat d'une musique transterritoriale entre le monde américain hispanophone et lusophone.

PRÉSENTATION DE LA RÉGION DE LA PLATA ET DE LA PAMPA

La région de la Plata s'entend comme une rencontre, autour du fleuve rio de la Plata, d'une matrice hispanophone, et d'une matrice lusophone/ brésilienne. Les deux ont laissé des marques culturelles dans une région qui inclut les provinces argentines limitrophes avec les départements uruguayens et l'État du Rio Grande do Sul au Brésil, chevauchement de paysages que l'on s'est accordé à appeler la Pampa. C'est dans les principales capitales et dans quelques villes importantes de la région de la Plata que s'est formé un réseau musical autour d'esthétiques partagées dont la production culturelle nous a conduit à poser l'hypothèse d'une transterritorialité musicale.

La relation entre le sud du Brésil, l'Uruguay et les provinces limitrophes de l'Argentine, est aussi ancienne que la formation de la région coloniale de la Plata qui inclut ces pays (Gutfreind & Reichel, 1996), basée sur la production agropastorale. L'institution tardive des frontières, à la fin du XIXe siècle, a garanti presque quatre siècles de contiguïté territoriale et d'échanges culturels dans la région qui, même avec le travail des historiographes nationalistes du XXe siècle, se sont maintenus. D'autres unités géographiques de différentes natures sont utilisées comme analogie, même si aucune d'entre elles ne coïncide exactement avec ses contours : le Bassin du Rio de la Plata, le Conesul, le Mercosul et la Pampa. Mais plus que la préoccupation de ses limites exactes, nous traitons ici de la région de la Plata comme d'un contexte culturel, historique, politique, paysager, dans lequel s'intègrent des villes importantes, comme Porto Alegre, Pelotas, Montevideo, Buenos Aires, entre autres.

La dénomination de la Pampa vient du mot d'origine quechua, nommant « les plaines de végétation basse qui existent dans le Rio Grande do Sul et dans les pays de la Plata, et qui sont associées à l'apparition de pâturages qui se nomment aussi savanes, steppes ou simplement champs (ce qui est le terme le plus adéquat) » (Fontoura, 2008, p. 1). Pampa, en quechua, langue aborigène de l'Amérique du Sud, signifie « région plate ». Néanmoins, Pampa n'est pas une dénomination exclusivement naturelle. Ce n'est pas seulement un paysage dans lequel apparaît une condition phytogéographique et physiogéographique particulières. Cette unité de paysage a été, et est toujours l'horizon de vie des populations qui y ont reproduit leur histoire, depuis les Amérindiens jusqu'aux sociétés contemporaines. Dans ce sens, c'est sur ce paysage que se sont développées une culture particulière et ses représentations, avec un accent mis sur la miscégénation des colonies portugaises et espagnoles, de la présence africaine, des Amérindiens (presque totalement décimés) et plus tard d'autres sociétés européennes comme la société italienne, polonaise et allemande. Ce paysage est identifié par certains chercheurs comme une région. Dorfman (2009), dans son travail sur la contrebande à la frontière Brésil-Uruguay, nous rappelle le travail du critique littéraire Angél Rama et sa notion de « région littéraire de la Pampa », en identifiant un panel de thèmes spécifiques à la construction identitaire dans la Région. Nous pensons que c'est dans cette relation idéal-matériel que la Pampa surgit comme un paysage-miroir de la région de la Plata. Curieusement, en termes géomorphologiques, aucune des principales villes dont il est ici question ne se trouve dans la Pampa : elles sont situées dans la plaine côtière. Il faut avoir à l'esprit que la production culturelle et artistique comme les représentations de la campagne de la région sont principalement issues des grands centres urbains. Il en va de même avec la plaine côtière, voisine de la Pampa.

Des rythmes comme la milonga, le chamamé, la chimarrita, le tango, entre autres ont été partagés depuis longtemps aussi bien par des groupes folkloriques que par des musiciens populaires qui en actualisent la lecture. Les recherches musicologiques de Vega (1944) et d'Ayestarán (1967), attestent d'un contexte historique et culturel de perméabilité des frontières pour expliquer l'éparpillement des formes musicales. Trois moments significatifs montrent une influence claire de la Plata au sud du Brésil dans les cent dernières années. En 1914, est gravé à Porto Alegre le premier tango argentin : *El Chamuyo* de Francisco Camaro (Santos, 2011). Dans les années 1950, Porto Alegre abritait plus de trente maisons spécialisées dans le tango, et il existe encore aujourd'hui un festival de tango annuel ainsi que plusieurs groupes dans la ville. Le festival d'hiver, « Porto Alegre en Scène » et « Buenos Aires à Porto Alegre » sont trois événements, qui, depuis de nombreuses années concentrent une partie de la circulation d'artistes argentins et uruguayens de renom dans la ville, en lien avec le réseau musical que nous abordons dans ce texte. L'échange se passe aussi en sens inverse, même s'il est de moindre intensité, à travers les festivals de Porto Alegre à Buenos Aires et de Porto Alegre à Montevideo.

LA MUSIQUE QUI GÉOGRAPHISE : ESTHÉTIQUE MUSICALE DANS LA RÉGION DE LA PLATA

Vitor Ramil, compositeur et écrivain brésilien, publie l'essai *L'esthétique du froid* (Ramil, 1993, 2004), titre homonyme de sa conférence à Genève pour l'événement *Porto Alegre, un autre Brésil*, qui a réuni des artistes, des producteurs culturels et intellectuels de la capitale la plus méridionale du pays. Dans cet essai, Ramil propose – en partant de sa propre création musicale – une conception rénovée de la musique brésilienne, vue à partir du sud du pays. À l'inverse du traditionalisme du Rio Grande do Sul, l'artiste cherche à réutiliser la musique populaire (déjà folklorisée) du sud – surtout la milonga – dans l'optique de la chanson populaire brésilienne.

À l'époque où il habitait à Rio de Janeiro, Vitor Ramil raconte qu'il suivait, au mois de juin, les informations nationales montrant des images d'un carnaval hors saison dans certaines villes du nord-est brésilien. Dans le même temps, les images de l'hiver du sud (l'hiver le plus rigoureux est dans les États de la région sud – Rio Grande do Sul, Santa Catarina, Paraná) montraient le givre et les températures négatives, présentées sur un ton d'anormalité, comme si elles étaient décollées de la réalité brésilienne ou comme si elles venaient d'un autre pays. Vitor Ramil en a donc conclu que si la représentation du Brésil tropical permettait d'appréhender une bonne partie de la brésilianité, le froid symbolisait, d'une certaine manière, le sud, principalement le Rio Grande do Sul, ce qu'il exprime dans une métaphore-définition :

> [...] en présentant les images du froid, transmises comme quelque chose de véritablement étrange par rapport à ce contexte tropical (attention : le journal télévisé était transmis dans le pays entier) une évidence s'impose comme une certitude significative : le froid est un grand facteur de différence entre nous et les « Brésiliens ». (Ramil, 2004, p. 13).

Cependant, l'évidente différence régionale (selon laquelle le froid était autant une réalité climatique qu'une métaphore pour faire référence à l'éloignement de la représentation culturelle du Brésil à partir du centre du pays) n'exclut pas la contribution du sud à la culture brésilienne. L'auteur affirme :

> Nous avons besoin d'une esthétique du froid, ai-je pensé. Il y avait une esthétique qui semblait vraiment unifier les Brésiliens, une esthétique à laquelle nous, venant de l'extrême sud, avons contribué au minimum ; il y avait une idée courante de la brésilianité qui disait peu de chose, et jamais notre fondamental à nous. Nous nous sentions plus différents dans un pays fait de différences. Mais comment étions-nous ? (Ramil, 2004, p. 14).

Ramil cherche dans le froid un facteur de différenciation capable de représenter une autre matrice esthétique dans la chanson populaire brésilienne. Mais pas seulement dans le froid : dans le paysage aussi. En réfléchissant sur la teneur de cette esthétique, des images froides lui sont apparues : le gaúcho[2] buvant son maté[3], admirant l'immensité de la Pampa dans un cadre hivernal, le vert des champs qui contraste avec le bleu du ciel, peu d'éléments formant le paysage. Des mots comme rigueur, précision, concision, etc. lui sont venus à l'esprit. Tous sont liés à un cadre propre, constitué de peu d'éléments, mais chacun d'entre eux étant significatif. Dans le documentaire « La ligne froide de l'horizon » (Coelho, 2013)[4], Ramil explique comment sa réflexion passe du climat au paysage :

> Déjà, en pensant à l'idée de froid comme quelque chose de symbolique, qui nous représente, je suis parti en pensant aux valeurs du froid ? Comment serait une esthétique de cet endroit ? Et la première image qui m'est venue a été une image de plaine, cette scène m'est venue immédiatement [montrant le paysage derrière lui].

---

[2] Gaúcho (en portugais) ou gaucho (en espagnol) fait référence à un type culturel issu du mode de vie agropastoral développé dans la région de la Plata et le sud du Brésil, qui est synonyme de gardiens de troupeaux. Le gaúcho est aussi utilisé comme petit nom des habitants du Rio Grande do Sul, au Brésil.

[3] Boisson d'origine indigène, faite d'herbes maté moulu (ilex paraguaensis) et bue dans des calebasses.

[4] Argument qui s'appuie sur Panitz (2011).

Cependant, le froid se présente ici comme une métaphore :

> Nous allons penser le froid juste comme un emblème des quatre saisons. Ce qui nous marque, c'est ce climat tempéré (idem).

En partant de ce paysage froid et minimaliste, Ramil réalise une série de filtres synesthésiques qui seront transposés vers la composition musicale :

> « La milonga en ton mineur » [la tonalité mineur représentant le froid], réfléchie, dense, profonde et mélancolique [faisant allusion à l'immensité de l'horizon et aux espaces non peuplés de la région Pampa] ; rigoureuse dans sa cadence, son jeu, son phrasé ; subtile dans son mouvement mélodique sinueux [la caractéristique « suavement ondulée » de la topographie de la Pampa], orientale [évoquant, d'une part l'origine noire arabe de la milonga et d'autre part sa relation avec les *cantes de ida-y-vuelta* ibériques] (Ramil, 1993, p. 268).

À partir de cette conception, Ramil établit des caractéristiques pour sa création :

> Le rythme brésilien, noir, dansant, traité avec une certaine dureté (la rigueur du tango) et une courtoisie planifiées. Le rythme comme un raisonnement minutieux. [...] Le rythme apportant de la légèreté. Propreté. Une analogie ? Montagnes et collines de Rio placées judicieusement de-ci de-là, dans l'immensité lisse de la Pampa (idem).

Ce sera seulement en 1997, avec le lancement du disque « Ramilonga – *L'esthétique du froid* » que Ramil appliquera les propositions de son essai avec l'attention qui leur est due. Bien reçu par le public et les compositeurs du Brésil, de l'Argentine et de l'Uruguay, le disque a essuyé néanmoins de nombreuses critiques de la part de musiciens traditionalistes qui défendaient le « *purisme* » de la milonga et de la musique *gaúcha*.

Dans les vers de « Milonga dans sept villes », sorte de manifeste esthétique du disque, Ramil explicite la relation entre le froid, la Pampa et la milonga, et construit une série de filtres par lesquels la chanson commence à incorporer musicalement sa proposition esthétique.

> J'ai fait la milonga dans sept villes / Rigueur, Profondeur, Clarté /À concision, Pureté, Légèreté et Mélancolie / Milonga est faite détachée du temps / Jamais milonga n'est détachée de l'espace / Sept villes froides sont ses résidences / À Clarté / La Pampa infinie et exacte m'a fait avancer / À Rigueur je me suis rendu /Aux chemins les plus subtils/ À profondité/ Mon âme j'ai rencontré/ Je me suis vu en moi [...] La voix d'un milonguiste ne meurt pas / Ne s'en va pas dans le nuage qui passe / Sept villes froides sont ses résidences / Concision à de petites cours où l'univers j'ai vu / À Pureté je suis allé rêver / À Légèreté le ciel s'est ouvert / À Mélancolie mon âme m'a souri / Et je me suis vu heureux (Ramil, 1997).

Dans cette chanson, le compositeur présente sous la forme de villes froides les marques de sa composition : Rigueur, Profondeur, Clarté, Concision, Pureté, Légèreté et Mélancolie. Le chemin parcouru à travers les villes conduit Ramil à se trouver et à définir ces filtres esthétiques (et bien sûr métaphoriques, car ils existent seulement musicalement en tant qu'analogies) comme le chemin de son œuvre. Pour lui, la milonga est détachée du temps, car elle suit la tradition des milonguistes et pajadores[5], mais elle n'est jamais détachée de l'espace. L'espace, la résidence, de la milonga sont les sept villes froides, qui sont ancrées dans la Pampa – infinie et exacte.

De son côté, Jorge Drexler, compositeur uruguayen habitant à Madrid, prolonge sa carrière musicale dans l'interface de la musique pop et des rythmes populaires uruguayens, comme la milonga, le candombe, entre autres. À l'époque où il rencontre Ramil, Drexler lance le disque Frontera, dans lequel la question de la frontière entre l'Argentine, le Brésil et l'Uruguay était déjà problématisée :

> Yo no sé donde estoy, mi casa está en la frontera / Y las fronteras si mueben como las banderas [...] Soy hijo de un forastero y de una estrella del alba / Y si hay amor, me dijeron, toda distancia se salva (Drexler, 1999).

La quatrième de couverture du disque situe son pays comme un centre du bassin du Rio de la Plata, irradiant des lignes pour une certaine zone d'influence frontalière vers les pays voisins (figure 2). Un peu plus tard, inspirés par l'Esthétique du froid, Jorge Drexler et son frère Daniel, également compositeur, créent le terme « templadisme », faisant allusion au Tropicalisme brésilien – mouvement musical apparu dans les années 1960 et qui trouve en Gilberto Gil et en Caetono Veloso ses figures les plus connues. Selon Daniel,

> El Templadismo forma una especie de corriente musical del sur latinoamericano, que se caracteriza por el no exceso, donde reinan colores, sonidos y climas calmos (Hoy, 2007).

Daniel Drexler explique aussi que la dénomination templadisme est apparue à partir de conversations avec son frère Jorge, sur l'Esthétique du froid, le tropicalisme et le Manifeste Anthropophage (fondateur du mouvement moderniste brésilien). Il lui est alors venu l'idée de théoriser un tropicalisme des Pampas, des régions tempérées :

> Si tuviera que definir el Templadismo en pocas palabras, te diría que es una especie de marco teórico para la creación (en mi caso de canciones) desde la cuenca del Río de la Plata (idem).

[5] Espèce de troubadour de la région de la Plata qui déclame des vers improvisés au son de la guitare.

Figure 2 – Le disque Frontera, situant l'Uruguay et sa « zone d'influence »

Pour Jorge Drexler,

> Le templadisme est l'association d'un climat intermédiaire, sans pour autant être un climat froid, c'est un climat tempéré, avec un paysage auquel il manque de grands accidents géographiques. Un paysage avec une vision vaste de l'horizon, doucement ondulée (Coelho, 2013).

La milonga est aussi choisie comme synthèse de cette proposition :

> La milonga va d'un côté à l'autre, tout comme le maté. De fait, ils coïncident très bien avec le territoire. Moi et Vitor [Ramil] parlions en plaisantant sur l'Ilexândia, le territoire de l'Ilex Paraguensis, qui est le nom scientifique du maté (idem).

Le compositeur argentin Kevin Johansen, partenaire des frères Drexler, parle quant à lui, de subtropicalisme et corrobore la proposition du templadisme et de l'esthétique du froid. Le compositeur dit que :

> del Sur del Rio Grande do Sul, somos más tangueros, más melancolicos. [...] Tambien suelo decir que somos 'Subtropicalistas', primero por el clima, que marca a todas las culturas y segundo porque [...] nuestros padres artisticos son los Tropicalistas. [...] Eso es ser del Plata para mi (Entretien de 2008).

Des artistes comme Ana Prada, défendent le caractère historique de la miscégénation d'ethnies et, par conséquent, de rythmes. Kevin affirme que

> El contacto con el Atlantico, la mezcla del indio con el europeo y, aqui al sur, la resonancia del africano, que dejó su huella, su sonido.

Ana Prada raconte qu'une caractéristique importante de la culture de la Plata s'exprime par la diversité :

> En esa variedad conviven la melancolía y el ritmo, el desarraigo y el nacionalismo, la intolerancia y los intolerados, el frío y el calor, los grises y el colorido.

Un autre compositeur brésilien, Richard Serraria, réalise une lecture dialogique de Ramil et propose une *Esthétique de la chaleur humide*, réaffirmant la « chaleur » des tambours dans la musique populaire du sud du Brésil et l'origine noire du tango et de la milonga. Dans un album récent *Pampa nouveau schéma* (figure 3), Serraria (2011) réalise une traversée intégrant des rythmes, des compositeurs et des instrumentistes des trois pays autours des représentations de la Pampa, en se centrant sur la contribution afro-plata à la musique. Le disque a été enregistré dans les villes de Pelotas, Porto Alegre, Montevideo et Buenos Aires. Le nom de l'album fait allusion à « Samba nouveau schéma » de Jorge Ben, de 1963. En faisant référence à un album fondateur de la musique brésilienne, Serraria annonce que Pampa Nouveau Schéma veut être une nouvelle marque de la musique faite dans les frontières. Et ce n'est pas un rythme, comme la samba qui est à la base d'un *« nouveau schéma »* mais un paysage qui devient la référence de la création musicale.

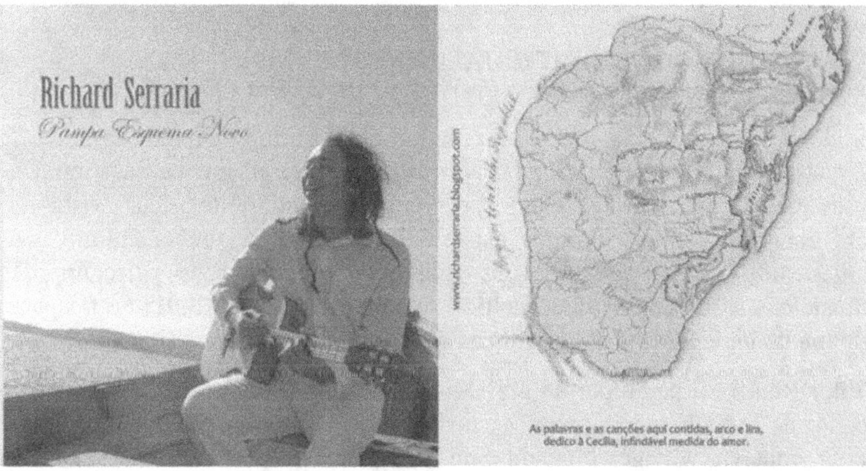

Figure 3 – Cartographie historique, situant des villes d'enregistrement du disque et la toponymie des fleuves

On peut noter, à partir des propos de ces musiciens, que c'est non seulement la reconnaissance de la formation historique qui donne naissance à la configuration ethnique et culturelle dans l'espace de la Plata, mais que c'est aussi une représentation liée au paysage et au cadre naturel, mettant au premier plan la Pampa et son caractère subtropical, qui marque ce cadre. Un tel fait nous conduit à considérer l'entremêlement entre nature et culture, car, selon Jovchelovitch (2004, p. 21) « la représentation est autant sociale qu'enchevêtrée dans la matérialité du monde ». On perçoit une forte dimension géographisante dans les représentations des artistes. Elles apportent les éléments de matérialité et des substances, généralement attribués à l'espace géographique, à la création esthétique, rendant cette matérialité vivante et indispensable à la création musicale proprement dite. La représentation du paysage apparaît comme une métaphore capable de représenter une culture locale transfrontalière (la culture *gaúcha*), une région (la région de la Plata) et une condition climatique (tempérée, où le froid est constitutif). Mais il apparaît aussi une métaphore sonore dans laquelle les éléments du paysage sont transposés vers les chansons. Tous les musiciens cités voient la milonga comme un genre-synthèse, un point de départ pour relire d'autres rythmes et influences musicales. Une texture musicale particulière finit par refléter ce croisement de références : des instruments d'origine européenne incorporés dans la culture latino-américaine, comme la guitare à cordes de nylon, l'accordéon, le violon, mais aussi des éléments locaux comme le charango, la viole à dix cordes et le bumbo leguero, sans oublier les guitares à cordes d'acier et les effets électroniques propres à la musique *pop*. Comme nous le verrons par la suite, cette dimension sera le support de propositions territorialisantes, visant le champ d'action des artistes dans l'espace et générant une territorialité spécifique.

LA MUSIQUE QUI TERRITORIALISE : RÉSEAU, CONCERTS ET POLITIQUES CULTURELLES

S'ajoutent au processus de représentation de la culture dans la région de la Plata, de nombreuses pratiques *territorialisantes* des acteurs en question. Ces pratiques soulignent la question des centralités culturelles déjà existantes, cherchant à instituer d'autres espaces de légitimation de la culture sud-américaine. C'est dans ce sens que nous entendons les discours des musiciens relatifs à la représentation sociale (Moscovici, 2001) de l'espace, donnant une légitimité aux pratiques qui territorialisent la musique.

Vitor Ramil est perçu par un grand nombre des personnes enquêtées dans le cadre de la recherche comme le musicien qui a mis en place un manifeste pour contester l'hégémonie du Sud-est du Brésil (Rio de Janeiro et São Paulo) comme espace de circulation culturelle. Motivé pour subvertir un état des choses qui marginalisaient les autres régions du pays, Ramil a commencé à enregistrer ses disques à Buenos Aires, comme beaucoup d'artistes originaires d'autres régions du Brésil, de l'Argentine et de l'Uruguay. L'artiste conclut son essai *L'esthétique du froid* en affirmant :

> Je vois Porto Alegre et le Rio Grande do Sul comme un lieu privilégié de par son histoire sociale et politique et de par sa situation géographique uniques. Nous sommes à la confluence de trois cultures, à la rencontre de la *froidité* et de la tropicalité. Quelle est la base de notre création et de notre identité si ce n'est pas cela ? Nous ne

> sommes pas à la marge d'un centre, mais au centre d'une autre histoire (Ramil, 2004, p. 28).

Le compositeur suit sur la thématique de la région de la Plata dans ses livres de fiction, comme dans sa dernière nouvelle Satolep, dans laquelle le personnage de l'intrigue s'approche de la ville de Pelotas (province du Rio Grande do Sul, à quelques kilomètres de l'Uruguay, où Ramil vit actuellement) et affirme : « Nous sommes en train d'exprimer la transition, entre les pays de la Plata et le Brésil, qui est cet endroit-ci et ce que nous sommes » (Ramil, 2008). En mettant en échec la centralité du sud-est du pays en termes de production culturelle, par la représentation d'un nouveau centre et d'une autre histoire, Ramil lance un discours qui peut être incorporé par des artistes des deux pays. Les frères Drexler, par exemple, commencent à contribuer théoriquement au débat ; d'autres artistes y ajoutent des pratiques musicales qui élargissent les points de vue sur la région. Dans une conférence sur le templadisme, Daniel Drexler, inspiré par Ramil, encourage les participants : « Nous allons prendre les choses en main. Nous allons arrêter de vivre une vie qui est constamment guidée par ce qui se passe au centre ».

La question se répercute positivement dans le milieu musical et académique, qui pousse à l'organisation de colloques sur la musique aux frontières. L'information des événements dans les médias spécialisés se fait elle aussi de plus en plus fréquemment. En toile de fond géopolitique, les processus d'intégration latino-américain, tout particulièrement le marché commun du sud – MERCOSUD, et diverses coopérations multilatérales, comme le réseau de MERCOCIDADES, sont en cours. Les artistes, à leur tour, finissent par se connaître mutuellement à travers le réseau culturel qui s'est formé et collaborent les uns dans les œuvres des autres, en organisant des spectacles formés par des musiciens et des compositeurs des deux pays, toujours évoquant leur caractère transfrontalier. C'est le cas d'événements comme « Porto Alegre – Montevideo Sin Fronteras », « Yakupampa »[6] (figure 4), « Aires de la pampa alegre », « Lagunas y Lagoas » et « Canciones Cruzadas ». Dans ces événements, les musiciens hybrident de langues portugaise et espagnole, les rythmes du rio de la Plata et du Brésil, croisant ainsi les références.

---

[6] Yakupampa est l'Afrique impulsée fortement dans l'extrême sud de l'Amérique du Sud, des tambours religieux tambourinant dans les fêtes populaires, avec la poésie autochtone de l'Amérique de la colonisation hispano-portugaise. Yakupapa en dialecte bantou est l'origine probable du terme sopapo, tambour afro-gaúcho. Et Pampa en langue quechua est la dénomination de la plaine de trois pays du sud de l'Amérique. Yakupapa-Pampa=Yakupampa » (Source : Divulgation officielle du spectacle).

On perçoit à travers de tels événements que cette représentation de l'espace alimente l'esthétique musicale. On observe simultanément l'élaboration d'un discours qui cherche la construction d'une nouvelle territorialité, le « centre d'une autre histoire », rendant possible la reproduction de ces chantiers artistiques. En contestant le « centre », les artistes organisent et soulignent leurs actions dans un nouvel agenda qui inclut les villes partenaires, de nouveaux lieux de concert, des producteurs culturels, des lieux d'enregistrements, etc. En organisant des concerts, des expositions et des séminaires qui font allusion à cette nouvelle centralité, les représentations géographiques deviennent effectives, faisant de ces événements les marqueurs importants de la territorialité en construction. Il faudrait aussi noter le rôle des agents culturels publics et privés qui relaient de façon itérative les représentations de ce réseau de musiciens. Le festival d'Hiver de Porto Alegre, par exemple, assume clairement « l'accent de la Plata » et *L'esthétique du froid* comme point d'appui pour penser la programmation de l'événement.

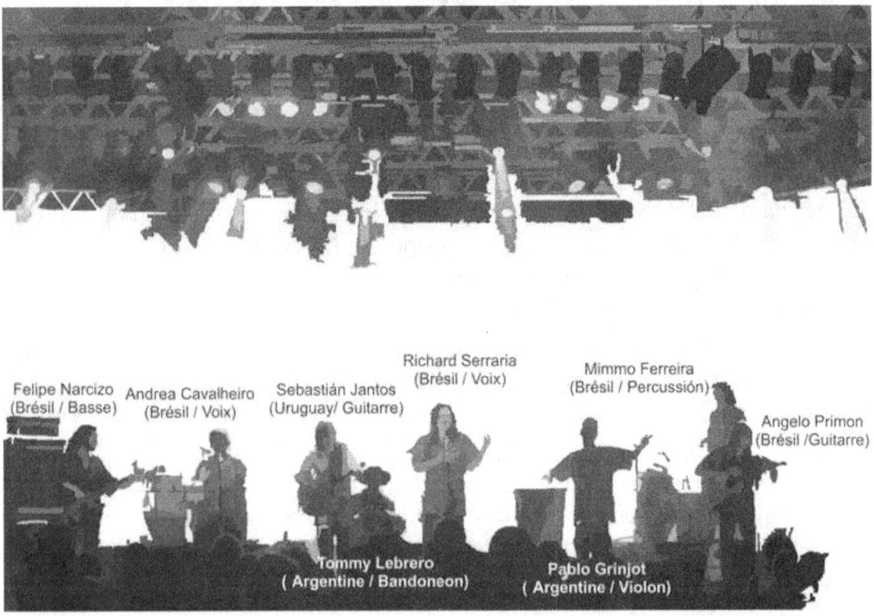

Figure 4 – Diverses nationalités et sonorités en scène dans le spectacle Yakupampa

L'Unimúsica – programmation musicale annuelle de l'Université Fédérale du Rio Grande do Sul – a fait il y a quelques années la promotion d'un concert et d'une conférence avec Drexler sur le templadisme, qui ont permis à beaucoup de musiciens du réseau de faire connaissance avec ce courant musical. Les événements produits par les agents publics et privés sont devenus des espaces de rencontre entre artistes et entre producteurs musicaux, qui, bien souvent, ont généré de nouveaux partenariats. L'on peut voir ainsi un afflux de conceptions comme *L'esthétique du froid* et le templadisme au sein des institutions publiques (principalement du côté brésilien), qui les reconnaissent comme des principes d'intégration des musiciens de la région ou qui les établissent comme un « Nord » – ou mieux encore, comme un « Sud » pour des actions de programmation dans le domaine culturel. Le discours d'une identité de la Plata se met en dialogue entre les pays hispanophones voisins et le sud du Brésil, reconnaissant des formations historiques et des expressions culturelles communes.

Que ce soit à travers des concerts collectifs d'artistes des différentes nationalités, des événements qui débattent sur les parcours de la musique du sud et son identité ou des événements culturels promus par des entités publiques et privées, on note l'intention territorialisante de cette musique qui organise les artistes, les producteurs culturels et l'audience autour d'un nouveau circuit de musique populaire en réseau dans les villes des différents pays impliqués. C'est pourquoi nous sommes en accord avec Romagnan (2000) quand il affirme que la musique se territorialise à partir des festivals et des animations musicales. Les événements musicaux peuvent néanmoins être de différents types. Il y a ceux qui lient les artistes les uns aux autres en *guitarreadas*, dans un vécu au quotidien, chez les amis – dans ceux-là, l'événement prend une dimension personnelle et l'espace représenté dans les chansons est vécu à travers les relations humaines, les liens d'amitié, les paysages et les langues partagées. Il y a les événements de divulgation de l'œuvre musicale, où des partenaires de différents pays font part de leurs travaux dans les médias en général, où sont valorisés invariablement les liens d'amitié et les rapprochements entre identités, ressemblances, complémentarités, etc. Il y a un troisième type d'événement où la région de la Plata est mise en scène, permettant de mélanger en un événement unique, les musiciens, leurs chansons, les langues, les rythmes, les représentations de l'espace, l'empathie avec le public et les médias spécialisés. Durant l'événement, la région de la Plata devient réelle, matérialisée et mise en scène. Enfin, il y a un quatrième type d'événement qui est celui des politiques culturelles, quand les institutions viennent chercher ces artistes, avec d'autres, pour représenter l'intégration régionale transfrontalière, renforçant avec la présence des artistes l'idée même d'intégration qu'elles proposent et favorisant de nouveaux partenariat et rencontres. Il existe de ce fait une multidimensionalité d'événements qui relient les vécus individuels, les vécus collectifs, le public, les politiques culturelles de la musique et la circulation des produits culturels. Chacun de ces événements renforce sa localisation, créant la nouvelle centralité proposée ; plus encore : chaque événement et sa propre localisation deviennent irradiateurs de ces représentations de l'espace, en les disséminant. En alliant des représentations et des actions, la pratique musicale se territorialise autour de l'idée d'un espace transfrontalier de la Plata.

Lorsqu'on réalise la cartographie de la production et des événements musicaux (figure 5), il est possible de voir un axe formant un réseau entre Porto Alegre et Buenos Aires. À l'intérieur de ce réseau se concentrent les lieux d'enregistrement des albums et de production des événements principaux. D'autres villes, secondaires, reçoivent uniquement des représentations musicales. Une plus grande densité d'événements dans les villes de frontières entre le Brésil et l'Uruguay s'explique par les initiatives d'intégration régionale promues par les institutions publiques, tout particulièrement les municipalités des deux pays et le gouvernement de L'Uruguay. Au Brésil, d'autres villes accueillent les artistes à travers des institutions comme Le SESC[7]. L'Argentine, avec moins d'artistes participant au réseau, reçoit de petits événements, principalement à Buenos Aires. C'est cependant le lieu préféré des artistes pour l'enregistrement de leurs albums du fait de la qualité technique des studios et des producteurs ainsi que du bas coût de la production.

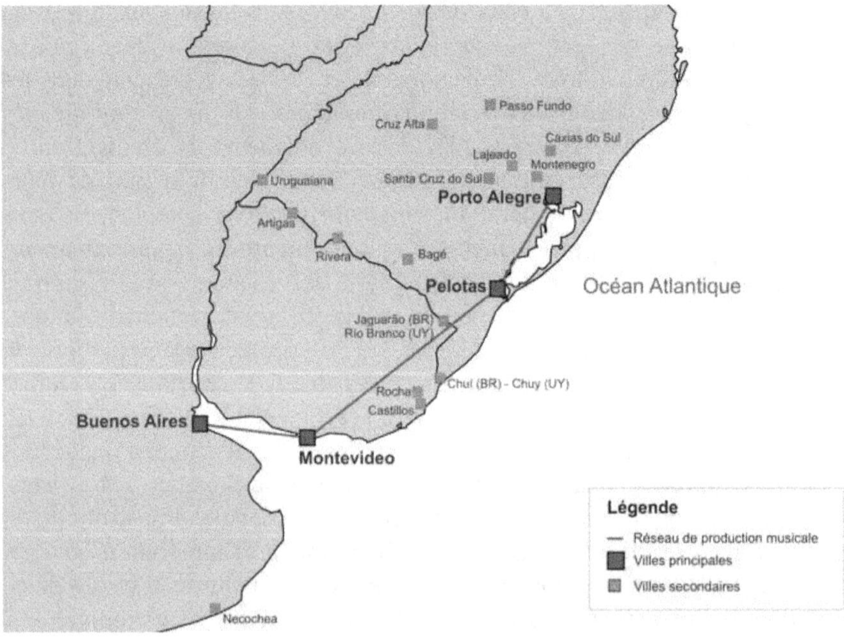

Figure 5 – Le réseau de production musical mis en valeur

[7] Service social du commerce, réseau national qui se consacre à la formation professionnelle, au service social et aux actions culturelles.

CONSIDÉRATIONS FINALES : LA CHANSON QUI GOMME LES LIMITES TERRITORIALES

Nous avons tout d'abord montré comment sont élaborées les représentations de l'espace, dans le sens d'une pratique géographisante, qui cherche à décrire l'espace, à s'y situer et à établir des analogies entre la composition musicale et le paysage. Nous avons vu que beaucoup d'esthétiques ou de propositions musicales se situent dans cet espace et se complètent à travers la recherche de points communs de représentations. La musique des artistes est ancrée dans la région de la Plata, qui est surtout représentée par le paysage de la Pampa. Les caractéristiques mobilisées pour désigner cet espace partagé font référence aux rythmes, au caractère transfrontalier, à la formation historique de cette zone, à la contigüité de la Pampa, au climat, à l'existence d'un moment d'intégration économique et culturelle.

Figure 6 – Le compositeur Daniel Drexler et quelques croquis cartographiques du domaine d'influence du templadisme et ses propositions pour la musique populaire
Source : UFRGS, 2009

Le processus de représentation de l'espace s'ajoute de plus à des pratiques territorialisantes. Les artistes cherchent un espace pour la circulation de leur musique. Cet espace se viabilise par la pratique musicale elle-même, en faisant vivre l'espace représenté, mais aussi en questionnant la centralité d'autres marchés musicaux, comme São Paulo et Rio de Janeiro, par exemple, et proposant un nouveau centre culturel qui gravite autour des villes comme Porto Alegre, Pelotas, Buenos Aires et Montevideo (figure 6). En produisant cette nouvelle territorialité, les artistes articulent un espace d'échanges culturels et économiques de nature transfrontalière. Ainsi, les rythmes, les langues et les imaginaires nationaux sont mis en dialogue et convergent vers une reconnaissance mutuelle d'éléments culturels partagés, qui contribuent à la création de nouvelles expériences d'espace et d'hybridation des identités nationales. La musique contribue donc à la création de territorialités qui expriment *de facto* l'intégration régionale dans la Plata, unifiant les musiciens, le public, les producteurs culturels et les politiques culturelles. Nous comprenons que cette territorialité musicale (re)composent l'espace de la Plata. Elle recompose car elle fait resurgir et reconnaître un passé qui était partagé avant l'établissement des frontières des États-Nations. Elle compose car le contenu des représentations et des pratiques apparaît transformé par la contemporanéité et par l'intentionnalité actuelle des agents.

La région de la Plata des musiciens est ainsi rendue possible, à travers la multiplication de phénomènes de micro-intégrations des acteurs impliqués. Ces micro-intégrations se font sous une forme rhizomatique, en élargissant le réseau et en créant divers contextes de création qui peuvent d'ailleurs échapper aux conceptions esthétiques d'une « platinité musicale » (musique du rio de Plata), mais qui même ainsi représentent un processus d'intégration transfrontalière car il englobe des acteurs de plusieurs nationalités. À notre avis, ces processus n'ont pas un statut d'exception. Elles font référence à de nouvelles formes de territorialités et d'expérience de l'espace dans la contemporanéité, qui transcendent les limites territoriales des États-Nations et qui sont articulées non pas en domaine, mais en réseau. Nous comprenons qu'il s'agit d'une transterritorialité (Haesbaert, 2011) musicale, qui est aussi transfrontalière. Elle articule les relations à l'échelle régionale, frontalière et nationale, en cherchant une référence identitaire de stabilité dans la fluidité et dans la multiplicité. Cependant, dans sa trajectoire, elle (re)compose également des identités régionales et ethniques que les projets identitaires nationaux ont rejetées depuis longtemps justement car elles étaient au croisement des limites territoriales des États.

En termes méthodologiques, la proposition d'un travail de terrain multi situé a rendu compte des innombrables contextes de création artistique et de négociation des identités. En étudiant les représentations de l'espace, nous comprenons que celles-ci sont pratiques, discursives, qu'elles joignent l'expérience pratique des acteurs aux contextes qui y participent, aux événements qui s'y organisent et aux flux qui y sont générés. En combinant des représentations et des pratiques à une méthode qui se situe là où celles-ci ont lieu, nous voulons mettre l'accent sur le caractère processuel et dynamique des territorialités humaines. Dans ce sens, nous croyons que la musique, par sa capacité à gommer les cartes (Raibaud, 2009) et par sa fluidité adaptée aux réseaux, peut contribuer à une réflexion sur les territorialités enterrées par les discours nationaux hégémoniques, montrant que les frontières des États sont, de fait, les endroits possibles d'une nouvelle cartographie culturelle et sociale.

BIBLIOGRAPHIE

AYESTARÁN Lauro, 1967, *El folklore musical uruguaio*, Montevideo, Arca Editorial.

COELHO Luciano, 2013, *A linha fria do horizonte* [documentaire], Curitiba, Olho Vivo.

DREXLER Jorge, 1999, *Frontera* [CD], Madrid, Virgin España.

FONTOURA Luiz Fernando Mazzini, 2008, *Recordações do pampa. X Encuentro Humboldt : el mundo como geografia*, Rosario, Centro Humboldt, 11 p.

GUIU Claire (dir.), 2006, « Géographies et musiques : quelles perspectives ? », *Géographie et cultures*, n° 59.

GUTFREIND Ieda, REICHEL Heloisa Jochims, 1996, *As raízes históricas do Mercosul. A Região Platina Colonial*, São Leopoldo, Editora Unisinos.

HAESBAERT Rogério, 2011, « Hybridité culturelle, « anthropophagie » identitaire et transterritorialité », *Géographie et cultures*, n° 78 Vu du Brésil, p. 21-40.

HOY Diário, 2006, *Entrevista con Daniel Drexler*, available from: <www.diariohoy.net/notas/verNoticia.phtml/html/228974>, access on : 30 jul. 2007.

JOVCHELOVITCH Sandra, 2004, « Psicologia social, saber, comunidade e cultura », *Psicologia & Sociedade,* vol. 16, p. 20-31.

KONG Lily, 1995, « Popular music in geographical analyses », *Progress in Human Geography*, vol. 19, p. 183-198.

KONG Lily, 1997, « Popular music in a transnational world: the construction of local identities in Singapore », *Asia Pacific Viewpoint*, vol. 38, n° 1, p. 19-36.

LUSSAULT Michel, 2007, *L'homme spatial : la construction sociale de l'espace humain*, Paris, Seuil.

LÉVY Jacques, 1999, *Le tournant géographique*, Paris, Belin.

LEYSHON A., MATLESS D., REVILL G., 1998, *The place of music*, New York, Guilford Press.

MARCUS George, 1995, « Ethnography in/of the world system: the emergence of multi-sited ethnography », *Annual review of anthropology*, vol. 24, n° 1, p. 95-117.

MARCUS George, 2005, « Multi-sited ethnography: Five or six things I know about it now », in *Problems and possibilities in multi-sited ethnography workshop*, 27-28 June 2005, University of Sussex (unpublished), available from: <http://eprints.ncrm.ac.uk/64>, access on: 08 jul 2010.

MOSCOVICI Serge, 2001, « Das representações coletivas às representações sociais : elementos para uma história », in D. Jodelet (ed.), *As representações sociais*, Rio de Janeiro, EdUERJ, p. 45-66.

PANITZ Lucas, 2010, *Por uma geografia da música : o espaço da música popular platina*, Programa de Pós-Graduação em Geografia, Universidade Federal do Rio Grande do Sul, Porto Alegre.

RAMIL Vitor, 1993, « A estética do frio », in L. A. Fischer (ed.), *Nós, os gaúchos*, Porto Alegre, UFRGS, p. 262-270.

RAMIL Vitor, 1997, *Ramilonga, a estética do frio* [CD], Pelotas, Satolep Music.

RAMIL Vitor, 2004, *A estética do frio*, Pelotas, Satolep Livros.

RAMIL Vitor, 2008, *Satolep*, São Paulo, Cosac Naify.

RAIBAUD Yves, 2005, *Territoires musicaux en régions*, MSHA, Pessac.

RAIBAUD Yves (dir.), 2009, *Comment la musique vient aux territoires*, MSHA, Pessac.

ROMAGNAN Jean-Marie, 2000, « La musique : un nouveau terrain pour les géographes », *Géographie et cultures*, n° 36, p. 107-126, 2000.

SANTOS Luana Zambiazzi, 2011, *A « Casa A Electrica » e as primeiras gravações fonográficas no sul do Brasil : um estudo etnomusicológico sobre a escuta e o fazer musical na modernidade*, Programa de Pós-Graduação em Música. Universidade Federal do Rio Grande do Sul, Porto Alegre.

SERRARIA Richard, 2011, *Pampa esquema novo* [CD], Porto Alegre.

VEGA Carlos, 1944, *Panorama de la música popular argentina*, Buenos Aires, Editorial Losada.

OÙ LE GHETTO (SE) JOUE

PLAYGROUND, BASKET-BALL ET CULTURE AFRO-AMÉRICAINE

Playing the (inner-)city game: playground basketball and the African-American culture

Yann DESCAMPS[1]
Laboratoire CREW, Sorbonne Nouvelle

Ismaël VACHERON[2]
Laboratoire ENeC, Paris Sorbonne

Résumé : Si le basket-ball est avant tout vu, reconnu et appréhendé comme un sport d'intérieur, via notamment l'importance des différentes ligues et championnats internationaux, en particulier la NBA, il est dans le même temps essentiellement pratiqué en extérieur par les basketteurs du monde entier. Cette pratique est intimement liée à un lieu particulier, le *playground*, dont le plus important d'entre eux, le *Rucker Park* situé dans le quartier de Harlem, est progressivement devenu, à l'initiative d'Holcombe Rucker au milieu des années 1940, un véritable lieu mythique à rayonnement mondial. En effet, au-delà d'une simple aire de jeu, le *Rucker Park*, à travers une évolution parallèle à celle de son quartier, a marqué l'histoire du basket-ball autant que l'imaginaire collectif des amateurs, pour devenir et demeurer aujourd'hui encore l'un des géosymboles sportifs les plus vivants.

Mots-clés : *Rucker Park*, géosymbole, *playground*, ghetto, basket-ball

Abstract: *Basketball is seen and acknowledged as an indoor sport, especially through the importance of different international leagues, including the globally successful NBA. But in the same time, it is basically played outdoor by basketball players all over the world. This practice is intimately linked to a specific place, the playground, and firstly Rucker Park, which is located in Harlem and has gradually become a truly mythical place, thanks to Holcombe Rucker's initiative in the middle of the 1940s. Indeed, Rucker Park is not a simple playground, it has experienced an evolution similar to the one undergone by its neighborhood, and it has left a deep mark on basketball history and the people's collective memory, to become and remain one of the most living sports symbolic spaces.*

Keywords: Rucker Park, *symbolic space, playground, ghetto, basketball*

---

[1] Courriel : descampsyann@yahoo.fr

[2] Courriel : ismael.vac@gmail.com

Parmi les récents développements des productions en sciences sociales, on note une indéniable et irrésistible augmentation du nombre d'ouvrages consacrés au sport, et à l'importance du sport dans nos sociétés. Dans ce mouvement, ce sont sans surprise les sports américains qui sont les plus traités, tant le sport occupe une place prépondérante au sein de la société américaine. Parmi les disciplines qui ont la préférence des universitaires, le baseball est associé à une traditionnelle imagerie romantique l'assimilant au passe-temps favori des Étatsuniens, quelles que soient leurs origines sociales[3]. Le football, de son côté, est décrit comme un sport américain par essence, qui par bien des aspects explique son pays de naissance autant qu'il est expliqué par celui-ci[4]. Enfin, lorsque l'on s'intéresse davantage au basket-ball aux États-Unis, on note que ce mouvement d'écriture est aussi mouvement de réécriture de la géohistoire de ce sport.

Longtemps illustrée par des fresques mettant en scène de jeunes têtes blondes s'entraînant sur un vétuste panier du fin fond de l'Indiana (voir le film de David Anspaugh *Hoosiers*), cette géohistoire est depuis revisitée et révisée. Celle-ci est désormais marquée par de nouvelles figures décisives, les joueurs des *playgrounds*. Alors que l'histoire du sport se décline le plus souvent à travers les ligues professionnelles et les exploits ou évolutions dont les fans furent témoins, l'histoire du basket-ball aux États-Unis semble échapper à cette règle. Là-bas, les instants décisifs de création et d'innovation du jeu ont lieu loin des objectifs des caméras ou des parquets lustrés des salles des grandes franchises. Au contraire, le jeu a connu ses révolutions sur des terrains de bitume craquelés par les joutes sans merci opposant des anonymes dont les exploits ne connaissent d'autre destin que la transmission orale. Sans doute pour cette dernière raison, les universitaires ont mis bien du temps avant de s'y intéresser, tournant le dos aux mythes et légendes urbaines pour s'appuyer sur les rares sources solides dont ils disposaient. Mais aujourd'hui, certains ont expérimenté cette réelle vie de basketteur aux États-Unis, celle qui se joue sur les *playgrounds*. Et c'est à travers leurs études de terrain, leurs récits, et ceux qu'ils ont collectés auprès de certains de ces mystérieux acteurs, qu'ils ont porté un regard neuf sur ce sport.

En effet, s'il est né dans le Massachusetts et s'il est encore largement présent et développé dans les États ruraux du Sud et du Midwest, le basket-ball a grandi en ville, et notamment à New York, pour devenir un véritable phénomène urbain, attaché à des quartiers et à des lieux particuliers, les *playgrounds*. Ce sont ces lieux que nous évoquerons ici, à travers l'exemple du *Rucker Park*. Sur ce terrain se jouait et se joue encore le *Rucker*

---

[3] Tygiel J., *Past time: Baseball as History*, 2001.

[4] Paolantonio S., *How football explains America*, 2001.

Tournament, le plus célèbre tournoi de *streetball* du pays. Ce tournoi et ce *playground* sont désormais des modèles qui ont inspiré journalistes, universitaires ou artistes aux quatre coins du pays et du monde[5]. Le présent article est le résultat de l'analyse croisée de ces diverses sources, ayant suscité plusieurs questionnements relatifs à la place du *Rucker Park* et du *playground* au sein de la vie, de la ville et de l'imaginaire collectif américains.

Au-delà de l'analyse nécessaire du grand rôle joué par le *Rucker Park* dans l'histoire du basket-ball, nous souhaitons également nous pencher sur sa dimension géographique et son importance sociale et culturelle. Comment ce *playground* a-t-il vu le jour ? Comment a-t-il évolué au sein d'un quartier lui-même en pleine évolution ? En quoi est-il devenu un creuset de la culture afro-américaine ?

L'ODYSSÉE GÉO-HISTORIQUE DU BASKET-BALL : *FROM NAISMITH TO RUCKER*, DU GYMNASE BLANC PROVINCIAL AU *PLAYGROUND* NOIR NEW-YORKAIS

Naissance et diffusion d'un sport populaire en devenir

Si l'on se plait souvent à faire remonter l'origine du basket-ball aux civilisations mésoaméricaines précolombiennes, avec le « jeu de balle » maya puis aztèque (Balutet, 2006), il convient de s'arrêter en première instance sur le rôle du fondateur reconnu de ce sport, James Naismith. Né en 1861 à Almonte, une petite ville de l'Ontario au Canada, James Naismith s'est intéressé dès son entrée à l'université McGill de Montréal à la culture physique et à ses expressions sportives codifiées contemporaines (crosse, rugby, *soccer* et gymnastique). Il devient, après l'obtention d'un diplôme d'éducation physique puis d'un diplôme d'études théologiques, directeur du département dédié aux sports de la faculté. En 1890, Naismith quitte Montréal pour devenir instructeur en conditionnement physique à l'*International Young Men's Christian Association Training School* de Springfield dans le Massachussets. Cette arrivée au sein de la YMCA de Springfield marque un tournant dans la vie de Naismith, mais aussi et surtout dans l'histoire universelle du sport.

C'est, en effet, au sein de ce collège que le futur basket-ball nait la même année sur la demande du directeur de l'établissement, Luther Gulick, et son propre désemparement face à une classe agitée et ennuyée. Naismith cherche alors à compléter l'entrainement hivernal des jeunes hommes en proie à la

[5] L'ouvrage de Vincent Mallozzi, *Asphalt gods: an oral history of the Rucker tournament* notamment, qui constitue l'une des sources principales de ce travail.

lassitude provoquée par le manque d'originalité des séances d'éducation physique quotidiennes durant les mois froids de l'année. Il s'agit de concevoir en un minimum de temps – deux semaines – une activité sportive d'intérieur, pouvant se pratiquer pendant l'hiver dans un espace relativement réduit (égal aux dimensions d'un gymnase de l'époque) et permettant de garder les étudiants en forme, sans toutefois provoquer de blessures importantes à l'instar des autres sports en vogue[6]. Après avoir étudié les principaux attraits et faiblesses de ces sports, Naismith décide que la nouvelle activité se jouera avec une balle de la taille de celle utilisée au *soccer*, les tacles y seront interdis tout comme le déplacement avec la balle, il n'y aura, enfin, pas de buts horizontaux mais verticaux (des paniers agricoles circulaires destinés à la récolte des pêches qui se transformeront en arceaux plus tard), situés au-dessus de la tête des joueurs évitant tout contact dangereux. Les 13 règles formulées par le fondateur du nouveau sport sont rapidement affichées dans le gymnase et le premier match de l'histoire du basket-ball a lieu le 21 décembre 1891 entre deux équipes de neufs étudiants de sa classe, et s'achève sur un score de 1-0.

Les échos de satisfaction, la popularité croissante du basket-ball parmi la population étudiante de l'établissement et le premier match public qui se tient en son sein en mars 1892[7], lance la diffusion de ce nouveau sport.

Les YMCA jouent un grand rôle dans le développement et la diffusion du basket-ball à travers les États-Unis puis, via New-York notamment – déjà célébrée pour ses politiques menées en matière de sport[8] – le monde (figure 1). Grâce à leur réseau mondial d'institutions protestantes les YMCA, et en particulier celle de Springfield, permettent un premier essor de la nouvelle pratique en alliant au prosélytisme religieux un prosélytisme sportif. Après avoir été à l'origine de sa création, ils sont ainsi le moteur de la création des premières équipes universitaires du nord-est du pays (New-York, Boston, Chicago), puis très vite des premiers championnats et ligues spécialisées régionales (notamment la *National Basketball League* en 1898 qui, après sa fusion avec la jeune *Basketball Association of America* en 1949, créera la fameuse *National Basketball Association* – NBA). Les instructeurs et directeurs de centre vont de même contribuer à la diffusion du basket-ball, par le biais de leurs déplacements fréquents liés à des missions à l'étranger ou des mutations, à l'instar de Naismith quittant Springfield pour

[6] Il s'agit pour Naismith de créer un jeu sportif non brutal s'inscrivant dans les principes fondamentaux des YMCA, et de la morale chrétienne protestante, reposant sur l'idée d' « un esprit sain dans un corps sain ».

[7] Le match oppose une équipe d'étudiants à une équipe d'instructeurs et se termine sur victoire des premiers 5-1.

[8] Coubertin (de) P., *Universités transatlantiques*, 2010 [1890].

Denver en 1895 puis Kansas City en 1898. Le nouveau sport prenant souvent d'abord pied au sein d'institutions religieuses apparentées aux YMCA, tels que les patronages en France (Chavinier, 2008).

D'autres acteurs s'impliquent ou sont impliqués dans la diffusion du basket-ball. Ainsi certains instructeurs de gymnastiques français vont-ils diffuser à l'échelle de la France et du continent européen le sport, tout comme les soldats américains lors de la Première Guerre mondiale qui vont parachever l'œuvre des YMCA au début du XXe siècle (Busnel, Herman, 1955).

Ouverture du basket-ball : nouveaux terrains, nouveaux joueurs

Mais alors qu'il se diffuse à travers le monde, le basket-ball – bien que conçu comme un sport d'intérieur à l'origine – « s'exporte » également sur les terrains de jeu extérieurs. Et l'on retrouve sans surprise un directeur de YMCA, Luther Gulick (ancien directeur de l'*International YMCA Training School* de Springfield), à la tête de la *Playground Association of America* créée en 1906 et à la base de l'essaimage des *playgrounds* à travers le pays. Le succès est rapide, on passe ainsi de 97 *playgrounds* répartis dans 24 villes de l'Est en 1906 à près de 4000 *playgrounds* répartis dans 481 villes du territoire national en 1917. Mais alors que le basket-ball se développe sur les terrains de jeu extérieurs, il connait également une ouverture ethnique passant d'un jeu essentiellement pratiqué par des Blancs à un public plus large touchant notamment les Afro-américains. De fait, conçus comme « des terrains de jeux ouverts au centre des villes qui permettent aux jeunes urbains de pratiqués des jeux autorégulés et notamment le basket » (Augustin, Staes, 2007), les *playgrounds* ont très souvent accompagnés les programmes socio-économiques mis en place par le *settlement movement*[9] à cette époque.

La diffusion de la pratique du basket-ball est donc double en ce début de XXe siècle : à l'échelle internationale elle s'exporte à l'étranger, à l'échelle micro-locale elle s'exporte sur les terrains de jeu extérieurs et s'ouvre, ce faisant, à de nouveaux publics jusque-là écartés de l'effervescence créée par le nouveau sport. Et si les premières grandes figures du basket-ball afro-américain sont également parvenues, au prix de luttes parfois acharnées, à jouer dans les gymnases et premiers terrains de basket-ball d'intérieur, tous ont découvert ce sport et développé leur jeu sur le bitume des *playgrounds*.

[9] Le *settlement movement*, apparu d'abord en Angleterre à la fin du XIXe siècle, avait pour but de rapprocher les classes sociales via la construction de lieu de vie partagé (*settlement house*) au sein des quartiers les plus pauvres, où dominaient souvent les populations immigrées et/ou afro-américaines, dans lesquels venaient s'installer des travailleurs sociaux issus de classe moyenne (Anderson, 2006).

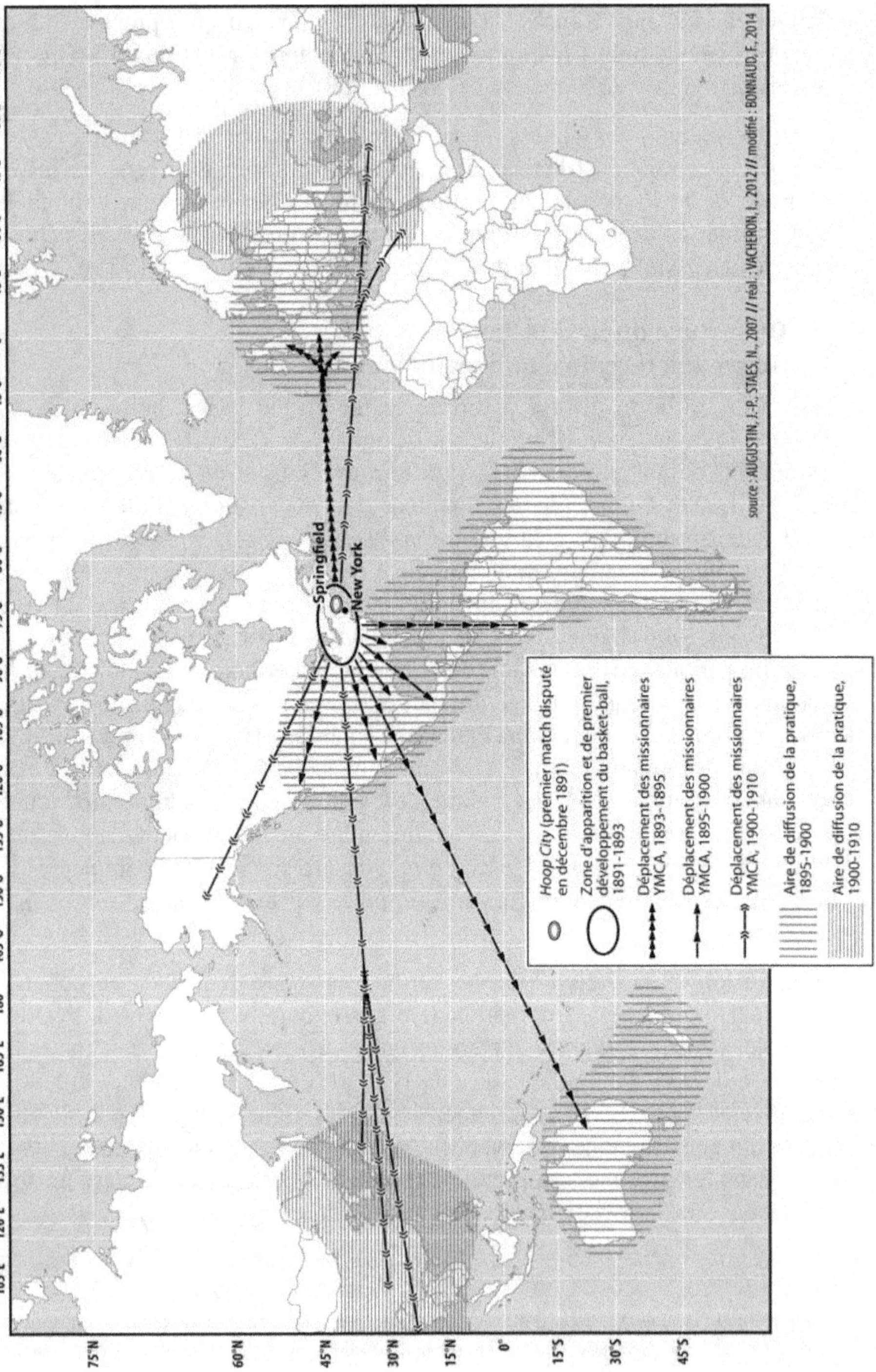

Figure 1 – Le basket-ball, de Springfield au monde

C'est notamment le cas d'Edwin Bancroft Anderson, diplômé de la *Minor Normal School* puis instructeur d'éducation physique à Washington D.C, qui permit dès 1910 le développement d'une première ligue afro-américaine, à une époque où « Noirs et Blancs avait chacun leurs propres équipes » (« *whites and blacks each had their own teams* », in Merlino, 2011).

Le basket-ball devenant par ailleurs assez populaire auprès d'un public prêt à payer pour assister aux matchs organisés, l'époque voit l'apparition des premières équipes professionnelles blanches, suivies par les équipes afro-américaines dès les années 1920. Ces équipes, parmi lesquelles figurent les célèbres *New York Renaissance* fondée par Robert Douglas en 1923 et plus tard les *Globetrotters* de Chicago fondée par Abe Saperstein en 1927, trouvent leur origine, leur développement et surtout leur identité sur le *playground.* Et l'on comprend en ce sens aisément pourquoi les *Rens* (surnom des *New York Renaissance*) naissent et s'entrainent dans le quartier de Harlem, mais aussi pourquoi Abe Saperstein décide de rattacher son équipe à ce géosymbole new-yorkais en la rebaptisant *Harlem Globettroters.*

Les *playgrounds* new-yorkais, et en particulier ceux de Harlem, vont de fait jouer un grand rôle dans la création du basket-ball afro-américain dont les stars de la NBA actuelles sont encore les dépositaires et les héritières. Bâtis pour les premiers au même moment que les *settlement houses*, ils sont perçus tout au long de la première moitié du XXe siècle comme un moyen d'occuper sainement les populations jeunes, ouvrières et/ou sans emploi essentiellement masculines, à une époque où l'exode rural dirige vers les grandes villes de l'Est un flux continu de populations afro-américaines en provenance du Sud du pays.

C'est également dans cet esprit qu'Holcombe Rucker, né dans ce même quartier en 1926, joueur talentueux au lycée devenu employé municipal attaché aux parcs et *playgrounds* après la Seconde Guerre mondiale, décide en 1947 de mettre en place un tournoi estival de basket-ball sur un *playground* de Harlem. C'est en effet le manque d'activité encadrée dédiée aux jeunes, en particulier pendant les grandes vacances scolaires, qui va pousser Rucker à organiser son tournoi annuel, mais aussi d'autres tournois tout au long de l'année afin d'« offrir un encadrement, d'inculquer une discipline et de sortir les enfants de la rue » (« *provide structure, instill discipline, and keep kids off the street* », in Merlino, 2011). Les premiers tournois ont lieu en plein cœur de Harlem sur un *playground* situé sur la 138e avenue entre Lennox et la 5e avenue. Le quartier est à l'époque dominé par le malaise social comme le rappelle Doug Merlino :

Figure 2 – Au cœur de Harlem : migration du *Rucker Park* des origines à nos jours

> "At the time, Harlem was poor, segregated, and shut out of the post-war economic boom that the rest of the country was enjoying. Even for people who followed all the rules, the route to advancement was narrow and difficult[10]."

Rucker profite des séances d'entrainement et des tournois pour organiser des sessions d'aide aux devoirs à la fin de chacune d'elles. Il s'agit pour lui de se servir du basket-ball pour aider les habitants à mieux vivre au sein du ghetto (cf. II) dans lequel ils sont enclavés, en empêchant notamment les plus jeunes de tomber dans la violence et la délinquance sous toutes ses formes. Mais le tournoi reste avant tout l'occasion pour les jeunes de s'illustrer dans leur sport préféré et de s'entrainer pour peut-être avoir l'occasion de pénétrer à terme le monde du basket-ball professionnel.

Le succès grandissant du tournoi – qui prend par la suite le nom de son fondateur en son hommage « *Rucker Tournament* » – ainsi que l'affluence toujours plus importante au fil des ans, a rapidement contraint Rucker puis les organisateurs successifs à le déplacer sur différents *playgrounds* à travers la ville de New-York (figure 2). Mais malgré ses déplacements, qui vont se suivre durant vingt ans entre 1946 et 1965, il reste toujours situé au sein du quartier de Harlem, et donc foncièrement attaché à ses racines géographiques, sociales et identitaires.

Le *Rucker Tournament*, et le *Rucker Park* dans lequel il se déroule, demeurent de fait un géosymbole et constitue pour les habitants et les joueurs un creuset culturel et identitaire essentiel (cf. chapitre « Heaven is a playground »), selon un processus d'identification et d'attachement micro-territorial certain. Mais si, en ce sens, « le sport contribue (également) à reconstruire de nouvelles sensibilités aux lieux et de nouvelles identités aux territoires » (Ferez, Fumey, 2008), la particularité du basket-ball joué sur les *playgrounds*, et surtout celui du *Rucker Park*, réside dans le fait que son territoire (le ghetto) et son lieu de jeu (le *playground*) donnent également une « nouvelle sensibilité » et une « nouvelle identité » au sport.

BASKET-BALL ET *PLAYGROUNDS* : ENTRE GHETTOÏSATION ET PATRIMONIALISATION

Reprenant les conclusions des géographes humanistes, notamment Etienne Dardel[11], Pascal Clerc écrit en ce sens que « le lieu et l'homme se fondent

---

[10] « À cette époque le quartier de Harlem était marqué par la pauvreté, la ségrégation et ne profitait pas de la reprise économique que connaissait le reste du pays. Même pour ceux qui respectaient les lois en vigueur, le chemin de la réussite était étroit et parsemé d'embuches », p. 55.

[11] Dardel E, *L'homme et la terre*, 1990.

mutuellement ; le lieu participe de l'identité de celui qui en est (...) et les individus donnent une identité, et même plus fondamentalement une existence, au lieu », avant de rappeler également que le lieu est « le produit d'une relation sociale ». De fait le lieu n'est pas, il devient. C'est à travers de nombreux facteurs qu'un lieu acquiert son identité, qu'elle soit sociale ou culturelle. Parmi ces facteurs, le plus important semble être l'usage que les hommes font de ce lieu. Peu importe sa localisation, son architecture, il verra les hommes se l'approprier d'une façon ou d'une autre, et il sera marqué. Certains quartiers des grandes métropoles américaines sont ainsi devenus ghettos. C'est aussi le cas des *playgrounds*, que les habitants des ghettos se sont appropriés et sont devenus eux-mêmes éléments du ghetto.

Ghettoïsation d'un lieu, ghettoïsation du jeu

À l'instar de Douglas S. Massey et Nancy A. Denton qui soutenaient en 1994 que « l'isolation raciale extrême » des Noirs habitant les grandes villes américaines « n'était pas seulement apparu » mais « avait été construite par les Blancs via une série d'actions conscientes et de procédures institutionnelles délibérées qui se poursuivent de nos jours »[12], Loïc Wacquant explique que le ghetto ne naît pas ghetto, il le devient[13]. De même, le *playground* en lui-même n'est pas un espace appartenant originellement au ghetto. Il y est greffé par les politiques urbaines soucieuses de répondre aux besoins des populations en termes de loisir, mais aussi et surtout pour prévenir un certain marasme socio-économique au sein du quartier. À travers le *playground*, on canalise les énergies autour du sport pour éviter qu'elles ne se focalisent sur d'autres activités plus néfastes.

Wacquant décrit le processus de « ghettoïsation » en cinq étapes : l'homogénéité ethnique, la concentration spatiale, la densité organisationnelle, la porosité des frontières et la création d'une identité collective commune. Or, ce processus, à la fois géographique, social et culturel, peut s'appliquer au *playground* ainsi qu'au style de jeu qui y est pratiqué.

S'il faut éviter l'écueil de la généralisation, nous pouvons tout de même affirmer, à partir des différents ouvrages écrits sur le sujet, que le *playground* accueillant le *Rucker Tournament* a toujours été essentiellement fréquenté par des joueurs noirs américains. De fait tout comme le ghetto noir crée une homogénéité ethnique avant d'être socio-économique (« *The persistence of racial segregation in American cities, therefore, is a matter of race and not class.* » in Massey, Denton, 1993, p. 145), le *Rucker Park* a

[12] Massey D. S., Denton N. A., *American Apartheid*, 1993, p. 2.

[13] Conférence du 9 janvier 2012, *Le ghetto rhétorique : migration, diversité et politique*, Institut du Monde Anglophone, Paris.

depuis sa création au sein d'Harlem rassemblé des joueurs vus comme noirs avant d'être pauvres. Vincent Mallozzi fait toutefois part de la présence de certains joueurs blancs qui se déplaçaient dans le quartier exclusivement pour pouvoir jouer face aux meilleurs joueurs sur ce terrain.[14] Mais ces joueurs constituaient une minorité, ce qui nous permet de parler d'homogénéité ethnique. De même, au niveau du jeu, on décrit davantage un jeu spectaculaire et athlétique plutôt que besogneux et académique. Or, ce style de jeu est historiquement associé aux joueurs noirs américains, réputés pour apporter une touche supplémentaire de style au jeu peu inspiré pratiqué dans les écoles blanches.[15] Tout ceci nous invite donc à parler de basket noir pratiqué sur ce terrain de jeu. Joueurs noirs, style de jeu noir, le *Rucker Park* est bel et bien décrit comme un espace d'homogénéité ethnique.

Le cas du Rucker, comme nous l'avons vu plus haut, illustre de même parfaitement le phénomène de concentration spatiale. Le *playground*, à l'image du ghetto décrit par Wacquant et avant lui Peter Marcuse, est un lieu spatialement concentré et séparé, ce qui est sa première caractéristique[16]. Il s'agit d'un lieu clos, entouré de grillage, et de dimensions modestes. Le terrain est bordé de quelques tribunes sans prétention, et la plupart des spectateurs trouvent refuge en dehors de ce lieu, autour de la barrière de grillage ou sur les arbres qui bordent le *playground* (figure 4). La concentration spatiale est telle que le bloc où se situe le *Rucker Park* était traditionnellement connu pour le parking en double voire triple file qui y était chose commune, en fonction de la composition des équipes évoluant sur le terrain. Aussi, Harlem en général, et le *Rucker Park* en particulier, centralise la plupart des grandes légendes du *streetball* américain, parmi lesquels des joueurs comme Connie Hawkins, Herman Knowings, Earl Manigault, Julius Erving, Wilt Chamberlain, Kareem Abdul-Jabbar et tant d'autres. C'est l'ensemble du microcosme des *playgrounds* new-yorkais qui est représenté au *Rucker Park*. Et s'il s'est délocalisé à de multiples reprises, par nécessité, le Rucker est resté le point de rendez-vous, voire de ralliement, de l'ensemble des joueurs. De la même façon que « ce n'est pas seulement l'espace qui définit le ghetto » mais « les relations d'un ensemble de personnes – un groupe – avec les autres et la société en général qui sont la

[14] Malozzi V., *Asphalt gods: An oral History of the Rucker Tournament*, 2003.

[15] Aux États-Unis, on oppose deux styles de jeu, le *Schoolyard Basketball*, assimilé au jeu pratiqué par la communauté noire américaine, empreint d'inspiration et de liberté, et le *Textbook Basketball*, jeu plus « scolaire » et contrôlé, cette fois lié à la communauté blanche. Cf. George N., *Elevating the game: Black men and basketball*, 1992.

[16] Marcuse P., « The enclave, the citadel and the ghetto », 1993, (« The minimum characteristic of the ghetto is that is a spatially separate area », p. 5).

caractéristique unifiante du ghetto. »[17] (Marcuse P., 1993), le *Rucker Park* a basé son unicité sur les joueurs qui le fréquentent, ce malgré les délocalisations.

En matière d'organisation de groupe, le *playground* est un modèle du genre, et le *Rucker Tournament* sans doute son exemple le plus parlant. Autour de Holcombe Rucker, qui avait lui-même l'habitude de superviser certains joueurs, et notamment leurs résultats scolaires, s'est construit un véritable mécanisme d'organisation de matches et de tournois, aussi informels qu'organisés. L'informel réside dans la spontanéité de l'organisation des matches, et aussi dans certaines interprétations du règlement lors des matches, qui sait être flexible pour la beauté du sport. Tout le reste est parfaitement organisé. Les matches sont même arbitrés par de vrais arbitres, qui pour certains ont fait leurs classes sur le bitume du Rucker avant d'investir les parquets NBA. Sur le terrain, si la liberté est plus importante que sur n'importe quel autre terrain, hors de question de laisser la place au désordre. Les intérieurs ont leur domaine, les extérieurs le leur. L'excellence de la compétition empêche le chaos auquel le public est généralement témoin sur les *playgrounds*. Ici, c'est un véritable ballet, où tout est orchestré par les meneurs de jeu. Rapidité, fluidité et beauté sont des termes parmi les plus souvent employés dans les ouvrages pour décrire les joutes du Rucker.

Si le *playground* est avant tout le domaine des joueurs du quartier, il n'en est pas la chasse gardée. D'autres joueurs – et même des joueurs blancs, comme nous l'avons déjà souligné – peuvent venir y jouer et prouver leur valeur. Dans son livre, Vincent Mallozzi souligne ces migrations de joueurs qui donnent lieu à des affrontements sous forme d'oppositions géographiques. On s'affronte entre quartiers de New York (surtout entre Harlem et Brooklyn), ou bien entre joueurs new-yorkais et joueurs originaires de Philadelphie, une autre Mecque du basket-ball américain. Ainsi, le match est l'occasion de défendre un territoire ou bien d'en conquérir un autre. Enfin, certains joueurs professionnels font le déplacement dans l'unique but d'affronter les stars anonymes du Rucker. Ainsi, le célèbre *playground* devient le point de ralliement de l'élite du basket-ball américain, professionnels fortunés et amateurs désargentés confondus. De plus, au niveau du jeu, le *Rucker Tournament* illustre parfaitement l'évolution de la manière de jouer. Certes, ce terrain n'est pas le berceau de l'ensemble des innovations qui ont été apportées à travers les années au jeu, mais il en a centralisé un certain nombre, notamment au niveau des *dunks* et autres arabesques aériennes, dont certaines, décrites dans les ouvrages et relayées

[17] « (…) it is not simply space that defines the ghetto, it must be some relationship of a set of persons-a group-to others and to the society at large that is the ghetto unifying characteristic », p. 5.

par voie de transmission orale, n'ont pas encore été vues sur les terrains professionnels. Enfin, dans ce monde d'inspiration et de créativité, la technique pure et l'académisme ont également leur place, et bien souvent, les « Dieux de l'Asphalte » décrits par Mallozzi alliaient la technique et le talent pur, l'inné et l'acquis.

Enfin, le *playground* pourrait être décrit comme un creuset. Il réunit tant de joueurs différents, aux origines et aux qualités différentes, qu'il en réalise une synthèse. Ainsi, les joueurs qui y évoluent portent l'héritage de leurs prédécesseurs dans leurs attitudes ou leur manière de jouer. Ils dribblent comme Marques Haynes, ils dunkent comme Dr J ou Earl the Goat, ils s'élèvent comme Helicopter ou The Destroyer. Les surnoms fleurissent, créés sur l'instant par le Maître de Cérémonies qui ponctue chaque action par un bon mot, et un véritable langage propre à ce lieu naît match après match, génération après génération, sans parler du *trash-talking*, véritable institution du basket de rue bien maîtrisée au Rucker. Plus tard, des maillots de joueurs apparaissent, comme autant de signifiants. Une culture se crée, celle du *playground* en général, et de ce *playground* en particulier. Là encore, le Rucker en est l'exemple ultime.

Basket-ball, *playgrounds* et patrimonialisation : le Rucker comme lieu de mémoire

Le patrimoine est un héritage. Il peut être un souvenir, un objet, un message ou bien un lieu. Dans tous les cas, il se transmet de génération en génération au sein d'une population qui forme une communauté dont le lien entre les membres réside dans ce patrimoine. Or, comme le rappelle Gui Di Méo « Pour qu'il y ait patrimoine, il faut (...) un processus (social au sens complet du terme) de patrimonialisation, soit la transformation d'un objet, d'une idée, d'une valeur en son double symbolique et distingué, raréfié, conservé et frappé d'une certaine intemporalité »[18]. Ainsi, lorsque nous employons le terme de patrimonialisation, nous soulignons le processus socio-historique par lequel le *Rucker Park*, ainsi que le type de basket-ball pratiqué sur ce terrain, sont devenus des éléments patrimoniaux, et ce pour plusieurs communautés.

Certes, ce *playground* et ce style de jeu sont le patrimoine de la communauté noire américaine de Harlem, au même titre que le jazz de la Harlem Renaissance[19], mais pas seulement. Dès la naissance du *Rucker Tournament*, cette communauté accueillait les meilleurs joueurs des autres « boroughs » ou quartiers de la ville de New York. Puis vint le temps des duels fratricides

---

[18] *Patrimoine et estuaires*, actes du colloque international de Blaye, 5-7 octobre 2005.

[19] Ce lien est largement évoqué par Cornel West, Chuck D, Spike Lee et Wynton Marsalis dans le documentaire *On the Shoulders of Giants*, de Kareem Abdul-Jabbar.

face aux meilleurs joueurs de Philadelphie, la Ville de l'Amour fraternel, venus disputer le titre officieux de rois du *streetball*. Enfin, le *Rucker Park* est désormais un véritable lieu de pèlerinage pour l'ensemble de la communauté formée par les basketteurs du monde entier sensibilisés à l'histoire de leur sport. Comme le jazz de Harlem, le basket-ball du *Rucker Park* est devenu un phénomène qui a largement dépassé les frontières du quartier. Il s'est non seulement déplacé physiquement – ce style étant pratiqué sur d'autres *playgrounds* des États-Unis et du monde – mais aussi dans les imaginaires. Et comme tout patrimoine « touche (…) aux mythes fondateurs de toute entité sociale construite dans une certaine durée. » (Di Méo, 2008), celui-ci est devenu un référent et même un véritable patrimoine commun aux basketteurs du monde entier.

D'un patrimoine local et fortement attaché à l'histoire culturelle et sportive de la communauté afro-américaine de Harlem, le *Rucker Park* appartient désormais à un patrimoine mondial, sans frontières, à l'image du sport basket-ball. Le point commun entre les membres de cette communauté étant la transmission, que ce soit orale ou écrite, des joutes qu'a pu accueillir le *Rucker Park* au fur et à mesure des années et des joueurs qui ont foulé son bitume. On apprenait ainsi jusqu'aux années 1980 l'histoire du *Rucker Park* à travers le programme « Each One, Teach One ». Celle-ci se transmet aujourd'hui via les ouvrages historiques ou les documentaires vidéos[20]. Chaque visiteur entretient alors ce patrimoine, en y faisant référence dans son jeu, son langage ou son style vestimentaire, avant d'éventuellement apporter sa propre pierre à l'édifice, au détour d'un mouvement nouveau, qui sera lui-même relayé par le bouche à oreille pour entretenir la légende sans cesse enrichie du *Rucker Park*. Car il s'agit bien là d'un patrimoine en perpétuel évolution, auquel chaque période apporte un nouveau chapitre et une nouvelle légende, vérifiable ou non.

Et si aujourd'hui, nous pouvons être témoin de l'évolution de ce patrimoine – le *Entertainers Basketball Contest* (EBC), héritier du *Rucker Tournament*, est retransmis à la télévision, et les plus belles actions sont compilées en DVD mis en vente dans le commerce ou sur Internet –, et si le *playground* accueille davantage de visiteurs, et parfois même les médias, il semblerait que le *Rucker Park* et le jeu qui y est pratiqué restent symboliquement et esthétiquement liés au ghetto. Cependant, et à l'image du quartier de Harlem, le *Rucker Park* a également connu une « gentrification » proche de la déghettoïsation, notamment liée à l'intrusion d'une certaine commercialisation du lieu. Un processus qui, s'il permet de capitaliser sur le sentiment de nostalgie et le besoin, sans cesse plus pressant, de certains puristes de retourner aux racines du jeu, met en péril l'identité du lieu et sa

---

[20] Voir notamment le documentaire *The real Rucker Park legends*.

fonction au sein de la communauté de Harlem ainsi que dans l'évolution du jeu lui-même.

De fait, le *playground* lui-même est porteur de l'identité des ghettos de Harlem. Le basket-ball qui y est pratiqué est également porteur de cette même identité. Le Rucker Park, tout comme le basket qui est joué sur son asphalte, est sans doute, parmi les playgrounds des grandes métropoles américaines, le plus bel exemple pour illustrer ce phénomène de transposition d'une identité à un lieu. Au cours de son histoire, celui-ci a donc subi une transformation géographique, urbaine, mais aussi et surtout culturelle.

« HEAVEN IS A PLAYGROUND » : LE MYTHE DU PLAYGROUND

Il est intéressant de revenir plus longuement sur la cinquième étape du processus de ghettoïsation telle que Wacquant la décrit. Ce dernier parle de fusion des cultures, de partage d'une condition commune, qui aboutit à la création d'une identité collective commune. Comme nous l'avons vu plus haut, le *Rucker Par*k fut, à travers les années, le théâtre d'un tel processus. Au sein de ce *playground* s'est construite une identité qui se retrouve dans plusieurs éléments qui sont désormais partagés sur tous les *playgrounds* et qu'il nous faut

Le *playground* a son langage. Évidemment, le *trash-talking* en est un élément prépondérant. Les joueurs se provoquent, se défient, s'encouragent. Cela donne lieu à des scènes propres au *streetball*, lors desquelles deux joueurs s'isolent pour des un-contre-un successifs. Violemment rejetées par les entraîneurs classiques ou les ligues professionnelles, ces séquences sont les plus attendues sur les *playgrounds* et suscitent l'engouement des supporters qui n'hésitent pas à interrompre la rencontre pour féliciter le vainqueur de ces matches dans le match. Comme nous l'avons évoqué plus haut, le match est commenté en direct par un MC sur un mode proche des *Dirty Dozens* et du hip-hop. C'est souvent dans ces fulgurances verbales du MC ou bien des joueurs eux-mêmes que sont nés les surnoms des joueurs, comme le souligne Vincent Mallozzi. Manigault devient Goat, Knowings devient Helicopter, Erving Dr J et Kareem Reid est rebaptisé the Best-Kept-Secret. Des surnoms hauts en couleur digne de la tradition du *trash-talking*. Aussi, les gestes et actions réalisés en match sont rapidement labellisés. Enfin, l'histoire même de ce lieu est affaire de langage. C'est à travers les mots des anciens joueurs ou spectateurs que les universitaires ont pu reconstruire la légende du Rucker. Une oralité véritablement liée au lieu *playground*, qui restera, malgré la récente médiatisation, le lieu mythique du basket-ball et de ses plus grands exploits.

Les vêtements portés font également sens et font partie de la culture des *playgrounds*. Dans les années 70 et 80, l'élément principal était la chaussure.

À cette époque, la Converse All-Star avait les faveurs des joueurs des *playgrounds*, car elle évoquait les Dr J, Magic Johnson et autres Larry Bird (figure 4). Depuis le moitié des années 80, les Air Jordan ont pris le pouvoir en terme de signifiant, accompagnées des maillots, de plus en plus présents sur le bitume.[21] Là aussi, porter le maillot de Kobe Bryant ou de Vince Carter ne signifie pas la même chose, et la différence est lisible par les initiés, ce qui crée une connivence. Le mouvement est tel qu'aujourd'hui, l'*Entertainers Basketball Classic*, héritier du *Rucker Tournament*, vend des maillots à sa propre effigie, attachant celui qui les portent à l'histoire du tournoi et du *streetball*. Enfin, la marque And One a investi les terrains dans les années 2000, identitairement attachée au *playground* ainsi qu'au mouvement hip-hop, ce qui nous invite à évoquer un nouvel élément de la culture *playground*.

Figure 4 – Julius « Dr J » Erving sur le bitume du *Rucker Park*
Source : New York Times, 1971

Quel meilleur endroit que New York et Harlem pour illustrer cette connivence entre deux principaux éléments de la culture populaire américaine, à savoir la musique et le basket-ball des *playgrounds* ? La proximité géographique entre le *Rucker Park* et la 152e rue, centre névralgique du jazz new-yorkais, établit un premier lien entre le basket-ball et cette musique. Un lien qui remonte aux origines du jazz et du basket-ball, alors que les rencontres de basket-ball se disputaient sur les parquets des

[21] Longeville T. et Leone L., *Sneakers: le culte des baskets*, 2006.

salles de balles avant de laisser la place aux danseurs.[22] Un lien également renforcé par les témoignages de certains joueurs comme Wilt Chamberlain, propriétaire d'un club de jazz (Small's Paradise, qui donnait son nom à son équipe) ou encore Kareem Abdul-Jabbar, grand amateur de jazz et témoin privilégié de cette connivence.[23] Mallozzi et Axthelm font également le récit de matches rythmés par le son des *ghettoblasters* jouant des cassettes de funk dans les années 70, avant que le hip-hop ne s'empare des rues new-yorkaises. À partir de la fin des années 70, Harlem, berceau du mouvement hip-hop, et le Rucker vibrent au rythme des premières *mixtapes*. Dès ses débuts, le hip-hop est lié au *basket-ball*, et plus particulièrement au basket-ball pratiqué sur les *playgrounds*. Kurtis Blow déclare sa flamme à ce sport dans son titre *Basketball*, et le film *Wild Style*, véritable peinture des débuts du mouvement hip-hop, contient une scène de match informel sur un *playground*, précédée d'un face-à-face verbal entre les deux équipes sous forme de *battles*. Dans le *Rucker Tournament*, de célèbres rappers comme Fat Joe ou P Diddy s'improvisent coaches ou mécènes de certaines équipes. Enfin, la marque And One sort ses *Mixtapes*, clips vidéos reprenant les exploits des stars des *playgrounds* sur fond de musique hip-hop, avec parmi ses principales stars, Hot Sauce ou Skip To My Lou, deux égéries du Rucker.

En plus des vêtements et du langage, d'autres liens existent entre les joueurs du *playground*, et notamment un certain nombre de références culturelles. La plupart sont liées à des joueurs, professionnels ou amateurs, dont les actions sont relatées à loisir. Parmi elles, le *double dunk* de Earl the Goat, mis en scène dans le film *Rebound : The legend of Earl « The Goat » Manigault*, qui dépeint la vie de ce joueur d'exception sur fond de *Rucker Tournament*. D'autres films font également désormais partie de la culture *playground*. Tourné sur les *playgrounds* de Venice Beach, à Los Angeles, *White Men Can't Jump* est une référence, notamment par son titre, qui évoque une légende urbaine prêtant une détente verticale plus élevée aux joueurs noirs américains. Spike Lee a quant à lui choisi son propre quartier de New York, Brooklyn, et plus précisément Coney Island, grand lieu de *streetball*,[24] pour son film emblématique *He Got Game* illustrant son amour pour le basket-ball. Dans ce film, les scènes se déroulant sur le *playground* sont frappantes de réalisme, notamment parce que Lee choisit de faire appel à de vrais

---

22 Caponi-Tabery, *Jump for joy: Jazz, basketball and Black culture in 1930s America*, 2008.

23 Dans son documentaire intitulé *On the shoulders of giants: The story of the greatest basketball team you never heard of*, Kareem Abdul-Jabbar évoque le parcours des Rens et les liens entre jazz et basket-ball. Un lien artistique mis en évidence à travers les paroles du trompettiste Wynton Marsalis, qui trace un parallèle saisissant entre ces deux arts.

24 Frey D., *The last shot*, 2004, suivant le parcours de jeunes basketteurs prometteurs de Coney Island.

joueurs. Enfin, *Above the Rim* illustre fidèlement le basket-ball des *playgrounds* et son atmosphère. Surtout, il met en scène un tournoi de *streetball* au cœur de Harlem qui fait clairement référence au *Rucker Tournament* et à tous les tournois que ce dernier a inspiré. Ces quelques films font désormais partie des références partagées par les joueurs fréquentant les *playgrounds*, au même titre que certaines scènes de séries télévisées comme *Le Prince de Bel-Air*, ou certaines interventions d'humoristes comme Chris Rock ou Dave Chapelle.

Enfin, tous ces éléments sont réunis dans un seul et unique élément, le jeu lui-même. Comme nous l'avons évoqué tout au long de cet article, le basket-ball pratiqué sur les *playgrounds* est le reflet de la culture des *playgrounds*, elle-même influencée par la culture environnante des ghettos. Sur ces terrains, les règles sont tacites. Certes, on respecte les règles officielles du basket-ball tel qu'il est pratiqué chez les professionnels. Mais ces règles peuvent être enfreintes et sacrifiées sur l'autel du spectacle. De même, le joueur idéal du *playground* maîtrise les fondamentaux, mais se démarque par son *flair*, son talent et son sens du geste inspiré, qui surprendra l'adversaire et marquera l'esprit du public. Car c'est de cela dont il s'agit. Prendre l'avantage, dominer son adversaire direct, marquer les esprits, et gagner le respect, comme l'on fait précédemment les légendes qui vivent désormais sous la plume des historiens des *playgrounds*. En somme, le joueur de *playground* joue de manière spectaculaire et inspiré et parvient à dominer son adversaire par divers moyens, un panier marqué, une passe millimétrée, un dribble désarçonnant. Qu'il gagne ou qu'il perde, peu importe. Il doit simplement le faire avec talent et classe, et inspirer le respect. Celui de ses adversaires, du public, mais aussi de tous ses pairs, ceux qui partagent avec lui la culture *playground*.

Aujourd'hui, une identité collective commune lie tous les joueurs qui foulent les *playgrounds* de New York, des États-Unis, voire du monde. Ils sont les *streetballers*, les héritiers des gloires passées de la rue. Ils écoutent la même musique, revêtent les mêmes maillots, se chambrent de la même façon,… Et de cette culture est né un imaginaire. Tant et si bien que lorsque l'on passe à côté d'un *playground*, on y recherche ces symboles, ces signes. Les signes de la rue, du ghetto, du jeu inspiré, de la liberté de jouer. Le *playground* est un mythe, un géosymbole, aussi pur que la liberté, et pourtant aussi sombre que certaines allées de Harlem. Un mythe culturel qui marque tous les *playgrounds*, quelles que soient leurs localisations géographiques.

CONCLUSION

Originellement, le *playground* est venu au ghetto par le biais des politiques urbaines. Désormais, c'est le ghetto qui vient au *playground*, à travers ces joueurs qui apportent leur culture ghetto sur les terrains, quel que soit leur localisation géographique, mais aussi à travers le jeu tel qu'il y est pratiqué. Le *playground* cristallise les évolutions culturelles et est devenu un élément du patrimoine afro-américain, ainsi que de la culture partagée par l'ensemble des basketteurs, quel que soit leur âge, leur sexe, leur couleur de peau ou leur nationalité[25]. Il est désormais un référent, mais également lui-même créateur de sens et de symboles culturels. Une dimension mise en danger par son immense succès, qui expose le phénomène *playground* à une vague médiatique et commerciale qui risque de créer un fossé entre les racines éducatrices et culturelles du mouvement et son nouveau destin de succès commercial à la mode.

Avec le temps, le phénomène a largement dépassé le cadre de Harlem. À Venice Beach, les *playgrounds* reflètent la culture de Los Angeles, plus *laid back* dans l'atmosphère comme dans la manière de jouer. L'étude de ce même phénomène dans les autres pays est tout aussi intéressante et reflète une nouvelle facette de la question. Tandis que sur les *playgrounds* des grandes villes américaines se reflète la culture afro-américaine, avec à chaque fois de subtils détails propres à la spécificité des quartiers concernés (sur le *Rucker Park*, on joue un basket-ball besogneux sur fond de *NY State of Mind*, tandis qu'à Venice Beach, on est porté par le vent du Pacifique et les musiques de la côte Ouest), sur les *playgrounds* parisiens se reflète la culture… afro-américaine. C'est le cas à Carpentier, notamment, où des joueurs de toutes origines ethniques et sociales portent sur et en eux, ainsi que dans leur jeu, la culture afro-américaine. Le Rucker est désormais plus qu'un lieu géographiquement identifié, il s'agit aussi d'un géosymbole en perpétuelle relocalisation.

BIBLIOGRAPHIE

ANDERSON L. M., 2006, « "The playground of today is the republic of tomorrow": Social reform and organized recreation in the USA, 1890-1930's », *The Encyclopaedia of Informal Education*, www.infed.org/playwork/organized_recreation_and_playwork_1890-1930s.htm

AUGUSTIN J.-P., STAES N., 2007, « Les YMCA et les débuts du basket-ball aux États-Unis », in F. Archambault, *Double jeu. Histoire du basket-ball*

[25] Si les joueurs sont relativement issus de la même tranche d'âge, le Rucker, comme tout lieu de mémoire, accueille toutes les générations. Aussi, les joueuses sont également invitées sur le terrain si elles le souhaitent. Et si elles sont moins nombreuses que leurs homologues masculins, certaines comme Shannon « Something Special » Bobbitt, ont marqué la légende du Rucker, comme le souligne Mallozzi. Ceci est également vrai pour les joueurs blancs, également acceptés, et parfois admirés comme Billy Rieser « White Jesus ».

entre France et Amériques, Paris, Vuibert, Coll. Sciences, corps et mouvements, 295 p.

AXTHELM P., 1970, *The city game: basketball from the garden to the playgrounds*, Lincoln, University of Nebraska Press, 210 p.

BALUTET N., 2006, *Le jeu sacré maya*, Paris, Le Manuscrit. 73 p.

BUSNEL R., HERMAN G., 1955, « Le basket dans le monde », dans *L'encyclopédie des sports modernes. Le basket-ball*, tome 2, Genève, Kister et Schmid, p. 14-16

CAPONI-TABERY G., 2008, *Jump for joy: Jazz, basketball and Black culture in 1930s America*, Amherst, University of Massachusetts Press, 260 p.

CHAVINIER S., 2011, « Histoire d'un échec : l'introduction du basket-ball en France (1893-1917) », *Science et motricité*, n° 72, p. 41- 46.

CLERC P., 2012, Entrée « Lieu », encyclopédie *Hypergéo*, consultation : septembre 2012, www.hypergeo.eu/spip.php ?article214

DI MEO G., 2005, « Patrimoine et estuaires », *Actes du colloque international de Blaye,* 5-7 octobre 2005, Blaye, France.

DI MEO G., 2008, « Processus de patrimonialisation et construction des territoires », actes du colloque *Patrimoine et industrie en Poitou-Charentes : connaître pour valoriser,* Poitiers-Châtellerault, France.

FREY D., 2004, *The last shot: city streets, basketball dreams*, Boston, First Mariner Book, 233 p.

GEORGE N., 1992, *Elevating the game: Black men and basketball*, Lincoln, University of Nebraska Press, 261 p.

MALLOZZI V., 2003, *Asphalt gods: An oral history of the Rucker Tournament*, New York, Double Day, 255 p.

MARCUSE P., 1997, « The enclave, the citadel and the ghetto: what has changed in the post-fordist city », *Urban Affairs Review*, vol. 33, n° 228.

MASSEY D., S., DENTON N., A., 1993, *American apartheid: segregation and the making of the underclass*, Cambridge, Mass, Harvard University Press, 292 p.

MERLINO D., 2011, *The crossover: a brief history of basketball and race from James Naismith to LeBron James*, Kindle Book, 160 p.

PAOLANTONIO S., 2008, *How football explains America*, Chicago, Triumph Books, 211 p.

TELANDER R., 2008, *Heaven is a playground*, Lincoln, University of Nebraska Press, 224 p.

TYGIEL J., 2001, *Past time: baseball as history*, Oxford, Oxford University Press, 288 p.

WACQUANT L., 2006, *Parias urbains. Ghetto, banlieues, État*. Paris, La Découverte, 332 p.

FILMS ET DOCUMENTAIRES

ABDUL-JABBAR K., 2011, *On the shoulders of giants: The story of the greatest basketball team you never heard of*, Union Productions.

AHEARN C., 1982, *Wild Style*, Rhino.

And one mixtape, 2002, vol. 5, And One.

ANSPAUGH D., 1986, *Hoosiers*, Hemdale Pictures

BAHMEKKA, 2003, *The real Rucker Park legends*, Platinum Sight and Sound.

LA SALLE E., 2004, *Rebound: the legend of Earl « The Goat » Manigault*, HBO.

LEE S., 1998, *He got game*, Forty Acres and a Mule.

LONGEVILLE T. et LEONE L., 2006, *Sneakers, le culte des baskets*, Studio Canal.

POLLACK J., 1994, *Above the Rim*, New Line.

SHELTON R., 1992, *Les Blancs ne savent pas sauter*, Twentieth Century Fox.

EXODE DE PROXIMITÉ ET LOGIQUES PIONNIÈRES

À PROPOS DE LA CONQUÊTE AGRICOLE DU LITTORAL DE LA MER LIBYENNE, EN CRÈTE

Local exodus and pioneer practices :
About the agricultural conquest of Libyan Sea coast, in Crete

Jordi BALLESTA[1]
Géographie-Cités UMR 8504, équipe E.H.GO.

Résumé : Au sud de la Crète, nombre de villages de moyenne altitude perdirent en une décennie environ la majeure partie de leur population. Leurs habitants partirent pour la ville, mais ils s'installèrent également à quelques kilomètres, plus loin encore des centres urbains. À plusieurs centaines de mètres d'altitude en contrebas, de nouvelles productions agricoles et systèmes d'irrigation annonçaient des conditions de vie dissemblables et qui furent préférables pour ceux ayant décidé de vivre et travailler au pays. Tournant le dos à l'urbanisation mais aussi aux modes d'habitation historiques, ils créèrent de nouveaux villages et construisirent au plus proche de la mer, jusqu'en lieu et place des plages.

Mots-clés : migration, colonisation agricole, serre agricole, nouvelle agglomération, érosion littorale, modernité, vernaculaire

Abstract: *In the south of Crete, number of mid-altitude villages lost the most part of their population during about one decade. Their inhabitants left to the city, but they settled also at a few kilometers, farther of the urban centers. Several hundred meters of altitude below, new agricultural productions and irrigation systems announced different living conditions that were preferable for those having decided to continue living and working locally. While the turned their back to the urbanization but also to the historical way of dwelling, they created new villages and built closest to the sea, even on the beaches.*

Keywords: *migration, agricultural colonization, greenhouse, new settlements, coastal erosion, modernity, vernacular*

[1] Courriel : jordi.ballesta@laposte.net

Pour parvenir au noyau historique de Vachos, village crétois en amont de la mer libyenne[2], il est nécessaire de quitter la route goudronnée, puis de descendre sur plusieurs hectomètres un chemin cimenté. S'engager dans sa rue principale implique de parcourir une histoire finissante, faite d'écroulements et d'érosion, d'arbres enracinés à l'intérieur de maisons, de fenêtres traversées par des tuyaux d'irrigation. Outre que son existence ne soit renseignée par aucune signalisation routière, le vieux Vachos tend à disparaître des cartes qui ne sont pas militaires. En ce début de siècle, quelques dizaines de personnes, le plus souvent âgées et natives du village, savent le localiser et pourraient le décrire tel qu'il est. Seule une demi dizaine d'habitants y résident toute l'année et rares sont ceux qui y accèdent, s'y arrêtent ou s'y établissent le temps d'un congé.

En 1951, trois cent dix-neuf habitants furent recensés à Vachos. Deux décennies après, deux cent une personnes y habitaient, puis cent quinze en 2011. Ces chiffres étant a priori surestimés, en raison de natifs urbanisés venus sur place se faire recenser[3], un décompte plus juste fut recherché. Ainsi, en 2005, la population fut évaluée localement à moins de cinquante habitants, en grande majorité retraités[4]. Sur la base de ce dénombrement, dix pour cent environ de la population résidait encore dans le noyau historique. La plupart des autres habitaient à une dizaine de kilomètres de distance et six cents mètres d'altitude en aval, au bord de la mer libyenne (photos 1 et 2).

Huit kilomètres à l'est de Vachos, l'ancien bourg de Kalami s'est également dépeuplé. Après vingt ans de stabilité, sa population s'est réduite en trois décennies de quatre-vingt-dix-sept pour cent. Quatre cent vingt habitants furent recensés en 1951, quatre cent quarante-sept en 1971, huit en 2011. Une dépression démographique, sociale et économique eut lieu et généra un paysage de déprise soudaine. En 2010, la quasi-totalité des bâtiments de Kalami étaient inoccupés, mais leurs intérieurs étaient encore meublés, contenant du linge et des équipements domestiques. Dans l'ancienne école élémentaire, des cahiers, des relevés et bulletins pédagogiques étaient disséminés. Les rayonnages d'un magasin désaffecté étaient emplis de

---

[2] Outre sa proximité avec la mer libyenne, le village de Vachos constitue un des quarante-sept hameaux, villages et bourgs de la commune de Viannos. Celle-ci est située à une soixantaine de kilomètres au sud-est d'Héraklion et s'étend sur quarante-cinq kilomètres de côte, le long de la mer libyenne.

[3] En Grèce, une solidarité démographique avec ceux qui sont restés et une volonté d'influencer les affaires politiques locales incitent généralement les natifs urbanisés à se faire recenser dans leur village d'origine.

[4] Ce décompte provient d'une présentation du village de Vachos publiée dans les actes du premier colloque panviannite. Angelakis A. et Christakis G. (ed.), 2005, *1° Πανβιαννίτικο συνεδριο*, Ano Viannos, Département d'Héraklion et association des viannites « le Patouchas », 536 p. + 152 p.

marchandises. De même, une salle de réunion contenait des isoloirs, des bulletins de votes et des urnes datant des élections législatives de 2000.

Photos 1 et 2 – Vues des localités de Kalami (gauche) et d'Arvi (droite)

À Kalami, le départ des habitants procéda d'une évidente désertion. Vers quelles destinations, les kalamiotes migrèrent-ils ? Pourquoi renoncèrent-ils à leurs patrimoines immobilier et mobilier ? Est-ce par empressement, par insouciance ou par reniement de leur passé ? Comme beaucoup de ruraux, ils partirent pour la ville, mais ils s'installèrent également à quelques kilomètres, plus loin encore des centres urbains. À plusieurs centaines de mètres d'altitude en contrebas, une agriculture émergente annonçait des conditions de vie dissemblables et qui furent préférables pour nombre de kalamiotes, vachoudianni, amirotes[5]. Tournant le dos à l'urbanisation, choisissant le voisinage de la mer libyenne, ils créèrent des hameaux, devenant des villages puis des bourgs, tels qu'Arvi et Psari Forada.

C'est dans le but de comprendre cette migration vers la mer qu'une enquête fut réalisée durant les étés 2008 et 2009, en parallèle d'une présence récurrente depuis l'année 2003. Du fait de la rareté des documents écrits, cette enquête fut principalement photographique et orale. Des prises de vue *in situ* furent réalisées comme autant de prises de note permettant de consigner, designer et interroger ce qui avait été observé. Pourquoi reste-t-il

[5] Les kalamiotes, vachoudianni et amirotes, sont les habitants de Kalami, Vachos et Amira.

des effets personnels à l'intérieur de maisons abandonnées ? Des bâtiments encore en chantier ont-ils été délaissés ? Pourquoi avoir construit si proche de la mer, au risque que la houle atteigne les façades ? Ce que l'enquêteur ne pouvait comprendre au regard uniquement des images produites, des habitants, agriculteurs, maçons ou élus pouvaient a priori l'expliquer. Étant donné les souvenirs partiels de chacun, plus d'une vingtaine d'entretiens furent menées et reposèrent sur la lecture des photographies présentées. Ces photo-interviews[6] permirent *in fine* de découvrir les causes agricoles, circulatoires, matérielles et sociales de la littoralisation des populations villageoises étudiées (carte 1).

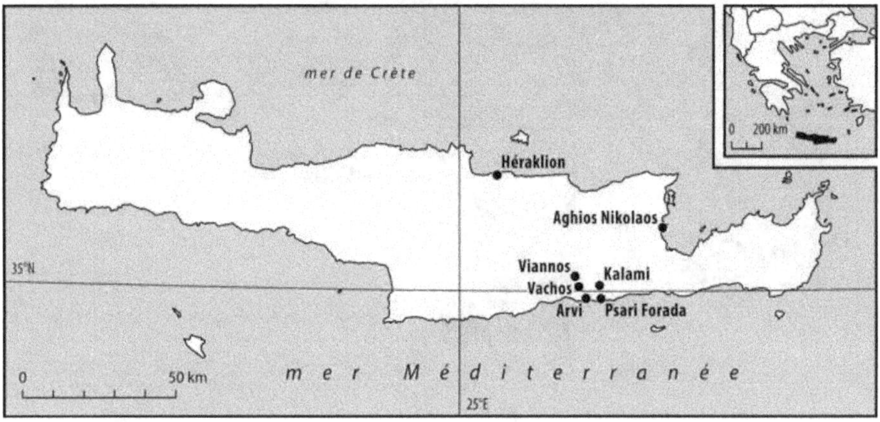

Carte 1 – Les cinq villages étudiés et leur positionnement en Crète

TRANSPLANTATION

Jusqu'en 1981, selon les recensements, la localité maritime de Psari Forada[7] ne fut aucunement habitée. Bien qu'elle existât depuis 1971, d'après l'administration statistique nationale, elle n'avait été jusqu'alors qu'un

[6] La méthode présidant à ces photo-entretiens fut définie dans le cadre d'une thèse de doctorat préparée à l'EHESS, soutenue en 2011 et intitulée *Le projet photographique comme expérience et document géographiques*. Fondée sur une analyse de travaux photo-géographiques et documentaires, tels ceux de Gabriele Basilico, Lewis Baltz ou Alex MacLean, elle fut éprouvée en Grèce, afin d'analyser les manières de construire, d'habiter et d'aménager dans différentes localités. Si ces photo-entretiens entretiennent des affinités méthodologiques avec ceux développés par John Collier Jr. et Malcom Collier dans *Visual anthropology – Photography as a research method*, ils se distinguent du mode d'enquête photographique proposé par Howard Becker dans son article *Les photographies disent-elles la vérité ?* Alors que dans cet article, Becker invite à se demander à quelles questions peuvent répondre des photographies, je me suis demandé quelles questions mes photographies permettent-elles de poser ?

[7] Le toponyme Psari Forada est utilisé localement et génériquement pour nommer les agglomérations littorales et contiguës de Syndonia, Psari Forada et Aghia Paraskevi.

comptoir maritime[8] et un ensemble d'abris agricoles. Au début de la décennie quatre-vingt, deux cent quinze habitants y furent pour la première fois recensés. Puis, en moins de dix ans, peut-être en quelques mois, Psari Forada cumula une population supérieure à celle de Kalami qui constituait pourtant le bourg d'origine de tous ses nouveaux résidents. Ne cessant de croître depuis, quatre cent vingt-quatre habitants y furent comptabilisés en 2011, soit cinquante fois plus que n'en totalisait Kalami. Ainsi, tandis que durant les décennies d'après-guerre, la quasi-totalité des villages grecs, montagneux et insulaires périclitèrent, en raison de l'urbanisation et de l'émigration, la population cumulée de Kalami et de Psari Forada crût de douze unités entre 1951 et 2011. Le déclin démographique de la *métropole*[9] villageoise fut plus que compensé par le développement de sa *colonie* littorale. Parallèlement et à sept kilomètres de distance, un autre ancien comptoir maritime – Arvi – devint un pôle de peuplement. Douze habitants y furent recensés dès 1951, trois cent soixante en 2011, pendant que sa métropole – Amira – perdait soixante pour cent de sa population.

Sans qu'ils aient été fondés par un acte urbanistique et que leur développement ait été planifié par les communautés autochtones ou les pouvoirs publics, Arvi et Psari Forada se développèrent, au point qu'aujourd'hui leur dynamisme démographique, économique et social s'opposent à la décroissance graduelle du chef-lieu communal. Ano Viannos, en effet, s'est dépeuplé des deux tiers depuis 1961 et ce n'est pas pour le rejoindre et l'habiter que les vachoudiani, amirotes et kalamiotes ont migré. Le littoral les attire depuis quatre décennies. Il est le lieu de leur convergence, malgré son éloignement accru vis-à-vis des villes portuaires, malgré la centralité historique, administrative et routière du chef-lieu communal.

L'observation du bord de mer, de ses cultures intensives et de ses étendues sous serre laisse à supposer que le motif de cette affluence fut tout d'abord agricole. La rareté des établissements touristiques et la faiblesse des aménagements côtiers tendent à prouver que si le rivage fut transformé, ce ne fut pas pour répondre à un tropisme balnéaire. La mer libyenne, gardée à distance des siècles durant[10], demeurait et demeure à la marge des activités

[8] En Crète et compte-tenu des difficultés de circulation intérieure, une ligne de transport commercial, par cabotage, reliait les localités littorales, probablement jusqu'à la fin des années trente.

[9] Bien que cet article porte sur des localités rurales, j'utiliserai le mot *métropole* pour qualifier les villages d'origines, « cités-mères », desquels sont partis nombre d'habitants pour fonder des colonies – des nouvelles communautés agricoles – en bord de mer.

[10] Selon les personnes interviewées, les viannites n'entretenaient pas ou peu de relations avec la mer et les plages, et ce au moins jusque dans les années soixante.

locales, malgré quelques usages récréatifs émergents. Pour comprendre cet exode de proximité, il fut par conséquent décidé d'enquêter sur les raisons d'une conquête a priori agricole, sans par ailleurs négliger l'évolution, peut-être cardinale, des modes de circulation, d'habitation et de construction.

L'enquête progressant, deux histoires, à la fois parallèles et singulières, persuadèrent de dissocier les cas d'Arvi et de Psari Forada. Alors qu'Arvi fut habité dès 1951, Psari Forada devint un lieu de résidence permanente quarante années après. De même, Arvi fut le point d'arrivée d'une innovation agricole primordiale : la culture de la banane y aurait été introduite en 1920 par un moine revenant d'Égypte[11]. Le climat subtropical[12] local ne contrariant pas cette transplantation, les bananeraies recouvrirent après-guerre la totalité de la vallée côtière, puis au regard de photographies aériennes[13], elles s'étendirent après 1960 vers de proches bassins et plateaux (photo 3).

Lors d'un dialogue dans un café d'Arvi, avec deux agriculteurs retraités, l'un d'entre eux raconta qu'il descendit s'installer en bord de mer, en 1958, « parce qu'en bas, il y avait du pain ». Il acheta un terrain pour cultiver des bananes, puis des tomates et des concombres « en plein air ». Son voisin expliqua qu'à la même époque, il loua un terrain, pour uniquement cultiver des tomates. Il acheta ensuite une parcelle qu'il construisit et habite depuis. Cette discussion se prolongeant, quelques informations supplémentaires furent engrangées : premièrement, une piste de terre carrossable relia Arvi aux villages historiques et au reste de la Crète en 1958, deuxièmement, des commerçants vinrent d'Athènes et de Thessalonique pour acheter des produits agricoles, à partir de 1960 ou 1961. La production bananière, protégée de la concurrence étrangère[14], tout comme le maraîchage hivernal, favorisé par le micro-climat, devinrent dès lors transportables vers les marchés de consommation grecs. « En bas », « en plein air » puis sous serre, l'agriculture se serait révélée lucrative, car ses primeurs et ses fruits exotiques la rendaient singulière, parce qu'à présent, elle pouvait s'exporter. Néanmoins, tandis que l'un des deux agriculteurs retraités précisa que le

[11] Mallios C., Η καλλιέργεια της μπανάνας στον Δήμο Βιάννου : Οργάνωση, Ποιότητα, Εμπορία, in *Actes du premier colloque panviannite*, p. 185-186.

[12] Selon les habitants d'Arvi et de Psari Forada, le positionnement méridional et la protection contre les vents du nord assurée par le massif du Dikti expliquent qu'une grande partie du littoral viannite constitue la seule région de Grèce où la culture hivernale et en plein air des tomates est possible.

[13] Cf. photographies du service géographique militaire grec [Γεωγραφική Υπηρεσία Στράτου] n° R7.735 et 9.3950 datant de 1960 et 1968.

[14] Jusqu'en 1989 et l'abrogation de mesures protectionnistes européennes, il semble que la consommation de bananes en Grèce dépendait entièrement de la production nationale.

maraîchage débuta au début des années soixante-dix, l'autre rappela qu'il avait cultivé des tomates dès l'ouverture de la route, en 1958, dès lors que ces fruits devenaient transportables sans dommage. Face à ce désaccord chronologique, tous deux recommandèrent, alors, de rencontrer un dénommé Manolis Christakis, en raison de sa mémoire fiable de l'histoire locale.

Photo 3 – Bananeraie en amont d'Arvi, 2009

Manolis Christakis, agriculteur retraité, déménagea à Arvi en 1968, arrêtant ainsi les allées et venues qu'il effectuait depuis 1945, afin de veiller à ses plantations. Originaire de Vachos, il précisa que sur le littoral s'étendait la plus grande bananeraie grecque, laquelle occasionnait de « grands profits », mais ne suscita qu'une immigration lente, jusqu'à l'année de son installation. « À Arvi, les bananes suffisaient, alors que dans les villages du haut, l'huile d'olive procurait de faibles revenus ». Néanmoins, les gains occasionnés étaient proportionnés à une zone de culture limitée et qui ne fut pas extensible pendant plusieurs décennies. Si les tomates en plein air, récoltées en hiver, se contentaient du régime pluvial local, les bananeraies requéraient davantage d'apports hydriques. Précisément, selon Manolis Christakis, cultiver des bananiers hors des vallées littorales, loin des ruisseaux pérennes et des rigoles associées, était impossible, jusqu'à l'introduction de pompes à eau motorisées. Par contre, il se souvint d'avoir cultivé des tomates sur les plateaux qui séparent les bassins côtiers, dès 1961, puis de les avoir irriguées à partir de 1974, grâce à l'eau d'un puits qu'il pompait et canalisait. Là où les bananiers n'auraient pas survécu, les pluies hivernales avaient suffi aux besoins hydriques des tomates, pendant plus d'une décennie.

L'ouverture d'une route non asphaltée, permettant d'exporter vers les villes les fruits et légumes récoltés, aurait-elle déclenché le délaissement des villages d'origine ? Trois autres agriculteurs répondirent positivement, en considérant que la culture des tomates justifia leur départ définitif pour le bord de mer, entre 1965 et 1970. Pour autant, poursuivant leur récit, ils évoquèrent moins les bénéfices économiques de la route que le désagrément occasionné par les déplacements pendulaires. D'Amira à Arvi, de Kalami à Psari Forada, de leur maison à la bordure côtière, le temps de trajet à dos d'âne avoisinait les deux heures, celui d'un aller-retour, le double. Tandis que les tomates imposaient de descendre principalement l'hiver, les bananes nécessitaient une présence annuelle et régulière. Par conséquent, pourquoi habiter à plus ou moins six cents mètres d'altitude quand toute l'année les ressources financières primordiales se gagnaient à proximité de la mer ? Pourquoi ne pas renoncer à son village, migrer à quelques kilomètres et s'établir auprès des cultures lucratives ?

Ces questions trouvèrent une réponse identique à partir du milieu des années soixante : faire d'Arvi un lieu d'habitation, au sein d'une zone d'agriculture intensive. Cependant, trois raisons opposées auraient pu dissuader les centaines de candidats au départ. Premièrement, des agriculteurs avaient déjà acquis des véhicules motorisés, lesquels raccourcissaient le temps de trajet des trois quarts. Manolis Christakis dit par exemple avoir acheté un pick-up en 1960, soit sept ans avant qu'il ne quitte Vachos pour Arvi. Deuxièmement, les réseaux d'eau et d'électricité parvinrent tout d'abord dans les villages historiques, avec plusieurs années d'avance sur le bord de mer. Enfin, les réserves aquifères profondes n'étaient pas encore exploitables et une large part des terres arables ne pouvaient être irriguée. En ce sens, l'un des retraités interrogés au café affirma que descendre habiter à côté des cultures maraîchères constitua un « pari ». S'installer sur le littoral aurait relevé d'un désir de prospérité, que des incertitudes persistantes et une perte de confort temporaire ne pouvaient refréner.

SE RUER VERS PSARI FORADA

Une des hypothèses à explorer, dans le but d'expliquer cet exode de proximité, aurait pu être l'incapacité morphologique des villages historiques à épouser des modes d'habiter nouvellement recherchés. Or, parcourir et observer Vachos, Kalami ou Ano Viannos, permet de constater des transformations substantielles du bâti. Dans ces bourgs et villages, les bâtiments ne furent et ne sont pas des enveloppes à la contenance limitée. Ils furent effectivement et restent potentiellement l'objet d'exhaussement et d'élargissement. Dès lors que le ciment fut facilement disponible, à partir des années soixante, et que les maçons surent armer le béton, des techniques d'adjonction, de superposition, voire d'intrication, ont été employées. De nouvelles surfaces habitables purent être aménagées, si besoin à partir d'appuis excentrés, au point que certaines pièces et terrasses de Kalami sont soutenues par des bâtiments voisins ou empiètent sur la rue. Par ailleurs, Kalami se caractérisa par une riche activité économique et sociale. Une école primaire, un bureau communal, une association éducative, une coopérative agricole, un hôtel, une fabrique de soda, un magasin d'outillage, une conserverie et des épiceries y fonctionnaient. Un coiffeur, une sage-femme, un forgeron, un cordonnier, etc., y travaillaient. Pourtant, en 2009, les anciens kalamiotes se rappelèrent avec quelle précipitation ils désertèrent ce bourg.

En ce sens, Giannis Kassotakis, maçon, agriculteur et ancien représentant municipal, se maria et y construisit une maison, en 1969. À l'amorce des années soixante-dix, il investit et cultiva ses terres littorales, deux ou trois jours par semaine, puis ne retourna à son domicile que les week-ends. En 1976, il déménagea définitivement « en bas », accompagné de sa femme. Plus largement, Evangelia Daskalaki, présidente de l'association culturelle de Kalami, releva que, durant ces années, certaines maisons furent abandonnées, bien qu'elles aient été récemment rénovées ou même encore en travaux. La ruée n'aurait pas été anticipée.

> « La migration intérieure ne leur a pas laissé le temps de profiter de leur maison. Ils avaient des projets à Kalami et, finalement, ils se sont aperçus qu'ils ne pourraient pas les réaliser. À peine le mouvement de rénovation du bâti initié en 1967 fut terminé que les départs vers le bas étaient à leur maximum. Avec les forages, ils avaient compris que leur vie et leur intérêt économique ne se situeraient plus au village et qu'il ne serait pas risquer de le quitter ».

Faisant part de la soudaineté de leur départ vers la mer, nombre de kalamiotes de naissance mobilisèrent un des arguments que les habitants d'Arvi avancèrent : il était logique de partir pour ce qui était encore l'extrémité des terres utiles, tant étaient contraignantes les distances parcourues. Mais alors que certains d'entre eux étaient motorisés, ils mentionnèrent, de manière plus convaincante, le retentissement provoqué par les forages et la sécurisation des ressources hydriques. Il serait de la sorte plausible que l'extension des cultures irriguées et rémunératrices justifia cet exode massif. Toutefois et dans cette hypothèse, pourquoi plusieurs des habitants interrogés ne revinrent plus loger dans leur maison d'« en haut », même passagèrement ? Pour quelles raisons l'ensemble des kalamiotes autorisèrent la submersion future de leur village, sans dédommagement, afin de favoriser l'édification d'un barrage[15] ? L'argument de la distance, les motivations économiques et la découverte de réserves aquifères suffiraient certainement à répondre, si Kalami et Psari Forada n'étaient pas reliés par une route de neuf kilomètres.

Les actes d'un colloque consacré à la commune de Viannos[16], complétés par des informations collectées localement, permettent de dresser la généalogie de cette nouvelle frontière que les kalamiotes s'efforcèrent de repousser jusqu'à la mer, et ce pendant trois décennies. Selon le récit publié par Vangelis Tzanakis[17], deux agriculteurs « avant-gardistes » introduisirent le maraîchage à Psari Forada, en 1950. Ils irriguèrent leurs champs grâce à des puits de faible profondeur, dont ils prélevaient l'eau manuellement ou par traction animale. À partir de 1956, des pompes motorisées furent utilisées et des puits davantage profonds furent creusés. En 1959, Psari Forada fut relié par une piste carrossable. Le transport des produits agricoles ne dépendait plus des ânes ou des barques. Un an après, un premier projet de cultures exportables aurait été concrétisé : un demi-hectare de tomates fut planté, à des fins commerciales. Durant la décennie soixante, Psari Forada se serait ensuite imposé comme « un important centre agricole de la tomate »[18].

Toujours selon Tzanakis, les premières serres agricoles de la commune de Viannos furent construites en 1968, sans réussite, en raison de défaillances techniques et d'une localisation erronée. Cinq ans plus tard, des « producteurs progressistes » parvinrent à mettre en place les premières serres fonctionnelles[19] (photo 4). Ils furent suivis par Giannis Kassotakis et un second agriculteur, en 1974. Néanmoins, Tzanakis ne s'attarda pas sur les bénéfices de ces installations agricoles. Il estima que l'événement le plus important pour l'économie maraîchère eut lieu en 1977, lorsqu'un premier forage de cent-cinquante mètres de profondeur conduisit à l'exploitation de vastes réserves aquifères. L'accès aux marchés urbains, l'arrivée des véhicules motorisés, l'accroissement des rendements et l'expansion des cultures hivernales – sous serre – n'auraient donc pas été aussi décisifs que l'extraction systématique des eaux souterraines. Pour autant et au-delà de la

---

[15] Un projet de construction de barrage fit l'objet d'une étude en 1996, mais faute de financements, sa date d'édification n'est pas encore arrêtée. Il est notable que seulement deux décennies après l'avoir quitté en nombre les propriétaires fonciers de Kalami ont autorisé la submersion partielle du village et ont ainsi privilégié la sécurisation des ressources hydriques à sa pérennité.

[16] Cf. note n° 3.

[17] Tzanakis V., Τα εκτός εποχής κηπευτικά στο δήμο Βιάννου : ιστορική εξέλιξη, υφιστάμενη κατάσταση, προβλήματα και προοπτικές, in *Actes du premier colloque panviannite*, p. 181-184.

[18] Ibid, p. 181.

révolution des modes d'exploitation agricole, ce récit historique est, avant tout, celui d'une conquête qui reposa sur des initiatives « avant-gardistes »[19] et qui fut entreprise par des agriculteurs pionniers. En quittant définitivement leur village d'origine, les kalamiotes allèrent fonder une forme dissemblable de ruralité, habiter un nouveau monde qui n'était occupé qu'à la marge. Construire Psari Forada devait leur permettre de mettre à distance un village qui, probablement, fut sacrifié pour cause d'ancienneté.

Photo 4 – Serre agricole entre Arvi et Psari Forada, 2009

Interrogé sur les motifs de cette descente collective vers la mer, Leftheris Petsakis, agriculteur retraité demeurant à Kalami, se remémora que le débat sur le déplacement des activités agricoles débuta autour de 1955. Il précisa que le ruisseau Kalamiotikos fut canalisé au moment de la dictature, de 1967 à 1974, et qu'en conséquence, les vergers, vignes et potagers du village furent asséchés, au profit du littoral. Cela aurait pu être un facteur de migration vers les zones irriguées, mais les kalamiotes ne se décidèrent en nombre qu'après plusieurs d'années. Selon lui, l'abandon de Kalami s'expliqua avant tout par son inadaptation à la circulation automobile, tandis

[19] Ibid, p. 181.

que les agriculteurs commencèrent à acquérir des automobiles dès 1971 ou 1972.

> « Les rues sont trop étroites et les animaux ne sont plus utilisés. Que doit faire le travailleur ? Prendre la charge sur le dos ? Je peux te dire que cela n'a pas d'intérêt ».

En effet, à Kalami, les habitations ne sont pas accessibles aux voitures, à moins de résider au bord de la route vicinale. Emprunter une route de neuf kilomètres, et de manière récurrente, obligeait à des frais, mais plus encore, l'impossibilité d'accéder à sa maison autrement qu'à pied aurait été de plus en plus rédhibitoire, à mesure que l'équipement automobile progressait. Déménager à Psari Forada signifiait d'habiter là où la prospérité naissait, au plus proche de l'agriculture innovante, mais aussi de ne plus dissocier son chez-soi et les véhicules motorisés.

Tous ces arguments incitèrent au peuplement du bord de mer, sans atermoiement, mais en dépit, d'une part, des avantages propres aux villages historiques, d'autre part, des incertitudes persistantes, quant à la viabilité d'une agriculture à la fois intensive et irriguée. Car, hormis ses fabriques, ses services publics et privés, Kalami fut relié à l'électricité en 1970, soit onze ans avant sa colonie littorale. Manifestement, les attentes suscitées par un monde nouveau furent assez persuasives pour que l'accès au confort moderne soit différé. De même, une école primaire était localisée à Kalami, tandis qu'aucune structure scolaire n'était initialement présente dans la zone côtière[20]. C'est pourquoi l'emménagement auprès des cultures lucratives entraîna une division provisoire de certaines cellules familiales : des enfants rejoignant leurs parents, avec quelques mois, voire quelques années de retard.

Grâce au forage, les ressources hydriques furent sécurisées cette même année, en 1977, mais les agriculteurs de Psari Forada avaient déjà décidé que leur quotidien et leur famille ne se localiseraient plus à Kalami. « Vivre et travailler au pays » impliquaient de ne plus demeurer dans le monde historique et de privilégier les logiques pionnières.

CULTIVER ET CONSTRUIRE AVEC LA PLAGE

Auteur d'un guide touristique de la Crète[21], datant de 1964, Stergios Spanakis décrivit Arvi en ces termes : « hameau maritime […] petite vallée

[20] À Psari Forada, l'empressement fut tel qu'une classe fut ouverte en 1976 chez un particulier, avant que l'année d'après, les habitants construisent un bâtiment scolaire sur un terrain qu'un des leurs offrit à la communauté.

[21] Spanakis Stergios, *Η Κρήτη, Τουριστικός-Ιστορικός-Αρχαιολογικός (tome A)*, éditions Sfakianos, Héraklion, 3e édition (date de parution non précisée mais postérieure à 1982),

magnifique, réputée et plantée de bananiers, climat très agréable et belle plage pour les bains de mer, même l'hiver »[22]. Outre que la magnificence de ce lieu pourrait être contestée un demi-siècle après, il est notable que Spanakis fit référence à une plage qui a manifestement disparu. En 1964, une plage séparait Arvi de la mer ; depuis 2003, deux plages, l'une d'apparition récente et l'autre semblant amoindrie, étaient situées aux limites ouest et est d'Arvi. Qu'était devenue celle dont Spanakis loua la beauté ? Les photographies aériennes disponibles montrent que l'unique plage visible en 1945 et 1960 commença à rétrécir en 1968. Était-ce un signe avant-coureur du changement climatique et de la montée des eaux maritimes ? L'histoire reconstituée de cette plage, puis des plages d'Arvi, indique que la cause première de ce rétrécissement ne procéda aucunement d'un réchauffement global, mais provint d'actions anthropiques locales.

En 2003, il n'y avait plus de plage entre Arvi et la mer. Un port était en construction. Des blocs de plusieurs mètres cubes étaient entreposés au devant des immeubles, sur un sol terreux et empierré, aucunement sablonneux. À l'est et l'ouest du bourg, une mince plage essentiellement de galets séparait la mer de la route et des champs. Face à ce qui sera conçu, officiellement, comme un refuge pour les bateaux de pêche, les bâtiments d'un, deux ou trois étages paraissaient délavés par l'embrun, à moins qu'ils aient subi le déferlement des vagues. En 2004, la plupart des immeubles avaient été ravalés. Ils étaient séparés de la mer par une large rue asphaltée, une esplanade cimentée et le port, protégé du large par une digue de béton. À l'ouest du port, une plage était apparue. Elle paraissait large, en comparaison des maigres cordons sablonneux qui voisinaient Arvi.

Interrogé sur les motivations qui présidèrent à la construction de ce port, à peine utilisé[23], et sur l'apparition de cette nouvelle plage, les habitants d'Arvi firent état d'une nécessité impérieuse et d'une conséquence imprévue. Ils expliquèrent que le sable de l'ancienne plage avait été extrait en vue de la fabrication de béton et de parpaings, mais surtout, afin d'ameublir le terrain des plantations de tomate. Avec ce déplacement du sable, « la mer avança ». Lorsqu'elle était houleuse, ses « vagues s'abattaient

première édition 1964, 544 p. En ce qui concerne Arvi, cette troisième édition ne semble pas avoir été réactualisée. Sa description est probablement conforme à celle de la première édition.

[22] Ibid, p. 140.

[23] D'après le quotidien régional *Patris* daté du 29 novembre 2004, le refuge halieutique d'Arvi était prévu pour accueillir jusqu'à cent cinquante bateaux. Depuis son inauguration, en 2004, il est le port d'attache d'une vingtaine de barques, tout au plus, et n'accueille pas ou quasiment pas de bateaux en transit. http://www.patris.gr/articles/48239?PHPSESSID=8eedmlk80d23ejbnfuv3396gm0

sur les bâtiments ». L'ancienne plage qui s'étirait jusqu'au pied des immeubles fut, en effet, progressivement érodée. Elle était positionnée à l'emplacement de la rue actuelle, liant le bourg et le port, lequel fut construit « pour refouler la mer »[24]. Interrogé à ce sujet, Manolis Christakis data les premières extractions de sable à 1960, lorsque la culture des tomates débuta, et les dernières au début des années quatre-vingt, pour la fabrication de béton. Il soutint également que plusieurs maisons se seraient écroulées si le port n'avait pas été aménagé, du fait de l'avancée de l'eau et de la construction d'immeubles en lieu et place de la plage (photos 5, 6, 7).

Photo 5 – Limites terrestre et maritime de la plage d'Arvi en 2002 (en noir) par rapport à celles de 1968 (en blanc)

[24] Les trois dernières citations sont extraites d'entretiens réalisés avec des propriétaires d'immeubles situés auparavant en front de mer et actuellement face au port actuel.

Photo 6 – Limites de la plage de Xerokambos, à l'est d'Arvi, en 2002 et 1968

Photo 7 – Limites de la plage de Faflangos, entre Arvi et Psari Forada, en 2002 et 1968

Les extractions de sable maritime ne furent pas une spécificité d'Arvi. À Psari Forada, l'extension des cultures de tomate provoqua, selon Giannis

Kassotakis, un net rétrécissement de la plage. Les localités de Faflangos et de Keratokambos furent construites, comme Arvi, à la limite du sable, si ce n'est au-dessus. Des murs les protègent des débordements de la mer. Tandis que les agriculteurs transportaient le sable côtier dans leurs champs, étaient-ils inconscients des risques conséquents d'inondations et de destructions ? Sans doute. Cependant, des intérêts agricoles et fonciers, mais aussi des considérations pratiques, les ont convaincus qu'il serait bénéfique d'habiter au plus proche de l'eau et, tant que possible, en dehors de leurs terres arables.

Premièrement et conformément à la législation sur le littoral[25], les plages étaient et sont un bien public, sous la protection et la gestion de l'État. Elles pouvaient et peuvent être l'objet de concessions provisoires, mais sous réserve du maintien de leur usage public. Au regard du droit, leur surface et leur volume ne pouvaient et ne peuvent donc pas être détournées à des fins privatives et aboutir à une appropriation permanente. Or, la coutume locale promut une interprétation abusive des lois. La plage n'étant en la possession d'aucun propriétaire privé, elle devint un lieu d'extraction et d'extension du parcellaire, à disposition de tous. S'il pouvait être compromettant d'empiéter sur le terrain d'un agriculteur voisin, l'exploitation foncière, matérielle, gratuite et personnelle de la plage n'aboutit à aucune condamnation publique. Que la loi grecque de 1940, *Sur la plage et le littoral*, stipule que toute parcelle privée localisée sur une plage est obligatoirement expropriée par l'État, il n'empêche, ce fut l'inverse qui eut lieu. Des agriculteurs ne souhaitant pas restreindre leur surface agricole, mais décidant d'habiter « en bas », construisirent sur le domaine de l'État.

Deuxièmement, il est probable que des considérations pratiques expliquent cette localisation. Le sable s'imposant comme une matière première de la construction, les habitants en devenir d'Arvi et de Psari Forada auraient décidé d'établir leur maison au plus près de la plage. En ce sens, la migration vers le littoral aurait été facilitée par le remplacement de la maçonnerie en pierre, durant les années soixante, par celle du béton, du parpaing et de la brique. Pourquoi transporter du sable sur plusieurs kilomètres, lorsque le lieu de son extraction avoisine les cultures lucratives ? Pourquoi résider dans le village historique, quand il est si rapide de construire un nouveau bâtiment à côté de ses champs ? Malgré les promesses économiques du maraîchage intensif, il est probable que l'émigration vers la mer, à seulement quelques kilomètres de distance, n'aurait pas été si intense, si les agriculteurs n'avaient pas eu les moyens matériels de construire en quelques jours des baraques provisoires devenant progressivement leurs maisons.

[25] Jusqu'en 1986, année probable de la fin des extractions de sable, la réglementation en vigueur reposait sur les articles 967 et 970 du code civil grec et la loi 2344 de 194.

Enfin, il est une dernière raison qui détermina l'ensemble de ces extractions et de ces empiétements. Les habitants d'Arvi et en moindre mesure ceux de Psari Forada privilégièrent le sable comme matériau, au détriment de la plage comme étendue. Ils choisirent de faire litière du potentiel touristique local, afin de développer l'économie maraîchère. L'exploitation matérielle de la plage fut, de fait, au service de leur conquête agricole, alors que sa préservation aurait pu attirer des vacanciers réceptifs à l'ambiance subtropicale et à la chaleur annuelle. Pour autant, ce choix du tout agricole ne paraît pas avoir été pleinement médité. D'une part, plusieurs personnes affirmèrent qu'il y eut à Arvi une activité touristique, en provenance de l'étranger. Elle se serait arrêtée durant la décennie quatre-vingt-dix, à cause de la multiplication des serres et de leur enveloppe plastique disgracieuse. D'autre part, le littoral nord de la Crète fut l'objet d'extractions de sable, au même titre que les rivages viannites, non pour l'agriculture, mais pour la construction d'infrastructures dédiées à l'activité touristique[26]. Avec incohérence, l'économie balnéaire se serait développée sans qu'une valeur patrimoniale soit attribuée aux plages, en dépit de leur rôle primordial dans l'attraction des vacanciers.

———

Quatre décennies environ après que le délaissement de Vachos, Amira et Kalami ait été amorcé, la nouvelle frontière agricole d'Arvi et de Psari Forada n'est qu'en partie stabilisée. Malgré des empiétements persistants, au détriment de certaines plages, ce n'est plus vers la mer, mais vers l'intérieur, que de nouvelles terres arables sont conquises. Le parcellaire à proximité du rivage étant saturé de plantations et de constructions, augmenter la production maraîchère nécessite de mettre en culture des versants restés jusqu'alors incultes et inoccupés. À cette fin, des escarpements sont régulièrement arasés, afin d'être propices au maraîchage intensif ; les marges, les interstices, et en particulier les abords des plages, font alors office d'aires de déchargement de la terre et de la roche retirées.

[26] Au sujet du rétrécissement des plages en Crète, il est possible de se reporter sur les travaux de Kostas Synolakis. Dans les actes du premier colloque panviannite, ce spécialiste des mouvements marins constata que « les plages de Crète se sont érodées durant les dernières décennies, en raison de facteurs anthropiques et, en particulier, de travaux d'infrastructures improvisés et souvent mal conçus, lesquels sont liés au brusque développement touristique ». Dans un article du quotidien grec Ta Nea, daté du 24 avril 2009 et consacré aux travaux de Synolakis, le journaliste Stefanos Krikkis lia le début de l'érosion des plages grecques à la reconstruction d'après-guerre. Selon lui, les cimenteries locales produisaient du béton armé à partir du sable maritime, en raison de sa gratuité, mais sans prévoir que les chlorures qu'il contient auraient un effet corrosif. Il affirma enfin, qu'avant 1975, de nombreuses municipalités vendaient du sable maritime et qu'il n'était pas rare de voir des panneaux « sable à vendre », à proximité des plages.

Après le renoncement aux métropoles villageoises, le développement de colonies littorales et l'épuisement des plages, c'est donc une artificialisation de la géomorphologie locale qui se matérialise. Cette artificialisation est quasiment libre d'autorisations administratives, parce que contrarier l'altération du relief et soumettre les agriculteurs à des politiques conservatoires entraveraient l'économie maraîchère et inciterait les jeunes à migrer. C'est du moins ce qu'expliquèrent des représentants de la municipalité. Au bord de la mer libyenne, les logiques pionnières souffriraient d'être par trop réglementées et d'être soumises à des objectifs de durabilité, sauf à ne plus être lucratives.

En définitive, enquêter sur le rivage sud crétois, entre Arvi et Psari Forada et jusqu'à la commune voisine de Ierapetra[27], permet de constater la prégnance d'une géographie vernaculaire, pourtant générée par une économie agricole standardisée et internationalisée. Faiblement aménagée, instable et faite d'une multitude de discontinuités, la géographie de Vachos, Kalami et de leurs colonies littorales ressemble au paysage vernaculaire tel que John Brinckerhoff Jackson l'a théorisé. Composée d'« espaces généralement modestes, de forme irrégulière, sujets au changement rapide dans l'usage, dans la propriété, dans les dimensions » et de villages qui « s'étendent, se réduisent, changent de forme et d'emplacement », elle se caractérise aussi par une « inépuisable habilité à trouver des solutions à court terme » et un « usage utilitariste, irréfléchi, de l'environnement »[28].

[27] Une comparaison des modes d'occupation et d'exploitation du littoral sud crétois et du Campo de Dalías serait également intéressante à réaliser. Bien que cette plaine côtière de la province d'Almeria soit composée de trente mille hectares de serres, soit cent fois plus environ que la bande littorale d'Arvi à Psari Forada, ces deux régions sont sans doute caractérisées par des processus et des problématiques similaires : conquête de terres littorales précédemment incultes ou marginales, développement d'un maraîchage intensif tourné vers le marché européen, plastification du paysage et déséquilibres écologiques.

[28] Jackson John Brinckerhoff, *À la découverte du paysage vernaculaire*, Arles, Actes Sud – ENSPV, 2003, 288 p. Citations p. 268, 268 et 274.

SUR LES PAS D'ALEXANDRE DUMAS

APPROCHES GÉOGRAPHIQUES DU « VOYAGE EN SUISSE »

Walking by Alexandre Dumas' side:
a geographical approach of the book « Le voyage en Suisse »

Xavier BERNIER[1]
Laboratoire EDYTEM (Environnements et DYnamiques des Territoires de Montagne)
Université de Savoie

Résumé : En juillet 1832, Alexandre Dumas entame un voyage qui va le conduire de Paris aux bords du lac Majeur. Ce périple lui fournira la matière à un ouvrage méconnu, le *Voyage en Suisse*, appelé à devenir une référence pour toute une série d'autres *Impressions de voyage.* Alors que se perpétue en Europe la tradition du *Grand Tour,* ce travail cherche à montrer toute la modernité de la démarche de Dumas dans l'histoire culturelle du voyage et dans sa restitution littéraire. Ni tout à fait récit, ni tout à fait guide, le livre de Dumas se caractérise par un empilement de genres et de modèles restitutifs entre lesquels l'auteur propose d'incessants allers et retours. Le *Voyage en Suisse* sert de matériau principal à cette communication de géographie historique. L'itinéraire d'Alexandre Dumas est ici reconstitué et restitué à travers la production de cartes et de graphes. C'est également tout le protocole narratif que l'on cherche à décrypter pour mieux envisager sa place dans une pratique de l'espace alpin.

Mots-clés : Alexandre Dumas, géographie historique, mobilités, voyage, guide, tourisme, Suisse

Abstract: *In July 1832, Alexandre Dumas starts a travel that takes him from Paris to the Lake Maggiore. It was a special experience of travelling. This trip inspired him an unrecognized book, 'Le Voyage en Suisse'. It was the first one of a series of publications called 'Impressions de Voyage'. While at that time, the "Grand tour" becomes a tradition in Europe, this work aims to show the modernity of Dumas's approach in the cultural history of travel and its literary restitution. Nor exactly a narration or a guide, Dumas's book is characterized by a compilation of genres and restitution models. 'Le Voyage en Suisse' is the main material for this paper of historical geography. Alexandre Dumas's itinerary is reconstructed here though the production of maps and graphs. The narrative protocol is also deciphered to better understand its place in a practice of the alpine space.*

Keywords: *Alexandre Dumas, historic geography, mobility, travelling, 'Grand Tour', tourist guide, tourism, Switzerland*

[1] Courriel : xavier.bernier@univ-savoie.fr

INTRODUCTION : DE L'EXPLORATEUR AU TOURISTE, LE VOYAGE EN SUISSE AU SERVICE D'UN LABORATOIRE GÉOGRAPHIQUE

C'est un lieu commun d'envisager la Suisse comme une terre de passages, où, quelle que soit l'échelle envisagée, les mobilités traversières ont largement contribué à l'édification des paysages et de la nation (Walter, 2004 ; Pigeon, 2004 ; Bernier, 2009). Dans leur anthologie des voyageurs français et européens, Reichler et Ruffieux (1998) insistent aussi sur la place de choix de la Suisse dans cette pratique de l'espace européen depuis au moins la Renaissance. Le voyage dans les Alpes est ainsi indissociable de la construction des savoirs à l'époque moderne (Bourdon, 2011). Et la production bibliographique s'est d'abord inscrite dans le registre des tableaux scientifiques dont Buffon (1749) et De Saussure (1779) sont les deux principales figures. Une production plus clairement littéraire a néanmoins trouvé sa place au début du XVIIIe siècle. *Les délices de la Suisse* d'Abraham Ruchat ont par exemple maintes fois été réédités à partir de 1714. En raison de sa puissance évocatrice et surtout de la personnalité de son auteur, le savant bernois Albrecht von Haller, surnommé le « Christophe Collomb des Alpes », le fameux poème *Die Alpen* (« *Les Alpes* », 1729, 1732) a aussi durablement marqué la littérature proto-touristique. Devanthéry (2008) se plaît malgré tout à rappeler que pendant toute l'époque classique et des Lumières, la Suisse n'était pas vraiment un but de voyage, mais plutôt un simple lieu de passage, en particulier vers l'Italie. À la fin du XVIIIe siècle, la Suisse devient pourtant un espace à visiter. La parution et la diffusion de l'ouvrage du révérend Coxe (1779, 1782) est un déclencheur en même temps que le signe d'un changement d'époque. Traduit et enrichi de nombreux apports par Ramond de Carbonnières (1782), il devient « *un manifeste de la littérature alpestre, un livre-phare pour les lecteurs et les voyageurs romantiques* » (Reichler et Ruffieux, *op. cit.*). En ce sens, il se place déjà sur un plan différent des témoignages romantiques et contemplatifs d'un Rousseau dont paraît la même année « *Les rêveries du promeneur solitaire* » (Dumas a bien sûr aussi pu lire « *La Nouvelle Héloïse* », paru en 1761). Il annonce toute une série de guides bientôt consacrés à la Suisse, parmi lesquels ceux de Heidegger (1787), de Martyn (1788), de Reichard (1793) ou de Ebel (1795). Ce dernier est d'ailleurs à l'origine d'une production pléthorique d'« *Instructions* » et de « *Manuels* » qui a beaucoup participé aux fondements des guides touristiques alpins.

Quand Alexandre Dumas quitte Paris pour les Alpes le 21 juillet 1832, la Suisse n'est donc plus une terre à défricher pour les voyageurs. À 30 ans, il a alors surtout publié des vaudevilles et des drames historiques. Après Goethe (1775, 1779 et 1797 (Chiado-Rana, 2005)) et avant Hugo (1839) dont les carnets de voyage seront édités à titre posthume (1890 ; rééd. 2005), il participe alors à ce que l'on a déjà coutume d'appeler *le Grand Tour* (Boutier, 2004 ; Guyot, 2007). Et les Alpes, en particulier suisses, occupent souvent une place de choix dans cet exercice. Schopp (préface Dumas, 2005) souligne combien il l'appréhende de façon élitiste et comment il se gausse volontiers des hordes, majoritairement britanniques, qui s'extasient devant les paysages sublimes dont les guides commandent l'admiration. Entre Paris et Arona, sur les rives du lac Majeur, Dumas effectue un périple de deux mois environ et en ramène les *Impressions de voyage en Suisse* (les éditions originales datent de 1834, 1835 et 1837) dont nous faisons le matériau principal de ce travail (sur la base de l'édition de 2005). Cet ouvrage méconnu est pourtant remarquable à plusieurs égards. Par son titre, appelé à devenir générique pour l'auteur, qui livrera des *Impressions de voyage* en Russie, dans le Midi de la France, en Sicile, à Naples, de Paris à Cadix,..., il marque le début d'une collection. Mais il se distingue surtout par un empilement de récits et un mélange des genres à travers une succession de lieux. Dans ses Mémoires, Dumas donne sa définition du voyage dans ces termes : « C'est vivre dans toute la plénitude du mot ; c'est oublier le passé et l'avenir pour le présent ; c'est respirer à pleine poitrine, jouir de tout, s'emparer de la création comme d'une chose qui est sienne, c'est chercher dans la terre des mines d'or que nul n'a fouillées, dans l'air des merveilles que personne n'a vues ; c'est passer après la foule et ramasser sous l'herbe les perles et les diamants qu'elle a pris, ignorante et insoucieuse qu'elle est, pour des flocons de neige et des gouttes de rosée ». Schopp (*op. cit.*) rappelle d'ailleurs volontiers sa tendance à s'appuyer sur les verbes exprimant la prise de possession (*s'emparer, chercher, fouiller, ramasser*) par l'entremise du regard. Écrivain, historien, conteur, touriste, journaliste, géographe, l'auteur est assurément tout cela à la fois. Au-delà d'une traversée de la Suisse, c'est aussi une traversée de l'espace européen dont rend compte *Le voyage en Suisse*. La place des montagnes et le regard porté par les sociétés sur les mondes d'en-haut se renouvelle et s'enrichit. Si Dumas se tourne vers la Suisse, c'est aussi parce que, victime d'une attaque de choléra au printemps précédent, il suit les conseils de son médecin qui lui a décrit une terre de prédilection pour qui recherche les vertus du « bon air des montagnes » (Reichler, 2005 ; *L'Alpe*, 2005). Mais le départ vers les Alpes est aussi un exil politique volontaire pour ce Républicain impliqué dans les Trois Glorieuses de juillet 1830.

L'ensemble fourni est foisonnant et constitue un véritable laboratoire géographique pour l'histoire des transports et des mobilités autant que pour une réflexion épistémologique sur le voyage. Stendhal ne disait-il pas déjà que la littérature est « un miroir que l'on tend le long d'un chemin » (*Le Rouge et le Noir*, 1830) ?

Sur la base de ce *Voyage en Suisse*, il s'agit d'abord de reconstituer le parcours d'Alexandre Dumas pour le cartographier et l'exprimer sous forme de graphe interprétatif. La diversité des moyens de transports utilisés, le choix de l'itinéraire, des étapes, des lieux visités... interrogent sur la construction d'un itinéraire touristique autant que sur le sens à donner à cet agencement topologique. Par sa praxis de voyageur, les descriptions et les témoignages livrés dans ses *Impressions*, il propose une traversée moderne de l'espace suisse.

DE MONTEREAU (FRANCE) AU LAC MAJEUR (ITALIE), LE VOYAGE EN SUISSE D'ALEXANDRE DUMAS (1832) : UN AGENCEMENT TOPOLOGIQUE ET DES ITINÉRAIRES TOURISTIQUES

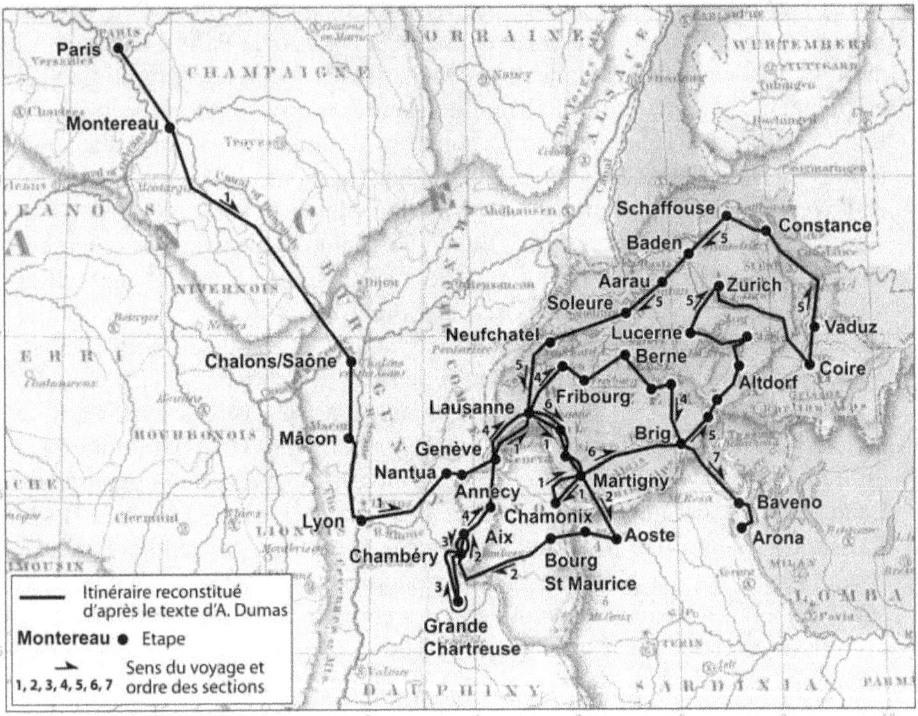

Fond de carte extrait de Map of central Europe by W.C. Woodbridge / Artford / 1832.
Source : Alabama Department of Archives and History
© X. Bernier, 2012

Figure 1 – De Paris à Arona, l'itinéraire d'A. Dumas dans son *Voyage en Suisse*

S'il évoque son départ en voiture de Paris, le voyage en Suisse d'Alexandre Dumas débute à proprement parler à Montereau, dont le port et au-delà la place dans la géographie des transports de l'époque, seront aussi largement évoqués par Gustave Flaubert dans *L'Éducation sentimentale* (1869). C'est le point de départ d'un périple (voir figure 1) qui va le conduire jusqu'à Lyon (section 1 de la figure), puis, après une première boucle en territoire suisse, dans les Alpes de Savoie : depuis Aoste à travers la Tarentaise avant de rejoindre Aix-les-Bains d'où il réalisera une boucle pour visiter la Grande Chartreuse (sections 2 et 3). Revenu en Suisse par Annecy et Genève, il effectuera à partir de Lausanne sa principale boucle en Suisse (sections 4 et 5), débordant au Liechtenstein (Vaduz) et dans la Confédération germanique (Constance). Enfin, à partir de Brigue, il passera le col du Simplon pour terminer son voyage à Arona dans le Royaume de Piémont-Sardaigne, sur les bords du Lac Majeur (sections 6 et 7). On a donc bel et bien affaire à un voyage international et Dumas ne manque pas de faire des comparaisons et des parallèles entre les pays, leurs habitants et leur présupposées qualités et tares... Mais cette dimension internationale est surtout une plus-value à ses yeux : » J'étais parti le matin d'une principauté libre, j'avais longé une république, écorné un empire, déjeuné dans un royaume, et enfin j'étais venu me coucher dans un grand-duché, tout cela en dix-huit heures. Le lendemain, j'arrivai à Constance » (Dumas, 2005, p. 465).

Exprimé sous forme de graphe à travers la figure 2, son voyage fait apparaître une véritable proto-intermodalité dont Lausanne apparaît clairement comme le point nodal (Bernier, 2005). L'auteur ne passera pas moins de trois fois dans la ville... Brigue et Martigny seront visitées deux fois, tandis que Martigny toujours (point de départ d'un circuit autour du Mont Blanc par le col de Balme, Chamonix puis le col des Montets et Trient), mais aussi Aix-les-Bains et Interlaken (voir détails sur figure 3) serviront de base à des boucles secondaires ou à ce que l'auteur se plaît à désigner sous le terme de « courses ». Au final, le triangle Lausanne – Martigny – Brigue constitue bien l'ossature principale du parcours, révélatrice du poids de ces axes commandés par quelques-uns des principaux cols alpins : Grand-Saint Bernard et Petit-Saint Bernard, Furka, Saint Gothard, Simplon... Et l'auteur du *Voyage en Suisse* de décrire ici la qualité et la praticabilité des « routes » comme celle du Montenvers (Chamonix), « une des plus exécrables que j'aie faites ; vers la fin de l'année surtout, lorsque les gens de pied et de mulets l'ont dégradée, les parties étroites du chemin s'éboulent et alors la surface plane disparaît et fait place à un plan incliné. Or, c'est comme si l'on marchait à une hauteur de deux mille pieds sur un toit d'ardoises » (*ibid. cit.*, p. 101). Ou cette « *route tremblante et suspendue* » dans la région de Coire avec ce « *dangereux chemin sous cette gorge infernale* » (*ibid. cit.*, p. 451). Et d'insister sur le caractère plus ou moins adapté du réseau routier, quand il raconte l'histoire de « l'Anglais qui avait pris un mot pour un autre » (*vogel* pour *wagen* : oiseau au lieu de voiture) et qui, du coup, alors qu'en sortant de Gstaad, « la route cesse d'être carrossable et ne le redevient qu'à Winkel », avait renversé une calèche dans un sentier à mulets (*ibid. cit.*, p. 386)... Il démontre ailleurs une conscience très vive de la saisonnalité et de ses éventuelles conséquences : « Comme nous avancions dans la saison, de jour en jour, le Simplon pouvait devenir impraticable » (*ibid. cit.*, p. 528). La qualité des routes est clairement appréciée à l'aune de leur « carrossabilité » et de leur « praticabilité ».

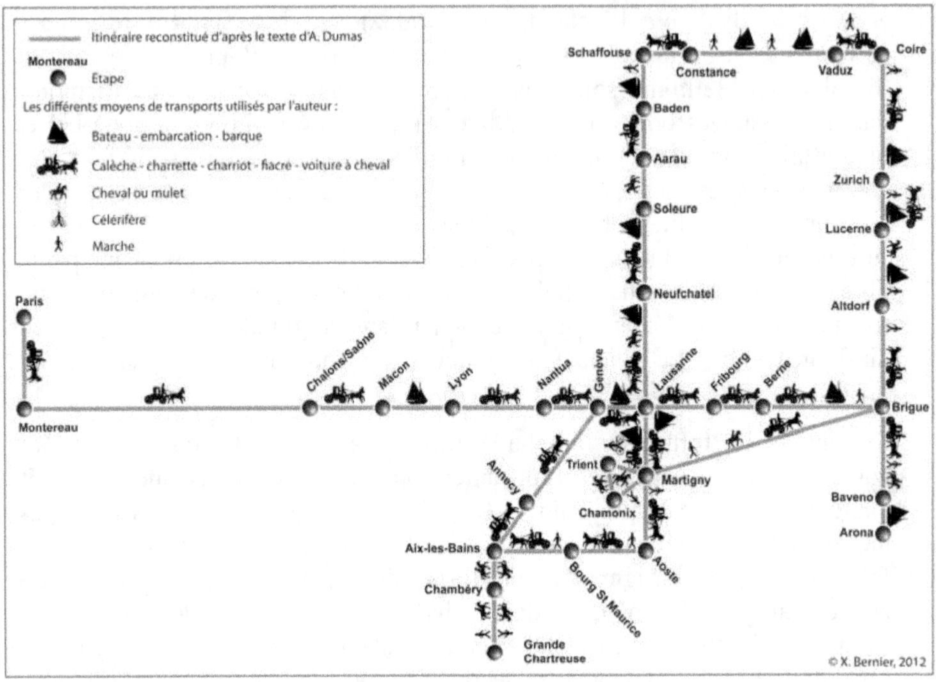

Figure 2 – Les différents moyens de transports utilisés par Alexandre Dumas dans son *Voyage en Suisse* et les principaux nœuds de son itinéraire exprimés sous forme de graphe

Mais Dumas tendrait plutôt à se féliciter de l'état du réseau routier suisse, comme par exemple quand il évoque la route de Berne jusqu'à Thoune, « une des moins monstrueuses et des plus faciles de toute la Suisse. En général, les chemins des cantons de Vaud, de Fribourg et de Berne sont admirablement tenus […,] non seulement pour les gens de voiture, mais aussi pour les piétons » (*ibid. cit.*, p. 205). Ces détails apportés aux itinéraires proposent en fait aux lecteurs un exercice du voyage reproductible. L'ouvrage de Dumas retrouve donc ici les ambitions d'un guide de voyage, tel que celui-ci apparaît depuis l'Ebel et participe ainsi à la « transformation du voyage aristocratique en voyage bourgeois, du Grand Tour au tourisme » (Devanthéry-Jemelin, 2007). Parce qu'il ne s'agit pas d'une restitution « mécanique et impersonnelle », le *Voyage en Suisse* préfigure déjà « les premiers Murray (français), Baedecker (allemand) et Joanne (français) » […] qui « combine[nt] un rôle d'informateur à celui d'éducateur (voire de créateur du tourisme moderne » (*op. cit.*). Dumas cherche par exemple à faire comprendre les enjeux socio-économiques et politiques de ces routes de montagne, en particulier quand il décrit cette « route nouvelle du Saint-Gothard à Altdorf […], profitable surtout au canton d'Uri et qui a été exécutée par lui avec l'aide de ses frères les plus riches : les cantons de Berne, de Zurich, de Lucerne, de Bâle [qui] lui ouvrirent généreusement leur bourse à son premier appel et lui prêtèrent entre eux, et sans intérêt, huit millions qu'il acquitte religieusement en leur rendant une somme annuelle de cinq cent mille francs » (Dumas, 2005, p. 269). Comment ne pas renvoyer ici aux travaux de Pigeon (2004) ou de Walter (2004, 2009, 2011) pour comprendre, dans la profondeur historique et à travers une analyse multiscalaire, le rôle de la route du Gothard dans la construction de la Suisse moderne… ? Plus qu'un simple usager, Dumas livre pour l'époque une analyse géographique très sûre de ce qu'on pourrait appeler la géopolitique circulatoire. Par ses témoignages, il atteste aussi du caractère tangible des enjeux liés aux aménagements sur le terrain.

Les artefacts développés le long des routes autant que les repères matérialisant des passages et des limites attirent ainsi tout particulièrement son attention. Non pas tant pour eux-mêmes comme pourrait le suggérer la précision des descriptions, mais pour les spatialités et les enjeux révélés (Si l'on suit Lussault (2009, p. 20), l'espace constitue « *l'ensemble des phénomènes exprimant la régulation sociale des relations de distance entre des réalités distinctes* » et la spatialité « *l'ensemble des usages de l'espace par les opérateurs sociaux* ».). Alors que sont aménagés les premiers tunnels alpins (Gauchon, 2002), et bien que les premières occurrences dans l'utilisation de ce terme d'origine anglaise soient contemporaines de son voyage en Suisse, Dumas les décrit dans un vocabulaire plus flou, mais avec beaucoup d'admiration. Trois aménagements sont ainsi clairement décrits dans son récit. Il s'agit d'abord du tunnel des Échelles : « À trois lieues de Chambéry [La réalité euclidienne dépasse le double ; cette sous-évaluation montre combien il s'agit d'une distance vécue], nous passâmes sous une voûte qui traverse une montagne ; elle peut avoir cent cinquante pas de longueur. Ce chemin, commencé par Napoléon, a été achevé par le gouvernement actuel de la Savoie. Ce passage franchi, on rencontre bientôt le village des Échelles » (Dumas, 2005, p. 149). Sur la « route nouvelle » déjà évoquée du Saint-Gothard à Altdorf, le deuxième tunnel est traversé un peu avant d'arriver à Andermatt. « La route, arrivée à cet endroit, s'est donc heurtée contre la base granitique du Crisalp et il a fallu creuser le roc pour qu'elle pût passer d'une vallée à l'autre. Cette galerie souterraine, longue de cent quatre-vingts pieds et éclairée par des ouvertures qui donnent sur la Reuss, est vulgairement appelée le trou d'Uri » (*ibid. cit.,* p 269). Un troisième aménagement est évoqué en fin de voyage avec deux structures distinctes après le village du Simplon. « On rencontre [d'abord] la galerie d'Algaby, la plus longue et la plus belle, qui traverse deux cent quinze pieds de granit pour s'ouvrir sur la vallée de Gondo ». Plus loin, il traverse « la galerie de Gondo, longue de sept cents pas, éclairée par deux ouvertures » (*ibid. cit.,* p. 533) où il remarque la date de 1805 gravée dans le granit. Les ponts donnent également lieu à quelques remarquables développements, même s'il ne s'attarde pas sur les détails quand, par exemple, il traverse facilement le Rhône après Loèche-le-bourg (*ibid. cit., p.* 257). Dans la vallée de la Reuss, il ne manque pas aussi d'évoquer le fameux *Pont du diable*, et, une lieue après celui-ci, « un second pont jeté sur cette rivière et à l'aide duquel on passe d'une rive à l'autre ; il a été bâti à l'endroit même appelé le saut du Moine (*ibid. cit*., p. 274). En redescendant vers Altdorf, il se fait plus technique quand il décrit le pont couvert qui traverse la Schachen (*ibid. cit.*, p. 314). Tout au long de son parcours, de nombreuses allusions sont aussi faites aux marqueurs supposés matérialiser l'entrée des villes (« La porte par laquelle on entre dans Fribourg en arrivant de Morat est une des constructions les plus hardies que l'on puisse voir. Suspendue comme elle l'est au-dessus d'un précipice de deux cents pieds de profondeur, on aurait qu'à la détruire pour rendre la ville imprenable de ce côté ». (*ibid. cit*., p. 183) ; « Nous entrâmes dans Neufchâtel par une porte de barricades ; elle datait de la révolution de 1831 » (*ibid. cit*., p. 509) ou les passages importants (« Le fort de l'Écluse est la porte de la France [...]. Du côté de Genève, nos passeports nous furent demandés avec tout la politesse qui distingue la troupe de ligne de la gendarmerie et, comme chacun de nous était en règle, on ne fit aucune difficulté de rouvrir la porte » (*ibid. cit*., p. 42)). Au final, ce sont bien les usages et les marqueurs d'un espace investi par ses différents opérateurs sociaux qu'il envisage à travers ces différents artefacts. Ce sont des repères pour le voyageur ; ils disent les sociétés traversées et leurs histoires.

La question de l'appréhension des distances, et pas seulement euclidiennes (Lévy, 2009), est aussi une donnée récurrente dans le récit de son voyage (ce qui est un thème alors très fréquent, qui montre comment ces gens de la plaine sont déroutés, comment ils doivent prendre d'autres repères). Il s'intéresse d'abord aux problèmes liés à leur perception, comme ici dans le massif du Mont-Blanc : « J'ai déjà parlé de la difficulté de calculer les distances dans les montagnes et des illusions d'optique qui résultent de la proportion exagérée des objets que l'on a sous les yeux. De la Croix de Flegère nous apercevions, comme si une heure seulement de chemin nous en séparait, la petite maison blanche au toit rouge qui s'élève dans l'échancrure du col de Balme et qui, cependant est éloignée de quatre lieues à peu près, distance à laquelle il serait impossible de la distinguer dans nos plaines » (*ibid. cit.,* p. 85). Mesurer les distances, en pas, en pieds, est aussi une préoccupation constante chez Dumas. Il s'agit éventuellement de les convertir en fonction du pays traversé, de l'identité de son interlocuteur ou encore du guide qui l'accompagne : « Il était cinq heures du matin lorsque je sortis de [Brigue], et j'avais douze lieues de pays à faire, ce qui en représente à peu près dix-huit de France. Ajoute à cela que le sentier va toujours en montant » (*ibid. cit.,* p. 258) ; « En arrivant à Obergestelen, je dis à Francesco que j'étais parti de Brigue le matin. Il me répondit que j'avais fait dix-sept lieues d'Italie ». (*ibid. cit.,* p. 262). Ailleurs encore, après avoir secouru l'Anglais accidenté (*cf supra*) et en arrivant à Winckel, il fait ce constat : « J'avais fait à peu près sept ou huit lieues de France » (*ibid. cit.*, p. 390). Distance banale, distance réseau, distance-coût ou distance-temps sont tour à tour mobilisées pour restituer les distances, preuve de l'étendue du spectre appréhendé et du niveau de modernité revendiqué. S'il se fait fort d'utiliser toutes sortes de moyens de transport (voir figure 2), c'est autant pour tester ce qu'on pourrait appeler une proto-intermodalité que pour inscrire là aussi sa pratique du voyage dans un espace alpin moderne.

Au départ, l'auteur se fait fort, avec son bâton ferré à la main et ses souliers, de parcourir le maximum de terrain à pied, en particulier en territoire de montagne. Il négocie d'ailleurs souvent la possibilité de marcher à côté des montures ou des calèches fournies par ses guides. C'est par exemple le cas à partir de Laax (voir détails sur la figure 3) quand il cherche à rallier la source du Rhône. Mais, au fur et à mesure de la progression du voyage, il cherche au contraire à éviter les parcours à pied. « Nous devions partir à cinq heures du matin d'Interlaken, dans une petite calèche qui devait nous conduire jusqu'à Kandersteg, lieu auquel la route cesse d'être praticable. C'était toujours la moitié du chemin épargnée à nos jambes » (Dumas, 2005, p. 242). Ou encore comme ici près de Aarau : « Pour arriver à la cime la plus élevée, on n'a qu'à se mettre dans une bonne calèche et à dire : « Marchez ! » Cela vous coûte vingt francs, c'est-à-dire un peu moins cher que si vous faisiez la route à pied et en prenant un guide. Ce mode de locomotion m'allait d'autant mieux que je commençais à être à bout de mes forces » (*ibid. cit.*, p. 504). Il évoque aussi les différents types de montures utilisées (ânes, mulets ou chevaux) et leur coût, jugé souvent bas eu égard aux services rendus. Cet âne qui vaut vingt ou trente écus ? « Relativement aux services que ça rend, ce n'est pas cher » (*ibid. cit.*, p. 322). Calèche, charrette, charriot, fiacre, voiture, cabriolet… quantité de termes sont par ailleurs mobilisés quand il faut désigner les différents types de véhicules utilisés (Benedetti, 2007). C'est aussi l'occasion, à Bellegarde, de rendre compte des grands opérateurs de l'époque comme les fameuses *Messageries Laffitte et Caillard* fondées une dizaine d'années plus tôt. Souvent, notre voyageur feint de se plaindre du manque de confort des voitures. Sur la route du Grand Saint Bernard, il dresse le tableau suivant : « À sept heures, nous étions emballés à quatre dans un de ces charriots étroits sur lesquels on pose deux planches en travers et qui, dès lors, prennent le titre pompeux de char à bancs ; et à deux dans une de ces petites voitures suisses qui vont de côté comme les crabes » (*ibid. cit.*, p. 118) … ce qui ne l'empêchera pas, faute de place pour dormir, de louer l'intérieur d'une voiture pour y passer la nuit à Flüelen ! Ailleurs, et n'écoutant que son esprit d'aventure, Dumas n'hésitera pas à utiliser « un célérifère qui attend les passagers du bateau à vapeur, les conduit le soir même à Bex » (*ibid. cit.*, p. 56). Le célérifère étant ce véhicule à deux roues reliées par une pièce de bois et considéré comme l'ancêtre de la bicyclette. Encore une preuve de modernité dans les choix de Dumas voyageur…

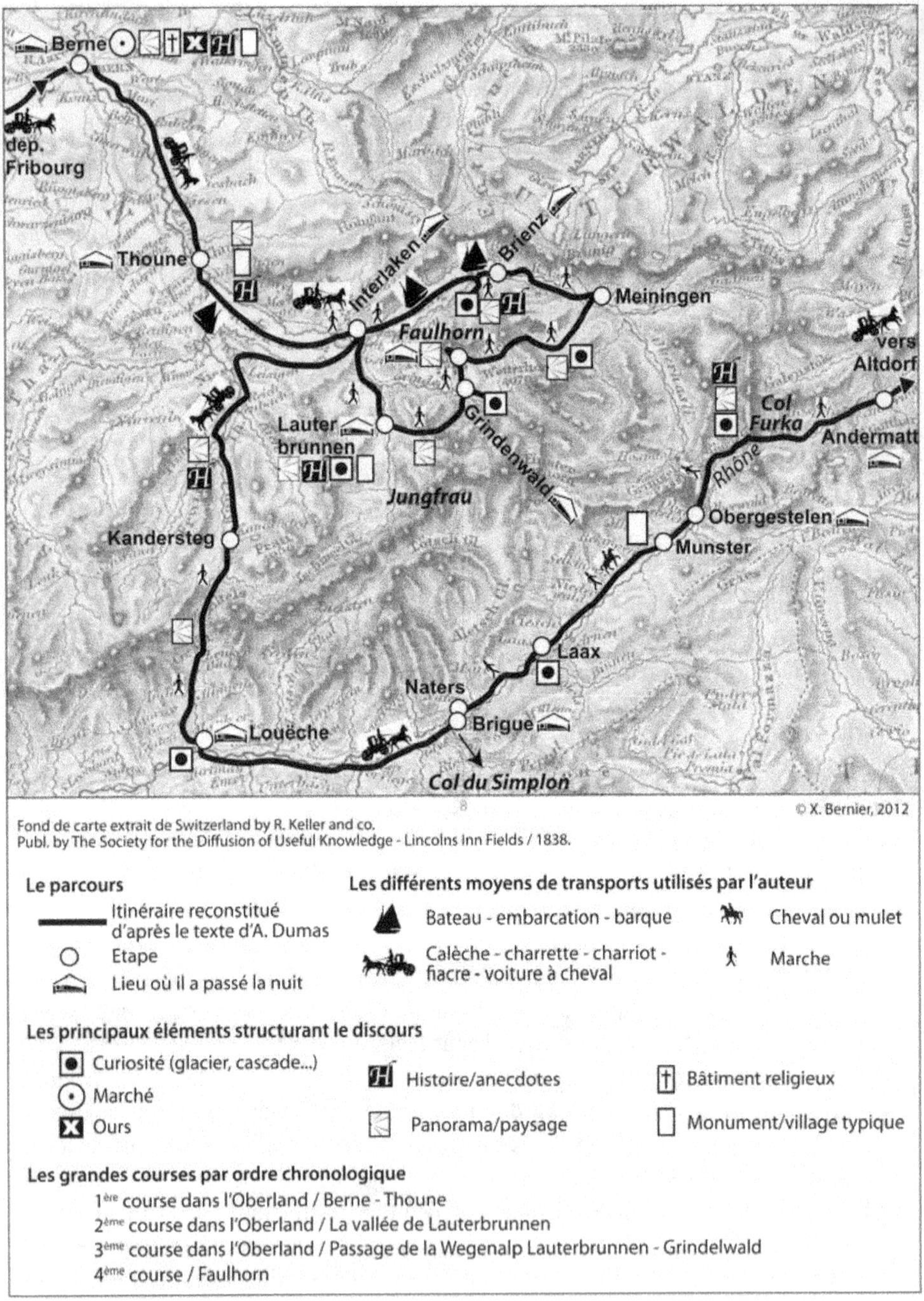

Figure 3 – Entre Berne et Andermatt, détails de la traversée et des « courses »

Mais c'est surtout pour décrire les moyens de navigation qu'il se révèle le plus disert. Dès le début du voyage d'abord, il doit renoncer à ce moyen de transport. Depuis Châlons, « nous comptions gagner Lyon par eau. Nous nous trompions : la Saône était si basse que, le jour même, les bateaux à vapeur n'avaient pu revenir. Nous les apercûmes piteusement traînés à la remorque par quarante chevaux qui les forçaient d'avantage sur un lit de sable, dont leur quille labourait le fond. Il ne fallait pas songer à partir le lendemain par cette voie » (*ibid. cit.*, p. 32). Bateaux à voile, à vapeur, bateaux de poste, barques… seront pour lui des outils de prédilection compte tenu du grand nombre de lacs sur son trajet. Il dit d'ailleurs souvent son admiration pour les bateliers, surtout quand il doit faire face à une vraie tempête sur le lac de Thoune qui le contraint à accoster avant d'être arrivé à destination. En bon opportuniste, il en profitera pour faire le pèlerinage à la grotte de Saint-Beaten. Et bien sûr, c'est encore sur l'eau (Iles Borromées – lac Majeur) que se termine son périple de navigateur…

Rassemblés au fil de son périple à travers la Suisse, ces expériences de la mobilité inscrivent Dumas de plain-pied dans une pratique du voyage où l'empilement des évènements (Lussault, 2004) constitue au final un matériau géographique très riche.

ALEXANDRE DUMAS EN SUISSE, ÉCRIVAIN, TOURISTE ET GÉOGRAPHE

Si le Grand Tour est au XVIIIe et au XIXe siècles souvent l'apanage des amateurs d'art et des collectionneurs, il reste à la fin de la décennie 1830 un exercice de prédilection pour les écrivains comme Alexandre Dumas ou comme Victor Hugo (Reichler et Ruffieux, 1998). Mais là où le second, auteur du *Voyage dans les Alpes et les Pyrénées*, se livrait à un exercice très littéraire aux fondements parfois éminemment poétiques, le premier invente un nouveau genre qui lui servira de modèle pour tous ces autres récits de voyage. Dumas déclinera ainsi l'exercice de ses *Impressions de voyage* en France, en Italie, en Sicile, en Belgique et sur les bords du Rhin, en Espagne, en Afrique du Nord, en Russie et dans le Caucase… S'il faut chercher une parenté, c'est sans doute chez Goethe, et à tout le moins dans son troisième *Voyage en Suisse et dans les Alpes* (1797). D'indéniables résonnances de celui-ci peuvent être retrouvées dans l'ouvrage de Dumas, avec des références mythologiques, comme celles faites au personnage de Guillaume Tell qui passionne les deux auteurs. Mais la production dumasienne se révèle un mélange inédit qui fait aussi la part belle à de véritables chroniques historiques (Arrous, 2003). Le lecteur peut ainsi être renvoyé aux chapitres suivants : « *Le Pont de Montereau* », « *Jean sans peur* », « *Charles le Téméraire* », « *Werner Stauffacher* », « *Conrad de Baumgarten* », « *Guillaume Tell* », « *Gessler* », « *L'Empereur Albert* », « *Un renard et un lion* », « *Prise du Château de Grandson* », « *La bataille* ». Avec, çà et là, de nombreuses références au Duc de Bourgogne… Les traditions, les contes et les légendes émaillent également le récit, tandis que l'auteur n'hésite pas non plus à s'appuyer sur quantité d'anecdotes.

Le registre est aussi parfois plus clairement d'inspiration géographique quand Dumas traverse les paysages et s'efforce d'abord de restituer de la façon la plus précise possible les panoramas et les lieux visités (Reichler, 2002). Souvent développées à l'occasion de ses ascensions, au col ou au sommet, ces tableaux mettent aux prises les ambitions du scientifique amateur et la modestie affichée de l'écrivain. Dumas convoque par exemple volontiers les travaux des géologues J. Hutton et de A. G. Werner pour détailler les « deux théories qui se disputent la formation de la Terre : la théorie neptunienne et la théorie volcanique » (Dumas, 2005, p. 85). Broc (1969, 1991) nous aide à comprendre combien ces références sont enracinées dans le XVIIIe siècle et combien elles apparaissent datées dans les années 1830. Faut-il pour autant souligner cet aspect parmi d'autres et décrire Dumas comme à la traîne par rapport à des écrits contemporains comme ceux de Volney (1803) ou de Ramon de Carbonnières (1782) qui, dans leurs analyses croisées des sociétés nord-américaines pour le premier, alpines et pyrénéennes pour le second, s'élevaient contre une certaine conception du déterminisme climatique « à la Montesquieu » ? Nous croyons au contraire pouvoir défendre l'hypothèse selon laquelle cette alternance des discours entre la description d'une pseudo typicité des espaces alpins assise sur des connaissances scientifiques pas toujours bien maîtrisées d'une part et sur l'évocation souvent déterministe des territoires traversés d'autre part annonce paradoxalement des caractéristiques des guides de voyage modernes (Chabaud, 2000). Le savoir géographique est sans doute intégré ici de façon plus superficielle qu'il ne le sera dans les guides Joanne (1841) ou Baedecker (1852). Mais il y a en fait dans *Le Voyage en Suisse* une démarche d'observation centrée sur le voyageur lui-même et restituée de façon progressive. Elle pourrait être analysée au prisme du modèle des « coquilles de l'espace » et d'une psycho-géographie (Moles et Rohmer, 1972, Bailly, 1992 et Di Meo, 1991 et 1998). Si par exemple Dumas évoque les géographes de son temps (*ibid. cit.*, p. 220) quand il s'agit de nommer les lieux ou d'utiliser un vocabulaire précis, par exemple « les pointes » (*ibid. cit.*, p. 220), c'est bien le chemin vers « la reine des montagnes » qu'il nous invite à retrouver. Le protocole du *Voyage en Suisse* peut ainsi être identifié autant au travers de ses descriptions paysagères que de ses tableaux des sociétés locales. Sa démarche d'« intégration paysagère » mérite par exemple d'être étudiée. Depuis le lac de Thoune par exemple : « Le jour s'était obscurci, les nuages s'abaissaient graduellement et nous dérobaient les cimes blanches de la Blümlisalp et de la Jungfrau ; ils s'étendaient ensuite sur la chaîne de montagnes moins élevée qui formait le second plan du tableau, tronquant leurs formes pour leur donner les aspects les plus bizarres et les plus inconnus. Le Niesen surtout, magnifique pyramide qui s'élève dans des proportions parfaites à la hauteur de cinq mille pieds. [Ses efforts de précision altitudinale, permanents dans tout l'ouvrage, doivent ici être soulignés]. Ce fut d'abord une nuée qui, arrêtée par son sommet aigu, s'y fixa et, s'étendant sur ses larges épaules, prit la forme onduleuse d'une perruque à la Louis XIV ; puis, s'élargissant en cercle à son extrémité inférieure, vint se rejoindre sur sa poitrine et s'y nouer comme une cravate. Enfin, cette masse transparente, s'épaississant et s'abaissant peu à peu, trancha complètement la tête du géant et fit de sa base puissante une table sur laquelle la nappe paraissait mise pour un dîner auquel Micromégas aurait invité Gargantua » (*ibid. cit.*, p. 208). Ou encore ici, parvenu au sommet du Mont Righi après un départ de Weggis au bord du lac de Lucerne, il décrit le panorama considéré comme le plus renommé de la Suisse « Le soleil se leva derrière le glacier du Glarner, assez pâle d'abord pour qu'on pût fixer les yeux sur lui. [..] Il y a des descriptions que la plume ne peut pas transmettre, il y a des tableaux que le pinceau ne peut pas rendre, il faut en appeler à ceux qui les ont vus et se contenter de dire qu'il n'y a pas au monde de spectacle plus magnifique que le lever du soleil sur ce panorama dont on est le centre, et du milieu duquel, en tournant sur son talon, on embrasse d'un seul coup d'œil trois chaînes de montagnes, quatorze lacs, dix-sept villes, quarante villages et soixante-dix glaciers, parsemés sur cent lieues de circonférence » (*ibid. cit.*, p. 364). *Le Voyage* fait ici œuvre de guide en tant qu'il cherche à « faire connaître et rendre accessible des endroits que l'on pourrait négliger faute d'en avoir entendu parler : « L'ignorance des beautés introuvables ailleurs, fait, que tel qui y iroit, n'y va pas » (Reichard, 1793, p. 541) » (Devanthéry, 2008). Son approche des sociétés est également une méthode et une invite au voyageur pour appréhender l'altérité. Contrairement à d'autres guides de l'époque comme le Baedecker (1844, 1852), il ne cherche pas à éviter tout rapport avec les habitants des lieux visités, bien au contraire. Tout est mis en œuvre pour ancrer son témoignage dans le réel quand il s'intéresse aux différents corps de métiers et en particulier aux guides, aux muletiers et aux bateliers ou quand il décrit coutumes et traditions. Pour montrer ses prises dans l'espace des sociétés, il n'hésite pas à s'intéresser aux accents (« Ah ! foui, fou avre faim, ché comprends » (Dumas, 2005, p. 190) ou à évoquer le crétin des Alpes : « Alors accourut à nous une espèce de nain de montagne, double crétin portant dans ses bras un petit canon » (*op. cit.*, p. 221) (voir aussi les travaux de Debarbieux sur l'invention du montagnard dans les imaginaires de la territorialité, 2008). Dumas raconte ici ses mésaventures avec les militaires dans le chapitre intitulé « *Histoire de l'homme* ». Là, il détaille encore ses rencontres avec des hommes illustres comme Jacques Balmat, dit Mont-Blanc, à Chamonix ou Chateaubriand à Lucerne. Bref, il injecte du territoire et de l'espace vécu dans son carnet de voyage. Mais pour reprendre la grille d'analyse de Devanthéry (2007, 2008), nous avons moins affaire à un récit de voyage qu'à un guide social sensible.

C'est toujours ainsi qu'il faut sans doute envisager ses analyses multiscalaires ou comparatives. Au bord du lac situé à côté de l'hospice du Grand Saint-Bernard, il évoque « en petit une image de la Mer Morte, couchée au pied de Jérusalem détruite » (*ibid. cit.*, p. 126), avec une belle approximation géographique puisqu'une trentaine de kilomètres séparent les deux sites de Terre Sainte ! Sites et situations n'en retiennent pas moins son attention quand il s'agit d'aborder les enjeux qui leur sont liés, réinterprétés avec des références aux grandes batailles ou à César. Il décrit ainsi par le menu « Genève [qui] est, après Naples, une des villes les plus heureusement situées du monde » (*ibid. cit.,* p. 43), Saint-Maurice comme la vraie porte du Valais, Martigny au centre de quatre chemins stratégiques, Brigue à l'embranchement des routes du Simplon et de la vallée du Rhône, Interlaken, par sa position comme le point de rencontre des voyageurs qui arrivent pour voir et qui reviennent après avoir vu… Autant de paléo-nœuds (Bernier, 2005 et Auphan, 1976) propres à structurer le réseau de transport suisse.

À l'échelle des massifs, le Dumas apparaît encore sous une autre forme de guide de voyage, qui reprend pour le coup le langage et la construction de nombreux guides de son époque, anglais (Murray, 1838), allemand (Baedecker, 1844, 1852) ou français (Joanne, 1841). « Proches les uns des autres, ils ne comportent plus qu'un fort volume et présenteront dorénavant leur matière sous forme d'itinéraires. Le but et le sens du guide s'affirment peu à peu, permettant au voyageur de gérer au mieux son temps et son argent tout en apaisant ses angoisses de l'inconnu » (Devanthéry, 2007, p. 38). Repris dans la figure 3, le détail du parcours d'Alexandre Dumas entre Berne et Andermatt doit être compris et interprété selon cette filiation. À l'occasion de ce qu'il nomme (en les numérotant selon un ordre croissant : « de Berne à Thoune » ; « la vallée de Lauterbrunnen » ; « le passage de la Wegenalp », « de Lauterbrunnen à Grindelwald » ; « le Faulhorn ») des « *courses* » dans l'Oberland, on le voit plus que jamais homme de terrain. Les petits idéogrammes utilisés pour la figure 3 rendent compte de ses renseignements et de ses conseils sur les hébergements, les possibilités de restauration. Ils permettent aussi de retrouver les principaux éléments structurant son discours au fur et à mesure des lieux traversés.

Première ville ici concernée, Berne est l'objet de ce qu'on pourrait appeler, si l'on ne craignait pas l'anachronisme, un véritable tourisme urbain. Le marché qui se tient devant son hôtel attire d'abord toute l'attention de l'auteur et lui fournit l'occasion d'une belle galerie de portraits. Il ne manque pas une occasion grâce à ces personnages de faire se côtoyer dans son récit la grande Histoire et les petites anecdotes. De passages en dédales, de terrasses en points de vue, il admire la cathédrale autant que le château de

Reichenbach, mais aussi les collines alentour avant de se rendre à un spectacle d'ours, animaux symboles de la ville. Publié dans *La Revue des deux mondes*, le récit de cet épisode appellera même de sa part une note valant « certificat de véracité ». Son passage sur le lac de Thoune et la tempête qu'il subit lui permettent ensuite de mettre en avant son adaptabilité aux aléas du voyage. Dans la vallée de Lauterbrunnen, le voilà qui décrit ensuite autant les habitants des montagnes que les paysages : une nouvelle reprise des codes décryptés plus haut. Mais c'est surtout dans le passage de la Wegenalp, en particulier au pied de la Jungfrau, et avec l'ascension du Faulhorn, qu'il se fait géographe et offre parmi ses plus riches pages sur les montagnes. Un quart de siècle après le *Précis de géographie universelle* (ou *Description de toutes les parties du monde*) de Conrad Malte-Brun (à partir de 1810), qui sera aussi le fondateur des *Annales des voyages* (1807) et le premier secrétaire général de la Société de Géographie (fondée en 1821), Dumas s'inscrit ici dans une pratique en plein développement. Avec un vocabulaire et des concepts ni plus ni moins précis que chez un autre, il restitue au mieux les espaces parcourus et montre pour l'époque un réel bagage scientifique. La géologie, les avalanches, les glaciers (notamment celui de Rosenlaui, présenté comme le plus beau de l'Oberland), les torrents et les cascades alimentent son discours autant que la description des chalets et de l'hospitalité des habitants, n'hésitant pas à chanter des airs suisses et deux ou trois tyroliennes… Le passage par la Gemmi pour rejoindre la vallée du Rhône, est l'occasion pour lui de décrire sa course topographique et de livrer une coupe de sa traversée. À partir de Loèche, il rend compte des bains, des curiosités, avec comme point d'orgue le glacier et la source du Rhône ou encore *Le pont du Diable*. Au fil de ses rencontres, il revisite aussi la littérature française et finit par se plaindre quand les nouvelles de la France lui reviennent à la lecture du journal *Le Nouvelliste vaudois* : « Je n'étais plus à Laax, je n'étais plus dans le Valais, j'étais à Paris » (*ibid. cit.*, p. 260). Il faut voir dans ces remarques un manifeste pour une pratique du voyage « coupée » de l'espace de départ. Ce qui n'exclut pas de laisser trace de son passage, et pas seulement pour l'attester. Le voyageur-touriste s'applique ainsi à signer les registres. « On me présenta un livre sur lequel chaque voyageur qui passe inscrit son nom et sa pensée. Il faut voir beaucoup de noms et de pensées réunis dans de pareils livres pour bien se convaincre combien l'un et l'autre sont choses rares » (*ibid. cit.*, p. 313). Il n'hésite pas non plus à noter la qualité des lieux d'hébergement qu'il fréquente, comme ici à Martigny, où il pose les bases d'un guide du voyageur : « Le numéro 3. C'était la chambre où avait couché Marie-Louise [d'Autriche] lorsqu'elle passa à Martigny en 1829. Ainsi, mon pédantisme avait porté les fruits que j'en espérais. Il m'avait valu le meilleur lit de l'auberge et, depuis que j'avais quitté Genève, les lits faisaient ma désolation. C'est qu'il faut vous dire que les lits suisses sont composés purement et simplement d'une paillasse et d'un sommier sur lequel on étend, en le décorant du titre de drap, une espèce de nappe si courte qu'elle ne peut ni se replier à l'extrémité inférieure, sous le matelas, ni se rouler à l'extrémité supérieure, autour du traversin, de sorte que les pieds et la tête en peuvent jouir alternativement, il est vrai, mais jamais les deux à la fois » (*ibid. cit.*, p. 71). Dans ces conseils aux voyageurs, Dumas fait du Ebel en quelque sorte. Son *Voyage en Suisse* redevient guide touristique.

Mais le romancier et le conteur reprennent régulièrement le dessus. L'épisode du bifteck d'ours à l'auberge de Martigny est un des plus révélateurs ! Schopp (2002) revient avec tendresse sur ce qu'il présente comme une fable, présentée d'abord avec force preuves par l'auteur, puis finalement avouée par celui-ci à Adolphe D'Ennery (romancier français) en 1842 : qu'y avait-il de vrai dans cette histoire d'ours ? Presque rien : à Chalais, un paysan avait tué un ours à l'affût… La vérité du romancier est ici volontiers opposée à la force du poète ou à la supposée rigueur du naturaliste. Or Dumas ne se prête pas à une lecture kantienne du paysage telle que la rappelle Dagonet (1982, p. 167). « Pour Kant, la polygraphie nécessaire du beau a son site privilégié dans la géographie physique. En lui, le professeur d'esthétique fait plus que voisiner avec le professeur de géographie pour qui le géographe physique est un "voyageur" curieux "qui recherche partout ce qui est merveilleux, étrange et beau" (Kants Werke, *Akademie Textausgabe*, II, p. 3). […] C'est bien en tout cas, pour Kant, la contemplation de la géographie perçue, du paysage le plus naturel, qui nourrit au mieux l'intérêt pratique de la rencontre du beau ». Son ambition et sa modernité consistent bien au contraire à décrire des paysages en mouvement (Desportes, 2005). Sa légitimité ne doit donc pas être recherchée dans le domaine de l'alpinisme où il n'a pas (mais la cherchait-il vraiment ?) la reconnaissance et la force de conviction d'un De Saussure. Et pourtant, *de facto*, les principaux morceaux de bravoure mis en avant dans le récit dumasien ont pour théâtre la montagne, voire la haute montagne. Ce qu'il présente comme des « *courses* » dans l'Oberland bernois, et déjà détaillé plus haut (figure 3) n'est-il pas un reflet de ses ambitions alpinistiques ! ? Comment donc ne pas s'étonner qu'il donne lui-même dans son récit les instruments pour remettre en question ses compétences dans ce domaine, faisant état par exemple d'une propension au vertige. N'évoque-t-il pas (*ibid. cit.*, 2005, p103) son « *mal de mer* » sur la mer de Glace ?

Et que dire de son esprit critique qui s'exprime dans les espaces traversés ? Arrivé aux cascades de Giessbach en face de Brienz (figure 3), devant un lieu bien identifié et reconnu dans les circuits touristiques de l'époque, il se laisse aller à exprimer sa lassitude. « Nous nous dirigeâmes vers le Giessbach, qui a le privilège de partager avec le Reichenbach la royauté des cascades de l'Oberland. Quant à moi, je n'émettrai pas d'opinion sur cette importante question : on se lasse de tout, même des cascades, et depuis cinq ou six jours, j'en avais tant vu que je commençais à prendre en grippe tous les noms qui finissaient en *bach*. Cependant, comme on aurait évidemment crié à l'hérésie si j'étais passé devant le Giessbach sans m'y arrêter, je mis bravement pied à terre et je commençai à gravir la montagne du haut de laquelle il se précipite par les onze chutes successives dont nous entendions le bruissement depuis Brienz, c'est-à-dire à la distance d'une lieue » (*ibid. cit*., p. 239-240). Ou encore à Bade (où il est paradoxalement cité dans la littérature promotionnelle d'aujourd'hui) : « Comme rien de bien curieux ne me retenait à Bade, que j'avais fait un assez long séjour à Aix pour avoir épuisé la curiosité que pouvait m'inspirer le mystère des eaux thermales » (*ibid. cit*., p 500). Et encore ce passage, extrait d'une de ses excursions dans la région de Soleure, où beaucoup ont été tentés de voir les traces d'une arrogance française, souvent dénoncée, hier comme aujourd'hui ? « Ce qui m'avait déterminé à cette excursion, c'est qu'au contraire des montagnes des Alpes, le Weissenstein, qui appartient au Jura, est arrivé à un degré de civilisation qu'il doit sans doute à son voisinage de la France » (!) (*ibid. cit*., p. 504). Si l'on veut bien faire fi du caractère provocateur du propos, il y a pourtant là une des clés de compréhension de Dumas, pratiquant et défenseur d'une géographie vécue, ressentie. Plus moderne que jamais, il offre bien aux lecteurs ses *Impressions de voyage*.

CONCLUSION – COMPRENDRE LES « ESPACES FEUILLETÉS » DU *VOYAGE EN SUISSE* D'ALEXANDRE DUMAS ET RÉHABILITER LA MODERNITÉ DE SA DÉMARCHE

Les dernières années ont coïncidé en France avec une série d'anniversaires et de manifestations qui ont participé à une redécouverte de Dumas (le bicentenaire de sa naissance a été célébré en 2002 et a été l'occasion de son entrée au Panthéon). Mais en dehors des cercles de spécialistes, en particulier littéraires, et de quelques références anecdotiques, les traces sur le terrain de son passage en Suisse restent étonnamment très pauvres et limitées. Comme cette salle de conférence baptisée « Alexandre Dumas » sur le site des mines de sel de Bex (région du Léman), mines visitées par lui en 1832. Les structures de promotion touristique qui le citent sont paradoxalement celles des villes où il a passé le moins de temps comme à Kandersteg, Loèche-les-Bains (avec par exemple des références à caractère historique dans la documentation de l'hôtel *Relais et Châteaux « Les sources des Alpes »*) ou Baden. La plupart des guides touristiques ignorent superbement le parcours de notre homme, qui, il est vrai, n'est pas balisé sur place. Tout au plus trouve-t-on des allusions dans des guides ou des magazines de randonnée comme *Trek Magazine* (n° 46, août-septembre 2003) pour un dossier *Spécial Alpes*. Mis en parallèle avec les passages de Goethe et de Hugo, celui de Dumas semble presque passé inaperçu. Sans doute est-ce lié en partie à des malentendus persistants autour de son œuvre, souvent regardée avec la distance que l'on tient avec les conteurs. Et ce travail a montré combien il est aisé de trouver dans le récit des traces de vérité romancée diront les uns, voire d'affabulations, critiqueront les autres. Mais ne fait-on pas finalement à Alexandre Dumas les mêmes reproches que lui fît à l'époque son ami de Gérard de Nerval, c'est-à-dire celui de mélanger les genres ? Et n'est-ce pas là pourtant, au bout du compte, l'identité même et la singularité du *Voyage en Suisse* ? Peu importe qu'il ait effectué ou non tous les exploits décrits et vécu toutes les aventures rapportées. C'est une prose géographique vivante qu'il nous propose. C'est à travers ce prisme qu'il faut interpréter ce texte, dans lequel il nous explique par exemple qu'« il y a entre le marin et le montagnard une grande ressemblance, c'est qu'ils sont religieux l'un et l'autre. Cela tient à la puissance du spectacle qu'ils ont incessamment sous les yeux, aux dangers éternels qui les entourent et à ces grands cris de la nature qui se font entendre sur mer et dans la montagne. À nous autres, habitants des villes, rien n'arrive de grand ; la voix du monde couvre celle de Dieu. [...] Alors, on comprend parfaitement la résignation du montagnard et du matelot, tant qu'il erre dans ses glaciers et tant qu'il vogue sur l'océan » (Dumas, 2005, p. 331).

Au final, la modernité du *Voyage en Suisse* tient bien dans ce mélange des genres, dans cet empilement de spatialités qui construit un « espace feuilleté », et au-delà une véritable somme de traversées. L'auteur propose des allers et retours entre les différents plans, les différents genres et styles… En ce sens, cette œuvre place le voyageur au centre d'une pratique totale de l'espace. Il est un des opérateurs sociaux de cette expérience de l'espace alpin, le touriste, dont la place et le rôle seront grandissants aux XIXe et au XXe siècles (Knafou, 2005, 2008). Le voyage est envisagé comme un traitement social des réalités rencontrées (Lussault, 2004, 2009). En ce sens, *Le Voyage en Suisse* participe pleinement à la construction d'une « histoire culturelle du voyage » (Venayre, 2008). Comment douter qu'on ne puisse trouver aujourd'hui dans ce matériau foisonnant les éléments nécessaires à la structuration d'une route touristique suisse propre à porter le nom d'Alexandre Dumas ?

BIBLIOGRAPHIE

Alpe (L') revue, 2005, « Au bon air des montagnes », n° 27, Glénat, 96 p.

Alpe (L') revue, 2007, « Voyages et voyageurs », n° 36, Glénat, 95 p.

ARROUS M., 2003, *Dumas, une lecture de l'histoire*, Maisonneuve et Larose, 345 p.

AUPHAN E., 1976, « Les nœuds ferroviaires, phénomènes résiduels ou points forts de l'espace régional ? », *L'Espace géographique*, n° 2, p. 127-140.

BAEDECKER C., 1852 [1844], *La Suisse. Manuel du voyageur élaboré sur les lieux mêmes et d'après les meilleures sources*, Koblenz, C. Baedeker éditeur, 1ère édition en français, 374 p.

BAILLY A., FERRAS R. et PUMAIN D. (dir.), 1992, *Encyclopédie de géographie*, Economica, 1132 p.

BAVOUX J-J., 1992, « Du Fréjus au Brenner : les transits et leurs enjeux au cœur de l'Europe », *Revue de Géographie de l'Est*, n° 4, Presses universitaires de Nancy, p. 291-303.

BENEDETTI S., 2007, « Infrastuctures touristiques au XIXe siècle – La liaison Chamonix-Martigny au temps des diligences », *Les chemins et l'histoire – Viastoria*, p. 28-33.

BERNIER X., 2004, Les cols routiers dans la traversée des montagnes françaises : contribution à une définition plurivalente et dynamique, in « Traverser les montagnes », coll. EDYTEM, Cahiers de Géographie, n° 2, p. 91-102.

BERNIER X., 2005, « Transports et montagne : quelle spécificité pour les systèmes nodaux ? Proposition d'un modèle synthétique illustré à travers l'itinéraire transalpin Grenoble-Bourg d'Oisans-Briançon-Suse », *Les Cahiers Scientifiques du Transport*, n° 48, p. 81-97.

BERNIER X., 2007, « Les dynamiques réticulo-territoriales et la frontière en zone de montagne : approche typologique », *Revue Flux*, n° 70, juil.-sept. 2007, p. 8-19.

BERNIER X., 2009, « La patrimonialisation des routes : le cas de la Suisse – Essai de modélisation des trajectoires patrimoniales des routes de montagne appliqué aux réseaux de transports suisses », in , G. Fumey et al. (dir.), *Mobilités contemporaines – Approches géoculturelles des transports*, Ellipses, p. 205-216.

BOURDON E., 2011, *Le voyage et la découverte des Alpes. Histoire de la constrution d'un savoir (1492-1713)*, Presses Universitaires de Paris Sorbonne (PUPS), 639 p.

BOUTIER J., 2004, « Le Grand Tour : une pratique des noblesses européennes (XVIe s.-XVIIIe s.) », in Bely L., *Le voyage à l'époque moderne*, PUPS, 83 p.

BOYER M., 1996, *L'invention du tourisme*, Gallimard, 160 p.

BROC N., (1969, 1991), *Les montagnes au siècle des Lumières*, Ed. du Comité des Travaux historiques et scientifiques, 300 p.

BUFFON G.L.L., 1749, *De la manière d'étudier l'histoire naturelle*, suivi de *La théorie de la Terre*.

CHABAUD G. et al., 2000, *Les guides imprimés du XVIe au XXe siècle. Villes, paysages, voyages*, Belin, 704 p.

CHIADO RANA C., 2003, *Goethe en Suisse et dans les Alpes, Voyages de 1775, 1779 et 1797*, Georg., 263 p.

COXE W., 1782 (1ère éd. angl. 1779), *Lettres de M. William Coxe à M. W. Melmoth sur l'état politique, civil et naturel de la Suisse*, tome 1, 238 p. et tome 2, 347 p.

DAGOGNET F., 1982, *Mort du paysage ? Philosophie et esthétique du paysage*, Champ Vallon, coll. Milieux, 240 p.

DEBARBIEUX B., 2001, « La montagne, un objet de recherche ? », *Revue de Géographie Alpine*, n° 89-2, 131 p.

DEBARBIEUX B., 2008, « Le montagnard : imaginaires de la territorialité et invention d'un type humain », *Annales de Géographie*, n° 660, p. 90-115.

DESPORTES M., 2005, *Paysages en mouvement*, Gallimard, 413 p.

DEVANTHERY A., 2008, « À la défense de mal-aimés souvent bien utiles : les guides de voyage. Propositions de lecture basées sur des guides de la Susise de la fin du XVIIIe siècle et du XIXe siècle », *Articulo, Journal of Urban Research*, n° 4-2008, p. 1-9.

DEVANTHERY-JEMELIN A., 2007, « Carnets de route », *Alpe (L') revue*, 2007, *Voyages et voyageurs*, n° 36, Glénat, p. 36-41.

DI MEO G., 1991, *L'homme, la société, l'espace*, Anthropos, 319 p.

DI MEO G., 1998, *Géographie sociale et territoire*, Nathan, 320 p.

DUMAS A., 1834, *Impressions de voyage*, Au bureau de la Revue des deux Mondes, A. Guyot, Paris, Paris vol. 1, 1835, *Impressions de voyage*, Charpentier, Paris, vol. I et II, 1837, *Impressions de voyage*, Dumont, Paris, vol. III, IV, V. Éditions originales.

DUMAS A., 2005, *Impressions de voyage – Voyage en Suisse*, Hermann/Ed. des Sciences et des Arts, 578 p.

EBEL J. G., 1795, *Instructions pour un voyageur qui se propose de parcourir la Suisse de la manière la plus utile et la plus propre à lui procurer toutes les jouissances dont cette contrée abonde*, Bâle, J. J. Tourneisen, 2 vol. , 1ère édition en français, 294 p. et 370 p.

EBEL J. G., 1805, *Manuel du Voyageur en Suisse. Ouvrage où l'on trouve les directions nécessaires pour recueillir tout le fruit et toutes les jouissances que peut se promettre un étranger qui parcourt ce pays-là*, Zurich, Orell-Fussli et Cie, 3 vol. , 2e éd. en français, 346 p., 403 p. et 420 p.

GAUCHON C., 2002, « Des réalisations méconnues : les plus anciens tunnels des Alpes », *Frontières* (dir. C. Desplat), Actes du 125e Congrès National des Sociétés Historiques et Scientifiques, Lille, 2000, éd. C.T.H.S., p. 267-282.

GOETHE J.W., 2004, *Goethe en Suisse et dans les Alpes*, éd. par C. Chiado-Rana, Georg, 261 p.

GUYOT A., 2007, « Le Grand Tour », *Alpe (L') revue*, n° 36 Voyages et voyageurs, Glénat, p. 29-33.

HALLER (von) A., 1729, "Die Alpen", in *Versuch Schweizerischer Gedichten*, Bern, 1732.

HEIDEGGER H., 1787, *Manuel pour les voyages par la Suisse*, Zurich, Orell, Gessner, Fuesli et compagnie, 1ère édition en français.

HUGO V., 2005, *En voyage dans les Alpes et les Pyrénées*, Pyrémonde/Princi Negue, Coll. Pléïade Alpes Pyrénées, 206 p.

JOANNE Adolphe, 1841, *Itinéraire descriptif et historique de la Suisse, du Jura français, de Baden-Baden et de la Forêt Noire, de la Chartreuse de Grenoble et des eaux d'Aix, du Mont-Blanc, de la vallée de Chamouni, du Grand-St-Bernard et du Mont-Rose*, Paris, Paulin, 1ère édition, 635 p.

KNAFOU R. (dir.), 2008, *Tourismes 1 – Lieux communs*, Belin, 320 p. et 2005, *Tourismes 2 – Moments de lieu*, Belin, 352 p.

LEVY J., 2009, « Entre contact et écart. La distance au cœur de la réflexion », *Atala*, n° 12 La distance, objet géographique, Rennes, CRU, p. 175-185.

LEVY B. (dir), 2001, *Le voyage à Genève. Une géographie littéraire. Stendhal, Chateaubriand, Dumas, Flaubert, Nerval, Gautier, Cochet, Bauër, Gascar, Bouvier*, Ed. Metropolis, 270 p.

LUSSAULT M., 2004, « La mobilité comme évènement », in S. Allemand, F. Ascher et J. Levy, *Les sens du mouvement*, Belin, p. 109-116.

LUSSAULT M., 2009, *De la lutte des classes à la lutte des places*, Grasset, 222 p.

MALTE-BRUN C., à partir de 1810, *Précis de géographie universelle* ou *Description de toutes les parties du monde*.

MARTYN T., 1788, *Guide du voyageur en Suisse*, Lausanne/Paris, Jean Mourer/Guillaume Debure l'aîné, 1ère édition en français, 208 p.

MOLES A. et. ROHMER E., 1972, *Psychologie de l'espace*, Casterman, coll. Mutations-Orientations, 162 p.

MURRAY J., 1970 (1838), *Murray's handbook for travellers in Switzerland* 1838, New-York/ Leicester, Humanities Press/Leicester University Press, 1ère édition en anglais, 367 p.

PIGEON P., 2004, « Gestion des risques et peuplements helvétiques – L'exemple du Gothard », *Traverser les montagnes,* coll. Edytem, n° 2, p. 91-102.

RAMOND de CARBONNIERES L.F.E., 1782, *Lettres de M. William Coxe à M. W. Melmoth sur l'état politique, civil et naturel de la Suisse*, (trad. de W. Coxe), Belin, 2 vol. , 328 p. et 347 p.

REICHARD H. A. O., 1793, *Guide des voyageurs en Europe*, Weimar, Bureau de l'Industrie, 2 vol., 1ère édition en français, 556 p.

REICHLER C. et RUFFIEUX R., 1998, *Le voyage en Suisse – Anthologie des voyageurs français et européens de la Renaissance au XXe siècle*, Bouquins, 1745 p.

REICHLER C., 2002, *La découverte des Alpes et la question du paysage*, Georg, 256 p.

REICHLER C. (coord.), 2005, « Le bon air des Alpes », *Revue de Géographie Alpine*, t. 93, n° 1, 122 p.

REICHLER C. et RUFFIEUX R., 1998, *Le voyage en Suisse. Anthologie des voyageurs français et européens de la Renaissance au XXe siècle*, Laffont/Bouquins, 1745 p.

RUCHAT A., 1714, *Les délices de la Suisse*, Leyde, Peter van der Aa, 4 vol., 1072 p.

SAUSSURE (de) H.B., 1779, *Voyages dans les Alpes*, précédés d'un *essai sur l'histoire naturelle des environs de Genève* t. 1 et 2, 1779, Neuchâtel, t. 3 et 4, 1796, Genève, 2 300 p.

SCHOPP C., 2002, « Une fable d'Alexandre Dumas », *Alpe (L') revue*, n° 15 À table !, Glénat, p. 30-37.

TOEPFFER R., 1874, *Voyage à Venise (1842). Premiers voyages en zigzag ou excursions d'un pensionnat en vacances dans les cantons suisses et sur le revers italien des Alpes,* Garnier, p. 334-335.

VENAYRE S. et MOUSSA S., 2011, Le voyage et la mémoire au XIXe s., Créaphis, 481 p.

WALTER F., 2004, *Les figures paysagères de la nation. Territoire et paysage en Europe (XVIe-XXe siècle)*, Paris, Éditions de l'École des Hautes Études en Sciences sociales, 521 p.

WALTER F., 2009, *Histoire de la Suisse. I. L'invention d'une Confédération (XVe-XVIe siècles)*, Neuchâtel, Éditions Alphil, Presses universitaires suisses, 135 p.

WALTER F., 2009, *Histoire de la Suisse. 2. L'âge classique (1600-1750)*, Neuchâtel, Éditions Alphil, Presses universitaires suisses, 131 p.

WALTER F., 2010, *Histoire de la Suisse. 3. Le temps des révolutions (1750-1830)*, Neuchâtel, Éditions Alphil, Presses universitaires suisses, 153 p.

WALTER F., 2011, *La Suisse : au-delà du paysage*, Gallimard, coll. Découvertes Gallimard Histoire, n° 573, 127 p.

LE POIDS DE L'ESPACE DANS L'ŒUVRE DE HAYAO MIYAZAKI[1]

The weight of space in Hayao Miyazaki's work

Emmanuel TROUILLARD[2]
Université Paris 7 – Denis Diderot
UMR Géographie-Cités (P.A.R.I.S.)

Résumé : Peu de travaux s'intéressent à la nature des espaces cinématographiques, et *a fortiori* à ceux du cinéma d'animation. Hayao Miyazaki, parmi les réalisateurs de dessins animés, se démarque par sa conscience et sa maîtrise des enjeux liés à la dimension spatiale de ses univers fictionnels. Or, un a priori, récurrent dans le cas des œuvres animées, voudrait que l'espace miyazakien soit fondamentalement « fluide », c'est-à-dire à la fois homogène (sans ruptures) et éminemment favorable à la mobilité des personnages qui le parcourent. Une analyse de la filmographie du réalisateur (10 longs métrages à ce jour, du *Château de Cagliostro* en 1979 à *Ponyo sur la falaise* en 2008) révèle pourtant une image bien différente de cette opinion courante : l'espace miyazakien est systématiquement fragmenté et offre une forte résistance à toute tentative de déplacement. Cet article vise à établir cette fragmentation et cette viscosité des univers créés par Miyazaki à travers l'examen géographique de leurs divisions territoriales et des pratiques de mobilité de leurs « acteurs ».

mots-clés : Hayao Miyazaki, cinéma d'animation, géographie, espace fictionnel, fluidité, fragmentation, viscosité, mobilité, territoires

Abstract: *There is little research on the nature of cinematographic spaces, even less in animation movies. Among directors of animated films, Hayao Miyazaki stands out through his awareness and command of the stakes linked to the spatial dimension of his fictional worlds. There is a recurrent cliché that animated spaces – and so Miyazaki's –, as opposed to live action movies, would be fundamentally "fluid", that is to say both homogeneous (without any internal discontinuities) and highly propitious to mobility for characters who travel across them. A close look at Miyazaki's filmography (10 full-length films to date, from The Castle of Cagliostro in 1979 to Ponyo on the cliff by the sea in 2008), however, goes against this common opinion. His fictional spaces are systematically fragmented and, overall, offer high*

[1] Ce texte constitue une version modifiée de la présentation faite les 11 et 18 mai 2011 à l'ENS Ulm, dans le cadre du séminaire *Géographie, Arts et Littérature*. Je tiens à remercier en particulier E. Libourel et J.-B. Frétigny pour leur aide, ainsi que tous mes autres relecteurs.

[2] Courriel : emmanuel.trouillard@gmail.com

resistance to mobility. This article aims to demonstrate both this fragmentation and this viscosity of Miyazaki's worlds through a geographical study of their territorial divisions and the mobility practices of their "actors".

Keywords: *Hayao Miyazaki, animation cinema, geography, fictional worlds, fluidity, fragmentation, viscosity, mobility*

Rares sont les travaux de recherche qui s'attachent à définir la nature d'espaces fictionnels et à décrire leurs caractéristiques. Dans leur grande majorité, les études existantes portent sur des univers littéraires [Bachelard, 1957 ; Poulet, 1963 ; Tissier, 1981 ; Jourde, 1991 ; Dupuy, 2005 ; Montabone, 2008], les mondes cinématographiques, et *a fortiori* ceux du cinéma d'animation, restant relativement délaissés [Henriet, 1989 ; Musset, 2005]. Au sein du champ cinématographique, le cinéma d'animation se distingue du cinéma en prise de vue réelle avant tout sur des critères techniques : il ne s'appuie pas sur un processus de captation continue de nature photographique, mais sur un travail d'élaboration « image par image ». Ce procédé offre au réalisateur la possibilité de retranscrire avec précision (et souvent à moindres frais) son imaginaire spatial, au prix néanmoins d'une nécessaire perte de réalisme due à la simplification des formes reproduites.

Ce caractère ostensiblement artificiel des films d'animation[3] nourrit cependant un préjugé courant qui voudrait que les techniques propres à ce champ induisent, de façon mécanique et systématique, des différences qualitatives en termes de contenu par rapport au cinéma « live ». Alors que ce dernier serait, par nature, davantage ancré au réel et voué à le refléter, l'animation serait le lieu d'expression privilégié d'un irréalisme sans contrainte[4]. Une variante de cet a priori porte sur le statut de l'espace dans les films d'animation : en effet, celui-ci est souvent présenté comme radicalement « fluide »[5], par emprunt d'un adjectif normalement employé

---

[3] « Contrairement au cinéma (en prise de vue réelle) qui cherche à passer pour une copie de la réalité – avec succès d'ailleurs –, le cinéma d'animation dévoile toujours quelque part la facticité de sa nature. » [Sifianos, 1998]

[4] Un critique de cinéma s'étonne, à l'occasion de la sortie de *Princesse Mononoke* de Hayao Miyazaki : « (L')intensité (de certaines scènes du film est) d'autant plus étrange que nous assistons aux actes de créatures nées de l'encre et du celluloid. » (M. Merlet, *fluctuat.net*). Cet étonnement – qui paraît ignorer le caractère éminemment artificiel du cinéma « de chair et d'os » – semble d'autant plus naïf qu'on ne penserait sans doute pas à l'appliquer aux créatures d'« encre et de papier » de la littérature.

[5] Cette qualification est la plus courante, mais c'est en fait, comme nous allons le voir à propos de Miyazaki, tout un champ sémantique associé à la « fluidité » qui est déployé par les auteurs soutenant cette thèse.

pour porter un jugement d'ordre technique sur la qualité de l'animation. Ce glissement de sens, qui peut alors agir comme un filtre déformant interposé entre l'analyse et le contenu réel des films, s'opère d'autant plus facilement que l'espace fluide fait souvent office, pour les auteurs qui y ont recours, de contrepoint idéalisé à un espace réel contraignant.

Parmi les « cinéastes en animation »[6], Hayao Miyazaki se démarque par sa conscience et sa maîtrise des enjeux liés à la dimension spatiale de ses univers fictionnels [Miyazaki, 1996]. Son œuvre, du fait de sa très grande qualité technique, se prête particulièrement bien aux lectures « fluidistes ». Deux idées-forces, connectées mais distinctes, ressortent lorsqu'il s'agit d'évoquer la fluidité de l'espace miyazakien :

1. Tout d'abord, celui-ci est présenté comme homogène et ouvert, sans divisions ni limites, ou tout du moins comme tendant inexorablement vers cet état. Sous la plume d'un critique de cinéma, les films de Miyazaki deviennent ainsi le « territoire transparent de l'imaginaire où s'efface toute limite d'espace et de temps » [Malausa, 2002]. Pour J.-P. Engélibert, « plénitude, fluidité, unité se conjuguent partout dans l'œuvre. Le monde y est plein et lisse, sans accroc ni rupture. Il se déploie à l'infini grâce au dessin qui forme un espace lisse » [Engélibert, 2009]. Conséquence directe de cette unité harmonieuse, les héros et héroïnes ne seraient jamais vraiment confrontés à des dangers liés à des antagonismes d'ordre territorial – qui, s'ils existaient, seraient de toute manière inéluctablement voués à disparaître au fil du récit.

2. Les univers miyazakiens constitueraient, d'autre part, un support éminemment favorable au mouvement, à l'exploration, voire à la flânerie rêveuse des personnages qui le parcourent. La résistance physique de l'espace et les coûts de la mobilité y tendraient vers zéro. Toujours selon J.-P. Engélibert, « on n'y est jamais vraiment en danger, on y conserve toujours la possibilité d'agir et l'action ne rencontre pas plus d'obstacles qu'elle n'exige d'efforts. Il suffit de décider pour faire. L'action y gagne ce caractère fluide que lui permet l'absence de résistance des êtres et des choses » [*Ibid.*]. Aucun point de ces univers ne serait véritablement inaccessible et tous leurs éléments seraient voués à l'interpénétration. Pour T. Mérad, « le ciel et les nuages (y) sont à portée de main, la verticalité n'est pas intouchable et permet cette exploration rêvée. De même, l'horizon n'est pas

[6] L'expression est de St. Le Roux (cf. biblio).

> inexploré. [...] L'univers de Miyazaki est un tout fluide dans lequel aucune frontière ne sépare le réel de l'imaginaire, le bien du mal, l'intérieur de l'extérieur. » [Mérad, 2008] Les univers miyazakiens concrétiseraient finalement un fantasme d'ubiquité qui, en un cercle vertueux, rendrait immédiatement caduque à son tour l'idée même de frontière : « On (n'y) passe pas d'un endroit à un autre [...] On ne va nulle part, parce qu'on y est déjà », constate un critique à propos du *Voyage de Chihiro* [Bénédict, 2002].

Ces analyses axées sur la fluidité s'appuient de manière quasi-systématique sur les scènes (incontestablement marquantes) de mobilité « exaltante » qui parsèment les récits de Miyazaki – au premier rang desquelles figurent les multiples scènes de vol caractéristiques du réalisateur –, extrapolant ensuite leurs conclusions à l'ensemble des films. Dans sa thèse de cinéma consacrée à Miyazaki, St. Le Roux a cependant déjà souligné, à travers l'analyse détaillée de ces séquences, le caractère réducteur de telles approches. Il insiste au contraire sur le « réalisme » de la mise en scène de Miyazaki, qui cherche toujours à conférer une véritable crédibilité matérielle aux déplacements qu'il dépeint [Le Roux, 2009][7]. Mais ce travail demeure avant tout centré sur les techniques cinématographiques mises en œuvre à l'échelle de la séquence, sans chercher véritablement à resituer les scènes étudiées en regard de la dynamique d'ensemble des récits miyazakiens. Or, une analyse précise de ces derniers révèle, en contrepoint exact des univers homogènes et perméables décrits plus haut, un espace miyazakien à la fois « fragmenté » et « visqueux », c'est-à-dire traversé de nombreuses ruptures et marqué par la résistance qu'il oppose à toute tentative de déplacement. Loin d'être une norme, la fluidité spatiale, qui se fait jour à certains points culminants du récit, apparaît alors comme un état exceptionnel, émergeant temporairement des actions entreprises par les héros miyazakiens pour « fluidifier » des univers qui ne le sont fondamentalement pas.

Cet article vise à mettre en évidence ce poids de l'espace dans la fiction de Hayao Miyazaki, en établissant à la fois la fragmentation (1ère partie) et la viscosité (2e partie) de ses univers à travers un examen géographique de leurs divisions territoriales et des pratiques de mobilité de leurs « acteurs ». Nos « terrains » d'étude seront les 10 longs métrages signés par Miyazaki à ce jour, soit dans l'ordre chronologique : *Le Château de Cagliostro* (1979), *Nausicaä de la Vallée du vent* (1984), *Le Château dans le ciel* (1986), *Mon*

---

[7] « Un lieu commun veut que Miyazaki soit le cinéaste des envolées exaltantes, profitant de la technique du dessin animé pour assouvir un rêve d'Icare. Or, le charme de ses scènes aériennes, effectivement irrésistible, provient moins de l'insoumission à la pesanteur qu'à son rappel constant. [...] Elles ne s'inscrivent jamais dans un « tout est possible » de dessin animé » [Op. cit.].

Voisin Totoro (1988), *Kiki la petite sorcière* (1989), *Porco Rosso* (1992), *Princesse Mononoké* (1997), *Le Voyage de Chihiro* (2001), *Le Château ambulant* (2004) et *Ponyo sur la falaise* (2008).

LA FRAGMENTATION DES UNIVERS MIYAZAKIENS

La critique des approches réductrices de l'univers

La tentation de lire l'espace miyazakien au prisme de la fluidité ne constitue pas uniquement un enjeu critique : cette posture trouve à s'incarner dans les films eux-mêmes, en particulier au travers des actions et de la psychologie de certaines des jeunes héroïnes de Miyazaki, mais pour se voir aussitôt critiquée. L'héroïne éponyme de *Kiki la petite sorcière,* les deux jeunes sœurs de *Mon Voisin Totoro* et Ponyo, l'enfant-poisson de *Ponyo sur la falaise,* portent ainsi dans un premier temps un regard naïf sur leur univers, dont elles ne perçoivent pas encore clairement les lignes de fracture, ni les résistances. Dans l'obligation de s'adapter à un environnement inconnu à la suite d'un déracinement hors de leur lieu de vie originel, elles s'inscrivent toutes initialement dans une logique de « l'allant-de-soi » de l'intégration. Leurs désillusions plus ou moins brutales au contact du monde réel et leur capacité à dépasser cette première posture naïve vont alors constituer le moteur narratif de leur film respectif.

Il s'agit là de films d'initiation : l'inexpérience des héroïnes est excusée par leur jeunesse et compensée par leur capacité à s'adapter et à progresser. Mais cette méconnaissance du monde, faute d'être rectifiée à temps, risquerait de s'installer durablement à l'âge adulte, voire d'être érigée en mode de vie. À cet égard, le personnage de « l'Amerloque » Curtis dans *Porco Rosso,* et plus encore les parents de l'héroïne du *Voyage de Chihiro,* font office de figures repoussoirs. Lorsque les parents de Chihiro, en début de film, s'engagent avec leur fille, et malgré les réticences de celle-ci, dans un mystérieux raccourci en sous-bois et finissent par pénétrer dans le domaine des dieux *(Kami),* c'est faute d'avoir su prendre en compte les signaux, soulignés par la mise en scène, qui auraient dû les avertir de la présence d'une frontière délimitant un espace sacré : présence d'un portail (*torii)* aux pieds jonchés de petits autels, puis de deux statues *shintô*. Cette imprudence est d'autant moins excusable qu'elle n'est pas innocente : les parents de Chihiro sont les représentants d'un capitalisme décomplexé et boulimique, caractérisés par une confiance excessive dans la capacité de l'argent à gommer les frontières et la diversité de leur univers. Ils s'autorisent, du fait de leur seule capacité à payer, à manger la nourriture normalement réservée aux *Kami* et sont punis de leur irrespect en étant transformés en porcs. Chihiro est sauvée par sa timidité et son ouverture d'esprit qui lui permettent encore de se distancier du modèle parental. Elle est en mesure de distinguer la spécificité et le potentiel danger que représente cet ailleurs.

Apprendre à lire les failles du monde : l'exemple de la division nature/société

Appréhender correctement son univers chez Miyazaki, c'est donc être capable d'y lire les signes, même discrets, des multiples lignes de faille qui le traversent. Ces ruptures, qu'elles prennent la forme de barrières, de zones de transition ou encore de simples délimitations entre deux domaines qualitativement hétérogènes, opposent un frein aux parcours et/ou à l'intégration d'éléments extérieurs. Outre les diverses divisions socio-politiques d'origine humaine, une des principales manifestations de la fragmentation des univers miyazakiens réside dans leur traitement du rapport nature/société : celui-ci se matérialise constamment sous la forme de relations frontalières, qui peuvent être extrêmement conflictuelles (les affrontements globaux de *Nausicaä de la Vallée du vent* et de *Princesse Mononoké*) comme globalement pacifiées (les relations locales, « de voisinage », dans *Mon Voisin Totoro* et dans *Ponyo sur la falaise*). En effet, la nature est, chez Miyazaki, fondamentalement territorialisée, son domaine correspondant *grosso modo* aux espaces sacrés traditionnels de l'animisme *shintô* : la mer *(Ponyo sur la falaise),* la montagne et la lande, souvent associées dans son œuvre à des domaines de caractère magique (*Le Voyage de Chihiro, Le Château ambulant*), et, bien entendu, la forêt (*Nausicaä, Princesse Mononoké*). Ces espaces se distinguent alors clairement des domaines humains (profanes) que sont les villes (les cités minières et industrielles de *Princesse Mononoké* et du *Château ambulant,* le port de *Ponyo sur la falaise*) et les espaces agricoles (la Vallée du vent de *Nausicaä,* la campagne de *Mon Voisin Totoro*) [Berque, 1986].

L'inspiration de Miyazaki puise également à des sources beaucoup plus récentes (et plus contestables) : le motif, récurrent dans son œuvre, de la forêt primordiale ou laurisylve (*shôyôjurin*) constitue aussi depuis les années 1970 un thème très populaire dans la littérature nippologique (nationaliste) japonaise [*Ibid.* ; Pelletier, 1990 ; Mayumi et al., 2005]. Dans *Princesse Mononoké*, cette forêt matricielle, domaine du Dieu Cerf *(Shishigami),* se retrouve menacée du fait des velléités expansionnistes des forges de Dame Éboshi. Ce schéma narratif évoque, mais inversé, le point de départ de *Nausicaä de la Vallée du vent* où une forêt toxique menace de submerger les rares humains ayant survécu à une apocalypse d'origine militaro-industrielle. Bien que les positions écologistes de Miyazaki aient de toute évidence une résonance à l'international, ces conflits territoriaux n'en illustrent pas moins une problématique identitaire spécifiquement japonaise : le discours nippologique tend souvent à attribuer aux Japonais une relation privilégiée, instinctive, avec la nature à laquelle ils attribuent un statut de sujet autonome, en opposition à un Occident qui ne la considérerait que comme un objet, une ressource à sauvegarder à travers une gestion rationnelle. Or, comme souligné par A. Berque à propos des désastres écologiques survenus au Japon au tournant des années 1970, une telle conception devient source de paradoxes à partir du moment où l'idée d'une harmonie, d'une auto-régulation spontanée des rapports nature/culture en vient à justifier toutes les dérives, l'homme se croyant alors dispensé de toute réflexion sur son « naturel » destructeur [Berque, 1986].

Dans un registre plus apaisé, le bosquet tutélaire (*chinju no mori,* le « bois sacré » qui entoure un sanctuaire *shintô*) de *Mon Voisin Totoro,* constitue un reliquat de la forêt primordiale au sein d'un paysage agricole anthropisé. Bien qu'assumant un rôle d'interface entre domaine naturel et écoumène, cette enclave n'en demeure pas moins *a priori* imperméable aux humains en son cœur, demeure du *kami* Totoro, située sous les racines d'un vénérable camphrier et délimitée par une corde sacrée *(shimenawa)* : seules les deux héroïnes, Mei et Satsuki, qui se distinguent par leur capacité à voir les créatures magiques peuplant leur univers, seront finalement autorisées à y pénétrer, leur jeunesse et leur innocence leur servant alors exceptionnellement de laissez-passer. Plus largement, Miyazaki semble suggérer à travers sa mise en scène l'existence d'un lien systématique entre les apparitions des *kami* (les Totoros, le Chat bus) aux jeunes filles et la proximité d'espaces sacrés [Zagalia, 2009] : Mei découvre un sanctuaire dédié à la Déesse Renard Inari à côté de l'arrêt de bus où son aînée fera à son tour la connaissance de Totoro ; de même, à la fin du film, le lieu où la petite fille sera retrouvée suite à sa fugue, grâce à l'intervention de Totoro et du Chat-Bus, est placé sous le regard bienveillant de statues bouddhistes.

Des univers tridimensionnels : une verticalité découpée en niveaux

L'espace miyazakien est fondamentalement tridimensionnel : le découpage en domaines horizontaux appropriés se double alors souvent de ruptures sur le plan vertical. Dans *Le Château dans le ciel,* le parcours des héros, Pazu et Sheeta, offre à nos regards une véritable stratigraphie de leur univers : des profondeurs de la Terre, domaine des mineurs auquel appartient Pazu, aux domaines aériens de l'île volante de Laputa. Mais, à travers cette verticalité s'exprime également chez Miyazaki une « physique de la morale » [Bachelard, 1972] : aux strates physiques, strictement matérielles (le sous-sol, la surface, le ciel) se superposent des niveaux symboliques et moraux. À l'élévation progressive des personnages au fur et à mesure du film correspond une plus grande ouverture d'esprit et une meilleure compréhension de la structure de leur monde. Dans *Le Voyage de Chihiro,* l'héroïne suit une progression similaire à la fois verticale, morale et sociale, au sein de la société des bains tenue par la sorcière Yubaba : au fil de ses promotions, elle passe successivement d'un emploi au sous-sol de l'établissement, sous les ordres de Kamaji le « pépé de la chaudière », à un poste d'aide de bains au rez-de-chaussée, pour finalement aboutir aux niveaux supérieurs qui abritent le bureau et les appartements de la chef d'établissement.

Dans *Porco Rosso,* la jeune compagne d'aventure du héros, Fio, définit les hydraviateurs comme ceux « (dont) le cœur baigne entre mer et ciel [...], (qui sont) donc plus intrépides que les marins, plus fiers que les autres pilotes ». Ils assurent une connexion entre des niveaux aquatiques et aériens normalement séparés. Mais à ces deux niveaux se surajoute un domaine métaphysique à travers l'image onirique d'une « mer de nuages », niveau et frontière séparant le domaine terrestre du domaine céleste des pilotes morts à la guerre (« de l'Enfer ? » se demande Porco). Cette structure du monde en niveaux fait écho aux propres strates psychosomatiques du héros : il a vogué sur la mer de nuages mais en est pourtant revenu, seul. La relation qu'il entretient avec ses compagnons décédés explique son décalage, son a-contemporanéité, matérialisée sous la forme d'un visage porcin (d'une barrière) qui le coupe, l'isole du reste de la société et de son entourage.

De la mobilité des frontières à l'hybridation

L'institution d'univers fragmentés ouvre tout un champ de potentialités narratives exploitées par Miyazaki : les multiples transgressions et connections transfrontalières qui jalonnent ses récits, loin de remettre fondamentalement en cause cette fragmentation, jouent au contraire à son égard un rôle de révélateurs, en la soulignant aux yeux du spectateur. Comme évoqué plus haut au sujet des délimitations nature/culture, les tracés des coupures qui traversent les univers miyazakiens (la lisière du bois, le rivage, les frontières entre sociétés, les niveaux verticaux) sont mobiles. Dans *Ponyo sur la falaise,* un brusque retour au Précambrien entraîne en une nuit une importante montée des eaux, transformant les anciennes hauteurs du littoral en autant d'îles. De façon plus subtile, les différents jardins secrets qui parsèment les univers miyazakiens offrent aux spectateur, à travers l'intrusion d'éléments étrangers, un aperçu spatialisé des motivations secrètes des personnages qui y trouvent refuge : dans *Nausicaä,* Maître Yupa découvre la chambre secrète où Nausicaä cultive des spores de la forêt toxique ; dans *Porco Rosso,* l'américain Curtis s'introduit dans le jardin de Gina qui lui révèle à cette occasion son amour pour Porco ; dans *Le Château ambulant,* les deux facettes antagonistes du personnage de Hauru se présentent à Sophie sous la forme de deux espaces antithétiques : son côté lumineux est incarné par une belle prairie montagneuse accessible par la porte d'entrée du château, tandis qu'une grotte ténébreuse, nichée au sein même du bâtiment, renferme son côté obscur.

Cette mobilité des limites peut finalement aboutir à des hybridations, positives comme négatives. Récurrent dans l'œuvre, le motif des ruines, traces de civilisations disparues et d'anciens équilibres territoriaux, est représentatif de cette tendance : dans *Nausicaä,* les carcasses des anciens guerriers des « sept jours de feu » – armes elles-mêmes issues d'un croisement vicié entre biologie et mécanique – ne sont plus désormais que des reliefs intégrés au paysage redessiné par la forêt toxique ; dans *Le Château dans le ciel*, l'île de Laputa, ancien fleuron technologique, est devenue une ruine gigantesque, gagnée par l'eau et la végétation.

De la multiplication des limites à l'opacification du monde

La complexité des univers miyazakiens va croissante au fil de la filmographie. Dans une première période de son œuvre, Miyazaki privilégie des modèles géographiques très lisibles qui tendent à maximiser les différences entre les grands ensembles spatiaux antagonistes présentés, tout en minimisant au contraire les divisions, la variété interne, de chacun d'entre eux : hormis les leaders de chaque domaine, la plupart des personnages ne sont que des représentants anonymes de leur groupe d'appartenance, cet anonymat déteignant même sur leur physique, souvent stéréotypé. Cependant, à partir de *Porco Rosso* en particulier, les univers tendent à se sophistiquer davantage. Miyazaki injecte des divisions internes dans les grands domaines territoriaux dont il met en scène les interactions. L'évolution est ainsi frappante entre un film comme *Nausicaä* et un film comme *Princesse Mononoké ;* ce dernier film, se saisissant des années plus tard de dispositifs spatiaux très semblables à ceux de son prédécesseur (mise en scène d'une opposition nature/culture territorialisée), propose cette fois-ci une approche polyphonique : il met en scène, outre ses personnages principaux, tout un microcosme de personnages secondaires singularisés et autant de sous-groupes. La forge est traversée de multiples divisions sociales : les femmes, les hommes, les lépreux, les guerriers, les bouviers, les ouvriers, les partisans de Dame Éboshi, les soutiens d'Ashitaka. De même, le domaine naturel est divisé en espèces : les loups, les sangliers, les singes, les esprits de la forêt (*Kodamas*). Dans *Le Château ambulant,* le monde gagne encore en noirceur et en opacité. Une sensation de complexité géopolitique, voire d'absurdité, naît du flou dans lequel Miyazaki maintient sciemment le spectateur jusqu'à la fin du film, en ne lui dévoilant pas les tenants et aboutissants du terrible conflit armé qu'il met en scène.

L'ESPACE VISQUEUX : LA MOBILITÉ COMME EXCEPTION

« L'espace mélasse » de la fiction miyazakienne

La multiplicité des frontières, des ruptures, qui rythment l'espace miyazakien constitue un frein à toute tentative de mobilité. Ignorer les rapports de force territoriaux qui structurent ces univers expose le héros à des déconvenues, voire à des catastrophes. Outre ces freins territoriaux, la dimension physique des espaces miyazakiens s'avère « réaliste », en ce qu'elle offre une résistance à tout déplacement. Dans *Porco Rosso,* Miyazaki nous rappelle constamment en début de film, à travers de nombreux détails (fuite d'huile, fumée noire, à-coups du moteur), que chaque décollage de l'hydravion du héros est une dure bataille remportée face à la gravité : à Milan, lorsque Porco s'enfuit avec Fio à bord d'un appareil flambant neuf pour échapper à la police politique fasciste, un simple mauvais réglage transforme soudainement le canal emprunté en « mélasse » dont le héros ne parvient pas à décoller. Dans « l'espace mélasse » miyazakien, l'immobilité, l'inertie, sont donc la norme et la mobilité l'exception, toujours éphémère. Ainsi, voir par exemple dans les déplacements d'Ashitaka, le héros de *Princesse Mononoké,* « moins des prouesses extraordinaires que la conséquence des propriétés de l'espace, que sont plénitude et pénétrabilité » [Engélibert, 2009], indique une confusion entre les capacités physiques exceptionnelles d'un unique personnage et la nature même de l'espace fictionnel. Les ressorts scénaristiques tournent d'ailleurs souvent autour d'une limitation momentanée de la mobilité du héros, et donc de sa capacité à agir sur son environnement : Porco Rosso perd son avion, Kiki la petite sorcière sa capacité à voler ; Ashitaka subit une blessure qui l'immobilise, de même que Lupin à la suite d'une évasion retentissante du Château de Cagliostro. Le récit se focalise alors sur les efforts qui devront être fournis par les personnages pour regagner leur mobilité initiale.

Des personnages fondamentalement sédentaires

Les films de Miyazaki nous présentent des héros pour qui la mobilité, si elle peut être source de plaisir, ne représente pas un but en soi et encore moins un projet de vie à long terme. Environ la moitié de la filmographie de Miyazaki est ainsi consacrée à la problématique de l'intégration dans un nouvel environnement (*Mon Voisin Totoro, Kiki la petite sorcière, Le Voyage de Chihiro, Le Château ambulant,* la première partie de *Ponyo sur la falaise*). Ces films s'achèvent de façon quasi systématique par une séquence destinée à exposer l'enracinement réussi du ou des personnages principaux : les génériques de fin de *Mon Voisin Totoro* et de *Kiki la petite sorcière* sont par exemple constitués d'une série d'images et de brèves scènes (dé)montrant l'épanouissement final des héroïnes dans leur nouveau milieu. Seule Sophie, l'héroïne du *Château Ambulant* constitue un cas limite : si elle se fixe bien à la fin du film auprès de sa nouvelle famille d'adoption, et notamment auprès de son aimé, le magicien Hauru, elle emménage cependant dans un château ambulant désormais transformé en une habitation volante. On trouvait déjà des exemples d'une telle sédentarité nomade dans *Le Château dans le ciel,* avec l'île volante de Laputa, mais aussi et surtout avec le vaisseau volant qui sert de demeure à la famille pirate dirigée de main de fer par la matrone Ma Dora.

Dans les films de Miyazaki davantage centrés sur l'aventure et l'action *(Le Château de Cagliostro, Nausicaä de la Vallée du vent, Le Château dans le ciel, Porco Rosso, Princesse Mononoké,* la deuxième partie de *Ponyo sur la falaise)*, la très grande mobilité des héros n'implique pas en soi une valorisation d'un mode de vie nomade. En règle générale, aucun héros de cette catégorie ne débute ou ne termine un film sans être fixé en un lieu, ou du moins sans avoir déclaré son intention de l'être. Rien n'indique que le comportement pour le moins casanier de Porco Rosso – il aime à se laisser aller quotidiennement au farniente dans l'île paradisiaque qui lui sert de repaire – ait été remis en cause à la fin du film. Ashitaka, dans *Princesse Mononoké*, décide finalement de s'installer au sein du territoire qui a donné son cadre au film pour rester auprès de la fille-louve San. De même, les besoins d'évasion de Pazu, dans *Le Château dans le ciel*, n'auront duré que le temps du film : il fait part de son désir de s'installer en compagnie de Sheeta dans la région d'origine de celle-ci.

Seul *Le Château de Cagliostro* avec le personnage de Lupin fait, en la matière, exception à la règle. Ce premier long métrage de Miyazaki est une œuvre de commande, issue d'une licence très populaire au Japon à l'origine de nombreuses séries télévisées et films. Miyazaki, même s'il tord considérablement le personnage, physiquement et moralement, afin de l'adapter à son propre imaginaire, se doit néanmoins de respecter un cahier des charges minimal : il ne peut pas enraciner le gentleman cambrioleur qui doit vivre beaucoup d'autres aventures (la plupart du temps d'assez piètre qualité) sous la houlette d'autres réalisateurs ! Mais la tentation de la sédentarité est malgré tout, là encore, bien présente : Lupin, avant de finalement s'en retourner à sa vie nomade de cambrioleur – quasiment par inertie et avec une pointe de fatalisme – a entrevu quelques instants la possibilité d'un bonheur sédentaire auprès de la princesse Clarisse.

De l'art de ne pas se perdre dans les univers miyazakiens

La question « comment me rendre en un lieu ? » constitue une problématique centrale dans la fiction miyazakienne, les personnages ayant quasiment toujours une destination précise en tête, un point d'attraction qui oriente leurs mouvements selon une logique centripète. Cette idée est bien soulignée à travers la mise en scène de la longue séquence de générique d'introduction du *Château de Cagliostro.* Lupin et Mugen, son acolyte, se rendent dans la principauté qui donnera son cadre au film. Si les deux personnages se permettent quelques arrêts en cours de route – pour fumer, pour manger, pour regarder passer un bateau –, les environnements traversés se rétractent, perdent toute profondeur, pour se réduire au seul tracé de la route traversant l'écran de part en part. Les personnages semblent alors avancer sur des rails, la direction à suivre apparaissant désormais comme une évidence. *A contrario*, le motif de l'errance du héros, de la flânerie, du détour désintéressé, et leurs corollaires, les questions « où suis-je ? » et « où aller ? », sont globalement absents de la grammaire des films de Miyazaki. Lorsque Porco Rosso se lance dans des acrobaties aériennes au-dessus de l'île-hôtel tenue par Gina, sa démarche est loin d'être gratuite. En une unique action, il annonce son retour à Gina et, par ricochet, aux pirates de l'air qui fréquentent assidûment son hôtel. Il lance également indirectement un défi à son ennemi l'« Amerloque » Curtis et fait la démonstration technique des capacités de son nouvel appareil. Les héros miyazakiens sont fondamentalement pragmatiques : pour arriver à leurs fins, ils tendent à maximiser l'efficacité de leurs déplacements afin de minimiser les efforts à consentir et, si possible, également la quantité de dangers à braver.

Dans les univers miyazakiens, il ne fait pas bon s'égarer en des contrées inconnues. Il n'est pas insignifiant que les deux seules véritables séquences d'errance de la filmographie miyazakienne soient à deux doigts de déboucher sur des événements dramatiques. D'une part, au début de *Kiki la petite sorcière*, la recherche par l'héroïne d'une ville où s'installer est traitée dans un premier temps sur le mode de l'innocence burlesque ; mais cette parenthèse se referme bien vite et la petite sorcière, voyant les obstacles pratiques s'accumuler, démotivée, envisage même un instant de rentrer chez elle, menaçant le récit de se clore de façon précoce. D'autre part, la tentative qu'effectue la petite Mei, dans *Mon voisin Totoro*, de rejoindre par ses propres moyens l'hôpital où réside sa mère malade, prend immédiatement une tournure anxiogène : les chemins ruraux naguère si familiers se muent alors en labyrinthe au fur et à mesure que la petite fille s'éloigne de la nouvelle demeure familiale. Miyazaki fait peser une incertitude autour du sort de la fillette, laissant planer quelques instants la possibilité du pire lorsque le spectateur apprend qu'une chaussure d'enfant a été découverte flottant à la surface d'un lac à proximité.

Hormis ces exceptions notables, les héros miyazakiens ne se perdent donc jamais, qu'ils s'appuient pour cela sur un sens de l'orientation affûté (Nausicaä), qu'ils soient guidés par un ou des personnages secondaires autochtones (Ashitaka guidé par les *Kodamas* à travers la forêt sacrée) ou bien qu'ils recourent à des moyens plus sophistiqués : Haku indique par télépathie à Chihiro le chemin à suivre jusqu'au sous-sol des bains ; les héros, dans *Le Château dans le ciel* et dans *Le Château ambulant*, disposent d'artefacts magiques pour les guider à bon port, grâce à la projection d'une trajectoire lumineuse. De façon un peu plus prosaïque, Lupin et sa bande, dans *Le Château de Cagliostro,* préparent leur plan pour pénétrer dans le château du Comte maléfique en se référant à une photo aérienne de son domaine, tandis que Porco Rosso et Kiki la petite sorcière se servent d'une (simple) carte pour s'orienter en vol. C'est d'ailleurs l'un des premiers achats de la jeune fille une fois installée dans sa nouvelle ville en bord de mer : lors de sa première livraison, elle s'élèvera le plus haut possible sur son balai pour bien repérer la configuration des lieux, Miyazaki s'amusant alors à superposer l'image de la carte au premier plan avec celle du territoire réel en contrebas, qui semble réduit à la même échelle. De concert avec les personnages, le spectateur n'a jamais l'impression de se perdre dans des univers toujours hautement intelligibles sur le plan spatial. Mais cette intelligibilité, loin d'être naturelle, est au contraire le fruit d'une longue et réfléchie construction [Le Roux, 2009]. Miyazaki n'hésite d'ailleurs pas à employer les ressources propres à l'animation pour aboutir à ce résultat. Dans *Porco Rosso*, le héros, alors qu'il se lance à la poursuite de pirates du ciel qui viennent d'enlever tout un groupe de fillettes, décrypte en quelques instants (pour lui-même mais surtout pour les spectateurs) le plan de fuite des pirates et comment il compte les piéger à travers le commentaire d'une véritable « carte mentale », à la fois synthétique et efficace, qui vient s'afficher à l'écran.

CONCLUSION : FLUIDIFIER LE MONDE

Une fois posées la fragmentation et la viscosité fondamentales des univers miyazakiens, quelle place accorder à la fluidité et aux scènes de mobilité exaltantes associées aux films du réalisateur ? Le poids de l'espace dans les univers miyazakiens, s'il pose nécessairement des limites à la fluidité, ne l'exclut pourtant pas. Il en constitue, au contraire, une condition première si on considère celle-ci, non pas comme une donnée inhérente à l'espace miyazakien, mais bien comme une construction, le résultat des efforts des personnages pour dépasser cet obstacle spatial. Ce sentiment d'échapper temporairement aux contraintes de son univers, autrement dit de le « fluidifier », peut effectivement être source de joie pour le héros qui l'expérimente dans des conditions favorables, en particulier au moment où, après une phase d'accélération, le temps semble se suspendre dans la fluidité : c'est par exemple la séquence du *Château dans le ciel* qui voit les deux héros monter dans la vigie « cerf-volant » du vaisseau volant des pirates ; c'est dans *Porco Rosso* le moment où Fio monte pour la première fois en avion avec Porco dans l'avion qu'elle a réparé, ou encore, à la fin du *Voyage de Chihiro*, lorsque l'héroïne vole dans ciel nocturne sur le dos d'Haku... Il n'est d'ailleurs pas anodin que cette entreprise de fluidification soit le plus souvent confiée par Miyazaki à des héroïnes, la place des femmes étant encore souvent cantonnée au Japon à l'espace domestique. Mais cette exaltation est encore bien plus sûrement présente dans l'œil du spectateur, dont le plaisir éprouvé ne naît pas principalement de la représentation d'une mobilité en soi, mais bien de la mise en scène de ce contraste entre une normalité pesante et de grisants, bien qu'éphémères, intervalles de fluidité.

BIBLIOGRAPHIE

BACHELARD Gaston, 1957, *La poétique de l'espace,* Paris, éd. PUF, coll. Quadrige, 214 p.

BACHELARD Gaston, 1972, *L'air et les songes. Essai sur l'imagination du mouvement,* Paris, éd. José Corti, 312 p.

BÉNÉDICT Sébastien, 2002, « Voyage immobile » (critique du *Voyage de Chihiro*), *Cahiers du cinéma*, n° 567, p. 19-20.

BERQUE Augustin, 1986, *Le sauvage et l'artifice : les Japonais devant la nature*, Paris, Gallimard, coll. Bibliothèque des sciences sociales, 291 p.

DUPUY Lionel, 2005, « Ubiquité temporelle et imaginaire géographique. *Voyage au centre de la terre* de Jules Verne », *IRIS,* n° 28, p. 115-128.

ENGÉLIBERT Jean-Paul, 2009, « Plaisir du fluide », *Éclipses*, n° 45, Hayao Miyazaki : l'enfance de l'art, p. 74-79.

HENRIET Gérard, MAUDUIT, Jacques, 1989, *Géographies du western. Une nation en marche*, Paris, Nathan, 252 p.

JOURDE Pierre, 1991, *Géographies imaginaires : de quelques inventeurs de mondes au XXe siècle : Gracq, Borges, Michaux, Tolkien,* Paris, éd. José Corti, 343 p.

LE ROUX Stéphane, 2009, *Hayao Miyazaki, cinéaste en animation : poésie de l'insolite,* Paris, L'Harmattan, coll. Cinémas d'animations, 143 p.

MALAUSA Vincent, 2002, « L'enfance ronde de Miyazaki », *Cahiers du cinéma*, n° 567, p. 18.

MAYUMI Kozo, SOLOMON Barry D., and CHANG Jason, 2005, « The ecological and consumption themes of the films of Hayao Miyazaki », *Ecological Economics,* n° 54, p. 1-7.

MÉRAD Taos, 2008, « La maison chez Miyazaki : rêve et quotidien », *Médiation & Information (MEI),* n° 27 Habiter, communiquer, p. 131-142.

MONTABONE Benoît, 2008, « Harry Potter : la magie des lieux dans un monde discontinu », *Géographie et cultures,* n° 68, p. 99-114.

MIYAZAKI Hayao, 1996, *Starting point (1979-1996)*, San Francisco, éd. VIZ Media, 461 p.

MUSSET Alain, 2005, *De New York à Coruscant : essai de géofiction,* Paris, PUF, 189 p.

PELLETIER Philippe, 1990, « Paysages sans paysans. Le cas du Japon », *Annales de géographie,* n° 553/99, p. 305-327.

POULET Georges, 1963, *L'espace proustien,* Paris, Gallimard, coll. TEL, 205 p.

SIFIANOS Georges, 1998, « Entre cinéma et cinéma d'animation, la question de la réalité », *Positif*, n° 447, p. 95-97.

TISSIER Jean-Louis, 1981, « De l'esprit géographique dans l'œuvre de Julien Gracq », *L'Espace géographique*, n° 1, p. 50-59.

ZAGALIA Blaise, 2009, « Le bestiaire fantastique dans la trilogie japonaise », *Éclipses*, n° 45 Hayao Miyazaki : l'enfance de l'art, p. 30-39.

SITOGRAPHIE

Pour toute information relative à Hayao Miyazaki et à ses films (histoires, personnages...), je renvoie au site de référence en français sur les œuvres du studio Ghibli : www.buta-connection.net

DISCOURS SUR LA CULTURE DU RISQUE, ENTRE APPROCHES NÉGATIVE ET POSITIVE. VERS UNE ÉDUCATION AUX RISQUES ?

ÉTUDE COMPARÉE DU QUÉBEC ET DE LA FRANCE

Discourses about risk culture, between negative and positive approaches. Towards risk education? A comparative study between Québec and France

Jean-Christophe BLESIUS[1]
Institut d'Urbanisme de Paris
Université de Paris-Est

Résumé : La culture du risque est une expression fréquemment mobilisée en cas de catastrophe ; en particulier pour pointer l'« absence » d'une telle culture. Toutefois, ce terme pose problème dans la mesure où il n'existe pas de définitions scientifiques claires, et qu'il demeure complexe de déterminer qui possède une culture du risque. Cet article propose de mener une réflexion sur cette expression au sein de deux territoires particuliers, la France et le Québec. Par l'analyse des propos issus du monde académique et d'interlocuteurs rencontrés sur ces terrains, l'article montrera que la culture du risque est un terme discuté, polysémique et flou. Les critiques peuvent porter sur son déficit, sur la manière dont elle est formulée, voire sur la pertinence d'employer le vocable culture. Toutefois, il semble que des éléments positifs puissent être connectés à cette expression. En effet, la culture du risque est souvent associée à la nécessité d'être conscient d'un risque existant, et à l'enjeu de connaître les comportements à tenir en cas d'urgence. Ce constat invite à s'interroger sur les réponses qui peuvent être mobilisées pour atteindre ces objectifs. Parmi elles se trouve l'éducation aux risques qui, bien qu'elle puisse être considérée par certains interlocuteurs comme un vecteur d'accroissement de l'acceptabilité d'un risque, reste encore une réponse récente. Par ailleurs, de multiples enjeux doivent être relevés pour permettre à cette dernière de trouver sa place dans l'éventail des actions mobilisables pour faire face à un risque et, le cas échéant, permettre de mieux cohabiter avec lui.

mots-clés : culture du risque, culture de sécurité civile, éducation aux risques, prévention

Abstract: *Risk culture is a frequently mobilized expression in case of disaster; particularly to point the "lack" of this type of culture. However, this term is problematic because there are no clear scientific definitions, and it remains difficult to determine who has a risk culture. This article proposes a reflection on this*

[1] Courriel : jc.blesius@gmail.com

expression in two specific territories, France and Quebec. By analyzing discourses from the academic area and from individuals met on these territories, the article will show that risk culture is a vague and discussed term, which has several meanings. Critics could concern its deficit, its formulation, or the appropriateness of using the term culture. However, it seems that positive elements can be connected to this expression. Indeed, risk culture is often associated with the need to be aware of an existing risk, and with the challenge of knowing behaviors to take in case of an emergency. This observation raises questions about the responses that can be mobilized to achieve these goals. One of these responses is risk education which is still a recent response; although it may be considered by some individuals as a vector to increase risk acceptability. In addition, many issues must be surmounted to enable it to find its place in the range of mobilized actions to cope with risk, and then provide a better cohabitation with him.

Keywords: *risk culture, civil protection culture, risk education, prevention*

Des catastrophes récentes sont venues rappeler à quel point les individus pouvaient être vulnérables, et les technologies de l'information et de la communication permettent parfois de les suivre en direct (Fukushima). Certains articles de presse s'interrogent sur l'existence d'une « culture du risque », terme qui a particulièrement été mobilisé en France lors de l'événement provoqué par la tempête Xynthia de février 2010, ou celui provoqué par les inondations du Var en juin 2010 (Michel, 2010 ; Michel, Nessi et Ricard, 2011). Si « *l'absence de mesures de prévention efficaces* » pourrait témoigner d'un déficit de culture du risque (*Ibidem*), ce terme en « vogue » recouvrirait néanmoins une idée vague et demeurerait dans des frontières assez floues (Bernier, 2007, p. 146). Bien que mentionnée dans certains travaux de géographie récents (Le Blanc, 2010 ; Acerra et Sauzeau, 2012 ; Labeur, 2013), la formulation « culture du risque » apparaissait déjà dans les années 80, notamment dans propos de J. Theys. Ce dernier fait apparaître des mots clés importants, tels que « pédagogie » ou « apprentissage », et laisse à penser qu'un individu qui « a une culture du risque » serait moins vulnérable :

> « […] : la brutalité de l'image ne crée d'elle-même presque jamais une culture du risque. Dans tous les cas il est donc finalement peu probable que l'événement, vite classé, oublié, mal compris ou refoulé dans l'inconscient, déclenche à lui seul le processus pédagogique d'apprentissage de la catastrophe qui rendrait nos sociétés moins vulnérables […] » (Theys, 1987, p. 24).

À une échelle plus globale, il apparaît que « promouvoir à tous les niveaux […] une culture de la prévention des catastrophes […] » (Nations Unies, 2005, p. 4) soit devenu un enjeu majeur pour faire face aux situations de risque et de catastrophe. Le rapport d'où provient cette citation, plus communément appelé le rapport Hyōgo, affirme que « les catastrophes peuvent être en grande partie prévenues si les populations sont bien informées et acquises à une culture de la prévention [...] » (*Ibidem*, p. 15).

Néanmoins, si la culture du risque peut être vue, *a minima*, comme la « connaissance acquise » d'une menace (Veyret, 2003, p. 37), cet article montrera que ce terme demeure complexe, polysémique et discuté ; ce qui ne permet pas d'en dégager une définition précise. Loin de négliger les apports de M. Douglas qui a été à l'origine de la théorie culturaliste (Douglas, Wildavsky, 1982 ; Douglas, 1992), l'objectif de cet article, sous un regard plus géographique, est de faire le point sur la notion de culture du risque dans deux territoires francophones, le Québec et la France. Il mêlera des propos issus du monde académique et ceux issus d'échanges effectués avec 16 acteurs locaux québécois et français. Ces derniers, dont leur rôle sera précisé tout au long du développement, ont été rencontrés entre 2009 et 2012. Dans un premier temps, des divergences voire des approches négatives tendent à ressortir quelle que soit l'origine du propos. Si dans un second temps, il semblerait possible de concevoir ce terme de manière positive, il n'en demeure pas moins que ce sont des termes connexes qui y sont souvent rattachés. Enfin, dans un troisième temps, de nombreux propos convergent vers la possibilité d'« éduquer » dès le plus jeune âge pour développer une culture du risque.

LA CULTURE DU RISQUE, UN TERME DISCUTÉ

Des critiques quant à l'absence de culture du risque

Bien que ne remettant pas en cause le terme en tant que tel, certains interlocuteurs font part de critiques quant au rôle de tout un chacun en situation d'urgence. C'est particulièrement le cas de ce conseiller de prévention à la Direction des Services Départementaux de l'Éducation Nationale (DSDEN) des Hauts-de-Seine :

> « Notre grosse difficulté aujourd'hui, c'est que dans notre société, il n'y a pas de culture du risque. Globalement en France, c'est encore une affaire de spécialistes et on a beau dire avec la loi de 2004 [relative à la modernisation de la sécurité civile] : « le citoyen est le premier acteur de la sécurité civile », ça reste encore un vœu pieux. Les gens sont loin d'avoir intégré ce degré de prise de conscience et de prise en charge. On a vu des gens qui se retrouvaient bloqués dans leurs voitures alors que Météo France avait largement fait passer le message qui parlait de 10 à 12 cm. de neige ; des gens qui prenaient leurs voitures alors qu'ils n'avaient pas d'équipements spéciaux, qui plus est en chaussures de villes (semelles lisses, talons). Ce qui est surprenant, c'est que dans les voitures il n'y a rien, pas de couvertures, pas une bouteille d'eau, ils ont froid, ne peuvent pas s'hydrater et sont

> complètement dépendants des secours. Il se passe ensuite des choses extraordinaires, comme avec le cas des sapeurs-pompiers volontaires qui sont arrivés au bout de deux heures avec le café et qui se sont fait insulter parce que cela faisait deux heures que les gens attendaient d'être secourus ».

Il est de plus en plus fréquent que des situations problématiques apparaissent en cas d'épisode neigeux intense, ce qui n'est pas le cas pour le Québec dont l'ensemble du territoire est recouvert d'un manteau neigeux pendant l'hiver. L'interlocuteur précédent poursuivra :

> « Il n'y a pas ou peu de culture du risque en France, aussi bien au niveau des élus qu'au niveau de la population locale, comparé notamment avec ce qu'il se passe au Japon. Tant que la catastrophe n'est pas arrivée, cela ne se met pas facilement en place ».

Il n'est pas rare aussi de voire mentionner le Japon comme exemple lorsqu'il s'agit de traiter de la culture du risque. Mais les événements récents ayant conduit à Fukushima n'incitent-ils pas à s'interroger davantage sur la culture du risque ?

Discussion de ce qui est « rattaché » à culture

Certains interlocuteurs discutent le terme de culture du risque du point de vue de sa formulation, sans pour autant le remettre en cause. En effet, comme l'indique ce chef aux opérations du Centre de sécurité civile de Montréal, « si on dispose d'une culture générale et spécifique, il peut en être de même pour le risque ». Plus globalement, la remise en question ne porte pas sur le terme de « culture » mais sur ce qui est employé derrière. Ainsi, quand les acteurs français parlent de culture « du risque », ceux de la province canadienne parlent de culture « de sécurité civile ». Une citoyenne qui agit au sein d'une table de concertation québécoise confirme ce fait : « Moi j'aime mieux ça [culture de sécurité civile] que culture du risque, car ça veut dire qu'on cultive le risque, qu'on le maintient ». Ce terme semble donc préféré au Québec pour la connotation positive qu'il suscite et pour la focale qui est portée sur le terme « sécurité ». Un article de presse tend à aller dans ce sens, tout en précisant les autres termes qui peuvent être associés à « culture » :

> « La culture de la catastrophe, ou culture du danger, a un côté fataliste au sens où elle suppose que les catastrophes se produiront de toute façon et qu'il faut les accepter, alors que la culture du risque est à l'opposé même de l'acceptation » (Dehesdin, 2011).

Néanmoins, le vocable « risque » peut se retrouver associé à celui de « culture » dans la province canadienne. C'est le cas de ce programme de cours à l'Université du Québec à Montréal (UQAM) qui mobilise le terme de « culture de gestion » des risques pour insister sur le fait qu'un risque doit avant tout être géré. Un des intervenants, ancien directeur du Centre de sécurité civile de Montréal apporte quelques précisions :

> « On donne des cours à l'UQAM sur la gestion des risques majeurs et on parle d'une culture de gestion du risque, ça parle un petit peu plus qu'une culture du risque ».

Cette tendance se retrouve au niveau industriel puisque ce responsable d'exploitation dans l'est de Montréal affirme que :

> « La culture du risque ici est un terme qui est très utilisé. Nous avons même un groupe [...] de réflexion sur les risques industriels majeurs et c'est un sujet de conversation qui est presque incessant quand on se voit. [...] Le problème c'est pas le risque, c'est la gestion du risque ».

Si les discussions peuvent porter sur l'existence d'une culture du risque ou bien sur ce qui est rattaché derrière le terme « culture », d'autres discours tendent à s'interroger plus en profondeur sur ce dernier.

Discussion du terme « culture »

La majorité des critiques émises sur la culture du risque, tant au niveau scientifique qu'empirique, portent sur le terme de « culture. En effet, selon un citoyen québécois bénévole dans une table de concertation, « ce qu'on appelle culture, c'est dans la terre, dans les racines et dans les identités ». La critique est plus prononcée pour cette consultante en communication : « je n'aime pas ça « développer la culture ». Je trouve que c'est un mot qui ne veut rien dire et je ne l'emploie jamais. C'est quoi une culture de sécurité civile ? Pour moi la culture, c'est cultiver des patates ». Cette personne préfère des termes plus parlants tels que développer la « connaissance », « l'état de préparation ». Ce type de critique existe aussi en France comme en témoigne cette enseignante dans une école primaire : « c'est plutôt un terme pour aimer à se faire peur, par le sensationnel. Il n'est pas pertinent ».

Au niveau académique, des auteurs trouvent nécessaire de « déconstruire » ce terme (Nonjon, Duchêne, Lafaye et Martinais, 2007, p. 81). Par ailleurs, T. Coanus opère une double lecture :

> « [...], le terme « culture » est un terme très « lourd » en sciences sociales, qui ne correspond pas vraiment au type de savoir très empirique des riverains, savoir certes bien réel, mais bien moins structuré qu'une « culture », au sens fort du terme. Par contre, la « culture du risque » qui serait à développer en France, etc. est plutôt l'ombre portée de la culture technique. Partir dans cette direction, signifie d'une certaine façon que l'on n'a pas repéré que cette culture technique, qui prend souvent une tournure scolaire lorsqu'elle s'adresse aux riverains, est d'un rendement très faible » (Coanus, 2008, p. 19).

Dans sa première lecture, Coanus ne remet pas en question les savoirs que possèdent des individus vis-à-vis d'une situation risquée, mais bien le fait que cela puisse être considérée comme une « culture » en tant que telle. En effet, selon M. Mead, « la culture n'est pas un « donné » que l'individu recevrait comme un tout, une fois pour toutes, au cours de l'éducation. La culture ne se transmet pas comme les gènes. L'individu « s'approprie » sa culture progressivement tout au long de sa vie [...] (cité dans Cuche, 2004, p. 40).

Dans sa seconde lecture, les actions qui viseraient à développer la culture du risque ne seraient qu'une « illusion », pour reprendre les propos de F.X. Albouy ; une illusion qui laisse « croire qu'il existerait une méthode de décision absolument rationnelle et une organisation définitivement optimale pour affronter l'incertitude » (Albouy, 2002, p. 18). Ce postulat se retrouve dans les propos de P. Peretti-Watel pour qui la culture du risque ne serait qu'une « norme » à laquelle un individu est sommé de se conformer (Peretti-Watel, 2005, p. 390).

Absence, leurre, norme ou illusion, la culture du risque ne semble pas pouvoir trouver de définition claire, notamment au regard de propos issus de travaux de sociologie ; et la tâche s'avère complexe de déterminer qui « possède » une culture du risque. De plus, le succès de ce terme tiendrait à « sa capacité à servir comme outil discursif efficace pour le maintien d'une paix commerciale qui transforme les formes spontanées des rapports sociaux en dépendances institutionnelles » (Lianos, 1999, p. 55-56). Pourtant il existe de nombreux cas, tant au niveau académique qu'empirique, où ce terme est considéré de manière positive.

LA CULTURE DU RISQUE, ÉLÉMENTS POSITIFS ET TERMES CONNEXES

Malgré les critiques existantes, des propos tendent à promouvoir la pertinence de ce terme. Cependant, il s'agit plus de termes connexes qui ne concourent pas forcément à définir une « culture » comme mentionné précédemment.

Mémoire et conscience du risque

Le premier terme qui semble être connecté à celui de culture du risque se trouve être la « mémoire ». C'est en tout cas ce qui semble être mis en avant dans certains articles scientifiques qui mentionnent la culture du risque (Le Blanc, 2010 ; Acerra et Sauzeau, 2012 ; Labeur, 2013). Ce constat est corrélé au niveau empirique ; puisque lorsque la question était posée aux interlocuteurs sur ce que pouvait être la culture du risque, il ressortait dans de très nombreux cas la nécessité d'avoir la mémoire des catastrophes passées. Pour J.-C. Gaillard, qui a travaillé sur les sociétés traditionnelles confrontées à des risques naturels, les catastrophes peuvent constituer des facteurs contribuant à un « changement culturel » qui permettraient à ces sociétés de mieux les surmonter (Gaillard, 2006, p. 44-46).

La nécessité de conserver la mémoire des événements passés semble donc essentielle pour promouvoir la culture du risque (Beck, 2006, p. 5). Une interlocutrice travaillant à la Direction des Services de l'Environnement et de l'Assainissement (DSEA) du Val-de-Marne a participé à l'élaboration de la politique départementale sur l'eau. Elle stipule que des actions de sensibilisation des populations se sont tenues lors d'un festival sur le risque lié aux inondations de la Seine. La grande crue de janvier 1910 est sans cesse mobilisée comme « piqure de rappel » pour susciter la prise de conscience d'une vulnérabilité qui demeure et ce, malgré les considérables progrès techniques mis en œuvre jusqu'à aujourd'hui. Malgré tout, peut-on réellement savoir les impacts qu'aurait une telle crue dans le Paris d'aujourd'hui ?

Pour P. Peretti-Watel, sans mentionner un quelconque lien avec la culture du risque, le public accepterait d'autant plus facilement un risque si ce dernier est « familier », c'est-à-dire ancré dans le territoire depuis longtemps (Peretti-Watel, 2010).

Pour éviter tout « estompage » (Girard, 2004), il semble primordial de pérenniser les actions qui visent à maintenir cette mémoire (Stengers, 2004, p. 129). V. Girard insiste sur le fait qu'une population évolue et se transforme sur un territoire. Les riverains d'une zone industrielle ne sont plus forcément ceux qui y travaillent, et les personnes ayant connu une inondation peuvent avoir déménagé ou disparu. Le citoyen québécois cité précédemment emploie justement ce terme d'« estompage » en faisant référence aux différents acteurs (industriels, municipaux, etc.) qui concourent à construire des outils communicationnels et à les transmettre. Il fait référence à cette échelle de temps à l'intérieur de laquelle des personnes finissent par laisser leur place à d'autres. De plus, comment entretenir une telle mémoire lorsque des territoires, traversés par un fleuve ou bien occupés par des usines dangereuses, n'ont pas connu dans leur histoire d'accident majeur ?

Quand bien même il existerait des actions qui visent à pérenniser la mémoire des événements passés, suffisent-elles à faire prendre conscience de l'exposition à un risque ? Car il semblerait que cela soit sa finalité première. Par exemple, une autre interlocutrice travaillant à la DSEA du Val-de-Marne donne ce point de vue sur la culture du risque :

> « C'est le fait 1) de savoir qu'on est en zone inondable et 2) de se dire que c'est inéluctable, que ça arrivera, donc il faut se préparer. L'idée, c'est de pouvoir préparer auprès de tous les acteurs du territoire, dans

> lequel j'inclus bien évidemment les habitants, cette conscience du risque et l'importance qu'il y a de traiter cette question [...].

Ainsi, entretenir la mémoire des événements passés ne serait qu'un préalable à un registre beaucoup plus large : susciter une prise de conscience d'une exposition à un risque ; ce dernier ne pouvant être éliminé en totalité. Cette prise de conscience n'est pas exclusive aux riverains d'un fleuve ou d'une usine, mais s'applique aussi aux acteurs qui participent à la « vie urbaine ». C'est le cas pour cet urbaniste québécois :

> « J'ai grandi professionnellement dans une ville où il fallait avoir une sensibilité sur le risque industriel. Lors des projets soumis, il fallait faire en sorte d'essayer de voir les problèmes à l'avance ».

Ou bien pour cet urbaniste français :

> « Pour moi, c'est comme une façon de recenser les risques et d'essayer d'en avoir une meilleure gestion, en mettant en place [...] des plans de prévention qui permettent de prévoir en cas d'incident les procédures à suivre. Et puis préserver certains secteurs pour éviter qu'ils soient impactés par le risque ».

Dans une certaine mesure, la culture du risque pourrait s'apparenter à la connaissance des situations de risque existantes, en entretenant notamment la mémoire des événements passés. Plus en aval, la culture du risque semble aussi être liée à l'intégration d'automatismes pour « bien réagir » face à une situation d'urgence.

Intégrer les automatismes et modèles comportementaux

Outre la prise de conscience des risques par le biais de l'entretien de la mémoire des événements passés, certains propos sur la culture du risque convergent vers l'intégration d'automatismes dans le but d'avoir les « bons comportements » en cas d'urgence. En effet, une interlocutrice travaillant à la direction régionale et interdépartementale de l'environnement et de l'énergie (DRIEE) de la région Île-de-France se rappelle les pastilles d'iode reçues dans sa jeunesse du fait de la proximité d'une centrale nucléaire. Elle n'hésitera pas à dire que « ceux qui vivent à proximité d'une centrale nucléaire ont la culture du risque ». Au niveau scientifique, S. Glatron opère un lien entre la culture du risque et les comportements acquis pour y faire face (Glatron, 2003, p. 71) ; et S. Rode stipule que « la culture du risque désigne [...] un ensemble de modèles comportementaux intégrés par une population exposée pour faire face à une menace » (Rode, 2009, p. 199).

Les comportements à tenir en cas d'accident semblent donc occuper une place importante. Comme le rappelle J. Dubois-Maury et C. Chaline, des comportements peuvent être attendus tels que l'entraide et la solidarité, à l'inverse de ceux beaucoup plus négatifs que sont la panique, les actes de violence et le pillage (Dubois-Maury et Chaline, 2004, p. 187-189). Pour développer ces comportements et *a fortiori* la culture du risque, ces auteurs insistent sur la transmission d'informations et les exercices de simulations.

L'intégration d'automatismes pour adopter les bons comportements en cas d'urgence s'applique à tous les individus. Cette dimension est claire dans les propos de cet ancien responsable de la direction régionale de la sécurité civile du Québec :

> « Pour les gestionnaires d'édifices publics, l'idée c'est d'intégrer dans leurs pratiques de gestion, des mesures, des mises à jours, des exercices. C'est en répétant qu'on va avoir quelque chose, que les gens vont être attentifs ».

La question des bonnes pratiques se retrouve dans la législation québécoise avec la norme dite des « trois jours ». En effet, il est recommandé aux individus de disposer de quoi subsister pendant 72 heures. Cette démarche est connue et souvent mobilisée par certains des interlocuteurs français rencontrés, notamment l'interlocuteur de la DSDEN des Hauts-de-Seine cité précédemment :

> « [...] Je trouve l'expérience canadienne intéressante. Cela interpelle, 72 heures, c'est le temps minimum qu'il faut pour les pouvoirs publics pour être en capacité de prendre en charge tout le monde. Dans le cadre des séismes par exemple, on voit que la plupart des victimes sont dégagées par les voisins qui sont les premiers sauveteurs en fait. C'est donc bien cette idée de savoir s'organiser localement en attendant d'être secourable et d'être autonome au niveau de sa famille. C'est ce message-là qui est le plus dur à faire passer, parce que les gens ont une mentalité d'assisté ».

Ce même interlocuteur poursuivra :

> « Si on dit aujourd'hui aux franciliens qu'il serait raisonnable d'avoir quelques jours de nourriture devant soi, ils vont crier « au fou ! ». En Suisse, ils ont obligation d'avoir une semaine ou de deux de nourriture et c'est dans la loi, et cela ne choque personne ».

Pourtant, le citoyen québécois bénévole cité précédemment a un avis plus mitigé sur la question :

> « Si je dis que je suis responsable de ma propre sécurité, il faut que je sache ce qui peut m'insécuriser, en quoi je suis « sinistrable », avant d'être sinistré et comment je suis outillé pour le détecter et y faire face ».

Ainsi, ce n'est pas parce que ce principe est affirmé dans la loi que tout le monde l'appliquera, particulièrement si aucun travail n'est fait pour faire prendre conscience des risques auxquels tout un chacun est exposé.

Pour entretenir la mémoire et faire prendre conscience des risques ; pour susciter des comportements en cas d'urgence, la plupart des propos tendent à donner un poids au rôle de l'éducation. Selon l'interlocutrice sus-citée travaillant à la DRIEE, « *la culture du risque, c'est je pense* [...], *rendre pédagogique l'action qu'on mène quotidiennement pour la sécurité* ». Est-il concevable d'« éduquer » aux risques ?

VERS UNE ÉDUCATION AUX RISQUES MAJEURS ?

Le gouvernement du Québec semble penser qu'il est possible d'entreprendre une démarche éducative pour développer une culture de sécurité civile :

> « La mise en place d'une culture de sécurité civile est un objectif de long terme, qui suppose à la fois éducation et encadrement » (Gouvernement du Québec, 2002, p. 8).

Dans cette partie, tous les acteurs ont été interrogés sur l'éducation aux risques comme vecteur de construction d'une culture du risque.

De l'information à l'éducation

Conserver la mémoire des événements passés, connaître les comportements à tenir en cas d'accident ont déjà fait l'objet dans le passé de démarches de transmission d'informations. Selon certains auteurs pourtant, l'information possède ses limites puisque parfois, elle se transmet de manière unidirectionnelle et ne permet pas d'échanger (Coanus, Duchêne et Martinais, 1999, 2004). De plus, le contenu de cette information ne doit pas être trop technique ou trop catastrophiste. L'interlocuteur de la DSDEN des Hauts-de-Seine rappelle que parfois, les documents doivent être traduits en plusieurs langues pour tenir compte de la multi-culturalité d'un territoire.

Selon Y. Blein, maire de Feyzin, ville du sud lyonnais qui a connu un grave accident industriel dans les années 60, la culture du risque se construit lentement et des actions pédagogiques peuvent y concourir (Lesquel, 2010, p. 24). Au niveau académique, J. Donze affirme que la culture du risque est un « enjeu essentiel » (Donze, 2003 ; 2004) et que ce terme « souligne l'importance de l'éducation et de l'information des populations exposées. Le risque doit faire partie des programmes scolaires et il importe de former les enseignants à ces questions » (*Ibidem*, 2003). Doit-on obligatoirement entamer un processus de formation pour mettre en place une culture du risque ? Si, selon le contexte, le savoir est transmis, qui est en charge de cette transmission ? Est-ce la famille, l'école ou toute autre institution ? Pour ce responsable du bureau de gestion des risques (BGR) au sein d'une commission scolaire montréalaise, échelon regroupant plusieurs établissements scolaires sur un territoire donné :

> « Une culture, c'est long à établir, à consolider, mais une fois que cela sera intégré au Québec, on réagira plus facilement à des intempéries, on sera moins porté par la crainte, la peur, on saura mieux comment réagir face à des situations X ou Y. On pense qu'en passant par le milieu scolaire, on va y arriver ».

Ce point de vue est également partagé en France, en particulier au niveau académique puisque selon l'interlocuteur de la DSDEN des Hauts-de-Seine, « pour développer une culture du risque, il faut passer par l'éducation aux risques ». Il précisera par ailleurs qu'il est plus aisé d'éduquer les enfants car il n'est pas possible de renvoyer les adultes à l'école. De plus, l'éducation aux risques peut tout à fait s'intégrer dans les programmes scolaires :

> « Ce qui est intéressant, ce n'est pas d'en faire une discipline à part, c'est de parler des séismes dans le cadre du cours sur la tectonique des plaques ; ou le fait de parler d'une fuite de camion dans le cadre d'un cours de chimie sur le chlore. On peut le faire sans déroger à sa discipline, c'est une application du savoir ».

L'école semble donc constituer un lieu pertinent pour entreprendre une démarche d'éducation aux risques. Ce cadre n'est cependant pas exclusif. En effet, le département du Val-de-Marne a entrepris des actions de sensibilisation au risque, comme le rappelle une des deux interlocutrices de la DSEA du Val-de-Marne :

> « Il y avait plein d'initiatives organisées dans le cadre du festival de l'OH. C'était sur les risques environnementaux en général, mais il y avait quelques conférences dédiées au risque inondation. On avait invité les communes à parler de ce qu'elles faisaient dans ce domaine-là. Pendant le festival, on a une structure temporaire qu'on appelle les maisons de l'OH. Il s'agit en fait de tentes dans lesquelles il y a des expositions. Et on avait un jeu interactif ».

Pour ce dernier cas, sans parler d'une « éducation » telle qu'elle peut être pratiquée à l'école dans le cadre de l'éducation au développement durable (Leininger-Frézal, 2009), ces actions semblent autoriser des interactions qui permettent de dépasser le cadre d'une transmission unidirectionnelle d'informations.

Autre forme d'éducation, des programmes de formations concernent le milieu professionnel afin de sensibiliser, voire d'accroître les compétences en matière de gestion des risques. Comme mentionné dans la première partie, l'ancien directeur du centre de sécurité civile de Montréal donne un cours au sein d'un programme à l'UQAM :

> « J'encadre des étudiants dans leurs stages ou dans leurs activités de synthèse. [...] La plupart de nos étudiants sont placés dans des postes qui mettent à profit leurs études, c'est intéressant ça ! ».

Quand bien même des individus peuvent faire le choix de se former à la gestion des risques, il n'en est pas de même pour les enfants qui peuvent se voir imposer une telle démarche. D'une manière générale, de nombreux enjeux sous-tendent ce type d'initiative.

Les enjeux d'une éducation aux risques

Il semble complexe de mener une campagne d'éducation aux risques du fait de l'existence de nombreuses représentations. Comme le rappelle P. Peretti-Watel :

> « Nous ne nous contentons pas de percevoir les risques, qui d'ailleurs échappent bien souvent à nos sens, nous les construisons, nous en élaborons des représentations, en nous situant par rapport à eux, en y investissant une part de nous-mêmes, de ce que nous sommes comme de ce que nous voulons devenir, de sorte qu'il y a autant de représentations d'un risque que de positions et de trajectoires sociales » (Peretti-Watel, 2010, p. 37).

Comment dès lors parler du risque devant une assemblée d'élèves hétérogènes ? Si à la différence de l'information, une démarche d'éducation aux risques permet d'instaurer un cadre d'échange, l'enjeu est véritablement de construire un outil qui puisse prendre en compte l'ensemble des représentations des individus. N'est-il pas à craindre, comme l'a mentionné T. Coanus, que le message éducatif tende à transmettre une pensée « technicienne » ou « gestionnaire » négligeant les savoirs locaux ? En France, il existe une association qui vise à créer des outils et à former des formateurs pour intervenir dans les établissements scolaires. Selon un des membres du bureau :

> « Il faut commencer dès le plus jeune âge, par l'éducation, chez les tout petits : où on peut déjà aborder la notion de risque calculé, accepté […]. Il faut installer la notion de risque acceptable dès le plus jeune âge ».

Cette citation interroge à plus d'un titre. En effet, il est complexe de calculer de manière précise un risque et il est périlleux de déterminer ce qu'est un risque acceptable. De plus, il semblerait que les établissements scolaires puissent ne pas être sensibles aux mêmes types de risque selon leur situation. C'est en effet ce que pense le responsable du BGR cité précédemment :

> « […] si je vais dans la région du Saguenay/Lac Saint-Jean où il y a eu le déluge, je suis sûr que les écoles seraient plus intéressées à donner le programme sur la sécurité civile. C'est resté dans la mémoire collective ».

Par ailleurs, qui participerait à la diffusion de la démarche ? En effet, le crédit accordé serait-il le même si cette responsabilité incombe à l'enseignant, à un pompier, à un élu ou à un industriel ? L'éducation aux risques semble être liée à la thématique de la « confiance ». Cette dernière peut être influencée par plusieurs éléments (Flanquart, Hellequin et Vallet 2007, p. 76) :

- la proximité géographique : des individus peuvent avoir plus confiance en leurs élus locaux qu'envers les instances européennes. Mais il peut aussi s'agir de proximité « sociale », voire de familiarité liée par exemple à l'image que représente le corps des pompiers.
- la compétence : les individus peuvent accorder leur confiance à ceux disposant d'une compétence particulière, ce qui est encore le cas pour les pompiers. Dans le cadre du risque industriel, certains individus peuvent reconnaître que les responsables d'exploitations sont ceux qui connaissent le mieux leurs installations, mais ils peuvent demeurer sceptiques quant aux informations transmises, qui seraient incomplètes ou cachées.

L'éducation aux risques constitue un champ récent d'investigation et il convient d'analyser en profondeur les outils élaborés, les cadres règlementaires qui permettraient leur diffusion, et leurs impacts sur les élèves ciblés.

CONCLUSION

Le terme de « culture du risque » divise et des propos, négatifs ou positifs, se retrouvent dans tous types de discours qu'ils soient académiques ou empiriques. Par ailleurs, cette division ne semble pas géographique puisque les divergences de point de vue se retrouvent de part et d'autre de l'Atlantique, bien que la dénomination puisse changer.

Les points de vue positifs restent nombreux au regard de ce terme. Si pour J. Donze, « l'enjeu de cette culture du risque est de permettre de vivre ensemble de manière la plus harmonieuse possible » (Donze, 2003) ; pour P. Frattolillo, ancien président d'une association d'industrielle au Québec, la culture de sécurité civile doit passer par :

> « la mise en place d'un processus souple de gestion du risque et de sécurité civile, impliquant, au niveau local, à la fois les autorités, les générateurs de risques et les citoyens qui collaborent à l'atteinte des objectifs de protection des communautés » (Frattolillo, 2001).

Au regard des termes qui sont usuellement associés à celui de culture du risque, il semble que ce dernier fasse plutôt référence au « vivre ensemble », voire au « vivre avec ». En effet, il s'avère difficile de déplacer un fleuve, d'empêcher les tornades, de supprimer tous les établissements industriels, en d'autres termes, de vivre dans un milieu sans risque. Cette dimension du « vivre avec » a fait l'objet d'une analyse approfondie dans la thèse de

M. Augendre (2008). Cette auteure analyse, entre autres, les réponses mises en œuvre pour faire face au risque volcanique au Japon. Ceci étant, connaître les événements passés sur son lieu de vie, connaître les comportements à tenir en cas de dangers, ne constitueraient-ils pas une certaine forme de « vivre avec » le risque ? Face à ce postulat, l'enjeu réside bien dans les réponses pouvant être mises en œuvre pour permettre de favoriser le « vivre avec », sans pour autant appeler cela une « culture ». Ce postulat laisse de plus la possibilité de s'interroger sur la pertinence d'une démarche éducative pour atteindre ce but.

Malgré tout, la culture du risque semble continuer à poser problème du point de vue de son contenu, notamment dans le milieu académique. N'est-il pas préférable, à l'image des travaux de F. Duchêne et de C. Morel Journel (2004), de poursuivre les analyses empiriques pour étoffer, tempérer, nuancer les propos scientifiques ? Cela ne permettrait-il pas de mieux distinguer « les » cultures du risque (Glatron, 2003) à l'image de celle des populations et de celle des « gestionnaires » ou des « techniciens » (Augendre, 2008, p. 237) ?

BIBLIOGRAPHIE

ACERRA M., SAUZEAU T., 2012, « Zones construites, zones désertes sur le littoral atlantique. Les leçons du passé », *Norois*, n° 222, p. 103-114.

ALBOUY F.-X., 2002, *Le temps des catastrophes*, Descartes & Cie, 172 p.

AUGENDRE M., 2008, *Vivre avec le volcan – Une géographie du risque volcanique au Japon*, thèse de doctorat, sous la direction de P. Pelletier, Université Lumière Lyon 2, 289 p.

BECK E., 2006, *Approche multirisques en milieu urbain. Le cas des risques sismiques et technologiques dans l'agglomération de Mulhouse (Haut-Rhin)*, thèse de doctorat, sous la direction de C. Weber et de M. Granet, Université Louis Pasteur – Strasbourg I, 282 p.

BERNIER S.-C., 2007, *Perception des risques industriels et nucléaires – Enjeux, négociations et construction social des seuils d'acceptation des risques*, thèse de doctorat, sous la direction de S. Denefle, Université François Rabelais de Tours, 410 p.

COANUS T., 2008, « La prévention des risques industriels à l'épreuve de la démocratie locale (2) – De la concertation à la décision », actes du séminaire *Les enjeux d'une gestion territorialisée des risques technologiques*, PUCA, LATTS, ENTPE, séance n° 5, 20 juin, p. 19.

COANUS T., DUCHÊNE F., MARTINAIS E., 1999, « Les relations des gestionnaires du risque urbain avec les populations riveraines. Critique d'une certaine idée de la "communication"», *Annales des Mines, Responsabilité et Environnement*, n° 13, p. 5-17.

COANUS T., DUCHÊNE F., MARTINAIS E., 2004, « Risque, territoire et longue durée : vers une « société du risque » ? », *Les Annales de la recherche urbaine,* n° 95, p. 19-25.

CUCHE D., 2004, *La notion de culture dans les sciences sociales*, Repères, 3e édition, 123 p.

DEHESDIN C., 2011, « Risque contre catastrophe : le choc des cultures », *Slate*, 15 mars, http://www.slate.fr/story/35507/culture-risque-culture-catastrophe

DONZE J., 2003, « Bhopal, Toulouse, couloir de la chimie : faut-il avoir peur de l'industrie chimique ? », *Les cafés géographiques*, http://www.cafe-geo.net/article.php3?id_article=180

DONZE J., 2004, « Les risques technologiques », in G. Wackermann (dir.), *La géographie des risques dans le monde*, Paris, Ellipses, p. 443-466.

DOUGLAS M., WILDAVSKY A., 1982, *Risk and culture: an essay on the selection of technical and environmental dangers*, University of California Press, 221 p.

DOUGLAS M., 1992, *De la souillure : essai sur les notions de pollution et de tabou*, Paris, Ed. La Découverte, 193 p.

DUBOIS-MAURY J., CHALINE C., 2004, *Les risques urbains*, Armand Colin, 2e éd., Paris, 208 p.

DUCHÊNE F., MOREL JOURNEL C., 2004, *De la culture du risque ; paroles riveraines à propos de deux cours périurbains*, Éditions de l'Aube/ Sociétés et Territoires, 176 p.

FLANQUART H., HELLEQUIN A.-P., VALLET P., 2007, « Faire ou non confiance aux gestionnaires du risque ? Le cas d'un village entouré de sites Seveso », *Territoire en mouvement*, n° 1, 2007, p. 70-82.

FRATTOLILLO P., 2001, « La gestion du risque : une responsabilité partagée », *Quatorzième entretiens Jacques Cartier*, colloque *Risques industriels et risques urbains : vers une même approche ?*, Lyon.

GAILLARD J.-C., 2006, « La culture comme enjeu majeur de la gestion des catastrophes liées à des phénomènes naturels au sein des sociétés traditionnelles », in F. Leone et F. Vinet (dir.), *La vulnérabilité des sociétés et des territoires face aux menaces naturelles : analyses géographiques*, coll.

Géorisques (1), Ed. Publications de l'Université Paul Valéry-Montpellier 3, p. 43-53.

GIRARD V, 2004, « Avenir d'une identité industrielle et gestion du ou des risque(s) : Pierre-Bénite (69) dans le couloir de la chimie », *Les Annales de la recherche urbaine,* n° 95, p. 27-33.

GLATRON S., 2003, « Culture des risques », in V. Moriniaux (dir.), *Questions de géographie : les risques*, Éditions du Temps, p. 71-87.

GOUVERNEMENT DU QUEBEC, 2002, « Présentation et synthèse de la Loi sur la sécurité civile », *La sécurité civile, une responsabilité partagée*, Ministère de la Sécurité publique, 31 p.

LABEUR C., 2013, « Raconter l'inondation : quand les récits de catastrophes se font mémoire du risque », *Géocarrefour*, vol. 88, p. 45-54.

LE BLANC A., 2010, « La conservation des ruines traumatiques, un marqueur ambigu de l'histoire urbaine », *L'Espace géographique*, vol. 39, p. 253-266.

LEININGER-FREZAL C., 2009, *Le développement durable et ses enjeux éducatifs : acteurs, savoir, stratégies territoriales*, thèse de doctorat, sous la direction de I. Lefort, Université Lumière Lyon 2, 540 p.

LESQUEL E., 2010, « Risques technologiques et naturels : comment enfin les prévenir ? », *Le courrier des maires et des élus locaux*, n° 241, p. 18-25.

LIANOS M., 1999, « Point de vue sur l'acceptabilité sociale du discours du risque », *Les cahiers de la sécurité intérieure*, n° 38, p. 55-73.

MICHEL P., 2010, « Renforcer la culture du risque en France », *Les Échos*, 16 novembre.

MICHEL P., NESSI J.-M., RICARD P., 2011, « La culture du risque est un problème démocratique », *Le Monde*, 25 mars.

NATIONS UNIES, 2005, *Rapport de la Conférence mondiale sur la prévention des catastrophes*, Kobe (Hyōgo, Japon), 45 p.

NONJON M., DUCHÊNE F., LAFAYE F., MARTINAIS E., 2007, « Ouvrir la concertation sur les risques industriels : la Constitution du CLIC de Feyzin (69) », *Programme Risque Décision Territoire – Quatrième rapport scientifique de fin de contrat (4/4)*, Ministère de l'Écologie et du Développement Durable, RIVES (ENTPE), 107 p.

PERETTI-WATEL P., 2005, « La culture du risque, ses marqueurs sociaux et ses paradoxes : une exploration empirique », *Revue économique*, 2005/2, vol. 56, p. 371-392.

PERETTI-WATEL P., 2010, *La société du risque*, Paris, la Découverte, 126 p.

RODE S., 2009, *Au risque du fleuve : la territorialisation de la politique de prévention du risque d'inondation en Loire moyenne*, thèse de doctorat, sous la dir. de Y. Veyret, Université de Paris-Nanterre-La Défense, 481 p.

STENGERS I., 2004, « Risquer une ville qui apprend », *Les Annales de la recherche urbaine,* n° 95, p. 127-129.

THEYS J., 1987, « La société vulnérable », in J.-L. Fabiani et J. Theys, *La société vulnérable : évaluer et maîtriser les risques*, Presses de l'École Normale Supérieure, Paris, p. 3-36.

VEYRET Y. (dir.), 2003, *Les risques*, Paris, SEDES, coll. Dossiers des images économiques du monde, 255 p.

ÉVÉNEMENT

Un symposium sur les spatialités et temporalités des fêtes populaires consacré aux manifestations du catholicisme

Un symposium sur la fête catholique s'est tenu à l'Université fédérale du Goiás, à Goiânia, du 3 au 7 septembre 2013. Organisé par Maria Geralda de Almeida, il a donné lieu à 70 communications présentées par des Brésiliens et quelques étrangers. Il a souligné l'intérêt que les chercheurs brésiliens portent à ce thème et la diversité des perspectives qu'ils adoptent. Quelques orientations nous ont paru plus particulièrement intéressantes.

La fête catholique ? Elle partage beaucoup de traits de la fête religieuse en général, mais diffère par d'autres : elle ne repose pas sur une interprétation mythique des origines du Cosmos, de la nature et de la société, mais commémore la Révélation, la vie du Christ et de la Vierge, les apparitions de celle-ci ou la vie de saints. Elle se déroule dans des églises, aux alentours de celles-ci (les processions jouent un rôle essentiel) ou dans des lieux chargés d'une sacralité qui est parfois d'origine païenne. La fête est présente dans tous les pèlerinages. Au Brésil, ceux-ci sont particulièrement nombreux, comme les études de Zeny Rosendahl[1] et de ses élèves le soulignent depuis une vingtaine d'années.

Deux grands cycles de fêtes marquent la vie religieuse du pays : les fêtes de la période « nataline » : la Noël, la fête des Rois, la circoncision, et des saints d'autant plus populaires qu'ils servent de paravent à des divinités du candomblé, comme santa Barbara ; les fêtes « junines » (du mois de juin), où l'on célèbre tour à tour saint Antoine et saint Jean. Il faut ajouter à ces périodes festives le Carnaval, Pâques et la Pentecôte.

Beaucoup de monographies de fêtes ont été présentées. D'autres communications ont éclairé l'histoire et le devenir des fêtes catholiques au Brésil.

---

[1] Zeny Rosendahl, 1996, *Espaço e religião: uma abordagem geográfica*, Rio de Janeiro, EdUERJ.

1- Des études très au fait

Les interventions abordent la fête sous l'angle du sacré à la manière Mircea Eliade – et de Zeny Rosendahl[2] au Brésil. L'analyse de leurs dimensions sociales doit beaucoup à Jean Duvignaud. Le regard porté sur la procession et la marche est voisin de celui de Louis Marin. Les travaux de langue anglaise sur les défilés et les expositions comme occasions pour la société de s'afficher inspirent nombre de recherches.

L'accent est mis sur les ruptures que connaît l'évolution de la fête : celle du XIXe siècle, lorsque les classes aisées s'emploient à domestiquer et à purifier des manifestations populaires jugées grossières et subversives, comme l'a admirablement montré Felipe Ferreira pour le Carnaval[3] et les ruptures contemporaines, beaucoup moins connues, et qui sont liées à l'urbanisation, à l'évolution des religions – dont témoigne la montée du mouvement charismatique et le succès des religions néo-évangéliques – et au rôle croissant de la communication et de la marchandisation.

2- Des enquêtes systématiques

À l'initiative de Maria Geralda de Almeida, un relevé systématique de toutes les fêtes catholiques est en cours dans trois États du Brésil : Goiás, Sergipe et plus récemment, Ceará. Toutes les fêtes sont recensées et décrites, en notant ce qui s'est passé avant, ce qui a lieu pendant et ce qui intervient après. Ce travail débouche sur l'élaboration d'atlas. Ceux-ci montrent quels évènements ou quels saints sont honorés dans chaque municipe, à quel moment et sous quelle forme, comme l'ont admirablement montré les communications de Maria Augusta Mundim pour l'État de Sergipe.

3- Une mise en perspective des spécificités de la fête catholique en Amérique latine et au Brésil

Les fêtes catholiques se sont mises en place au fur et à mesure de la pénétration de l'espace brésilien, alors que prédominaient les formes de christianisme populaire qui ont longtemps caractérisé le pays – l'Église y souffrait d'un sous-encadrement chronique, ce qui limitait l'influence de la hiérarchie et donnait plus de place aux fidèles. Le catholicisme brésilien présente toujours un double visage, officiel et populaire, et a su accueillir des formes venues les groupes minoritaires que constituent les Afro-descendants et les Amérindiens.

---

[2] Zeny Rosendahl, 1998, *Hieropolis: o sagrado e o urbano*, Rio de Janeiro, EdUERJ.

[3] Felipe Ferreira, 2004, *O Livro de Oro do Carnava brasileiro*, Rio de Janeiro, Ediouro, 421 p. ; Felipe Ferreira, 2006, *Inventendo Carnavais. O surgimento do carnaval carioca no século XIX e outras questões carnavalescas*, Rio, Editora UFRJ, 357 p. ; Felipe Ferreira, 2014, *L'invention du carnival au XIXe siècle : Paris, Cannes, Rio de Janeiro*, Paris, L'Harmattan, coll. Géographie et cultures, 275 p.

C'est dans ce cadre que les pèlerinages se sont multipliés ; c'est dans ce cadre aussi que les cultes africains ont souvent perduré en adoptant un masque catholique (sur la composante africaine de la fête catholique brésilienne : Fernanda dos Santos pour la fête de Yemanja à Salvador ; Adriane Damascena sur le temps et l'espace dans la congada à Goiânia : Cairo Katrib sur la congada de Catalã). La romanisation (la restauration de l'autorité de Rome sur le catholicisme brésilien, qui a caractérisé le XXe siècle), n'a pas considérablement modifié la distribution et les rythmes des fêtes catholiques.

4- La prise en compte des mutations récentes

Ce qui a changé depuis une génération, c'est l'évolution de la fréquentation de certains pèlerinages : la modernisation et l'urbanisation rapide de la population brésilienne se traduisent par le prodigieux succès que connaissent les pèlerinages situés dans de grandes métropoles : les fêtes du Círio, à Nazaré, dans la banlieue de Belém, attirent plus de 5 millions de pèlerins par an ; celles de Trindade, dans l'agglomération de Goiânia, plus de 2 millions.

Ce succès tient au gonflement des populations proches, à la facilité des transports et aux politiques de promotion commerciale souvent agressives que pratiquent les organisateurs : au Círio, le pèlerinage a ainsi été démultiplié (Maria Goretti da Costa Tavares) ; il y a celui des enfants, celui des personnes âgées, celui des femmes, mais aussi celui des automobilistes et des motards, ou celui des bateaux – des milliers d'embarcations animent alors l'embouchure de l'Amazone. Le but est de transformer le pèlerinage en méga-évènement. C'est net à Nazaré (Lucilia Matos), mais aussi à Saint-Jacques de Compostelle (Maria José Martiñan).

La fête est un phénomène local, mais qui reflète souvent un événement de portée universelle. Pour comprendre ce qu'elle devient à l'ère de la globalisation, il est bon de lui appliquer l'idée de glocalisation telle qu'elle a été proposée par Doreen Massey et par Peter Swyngedouw : les systèmes modernes de communication ont modifié l'articulation du local et du global ; le rapport entre les deux échelles n'est plus hiérarchique : le local entre désormais en communication directe avec le global. C'est la piste suivie par Christian de Oliveira[4].

Pour lui, trois vecteurs de communication sont à l'œuvre dans l'espace géographique : le mythique, le mondain et le médiatique. Tous les trois sont affectés par la modernisation contemporaine. La plupart des travaux mettent l'accent sur la mutation de la composante médiatique de la communication, dont les intérêts commerciaux ont admirablement appris à se servir – les

---

[4] Christian de Oliveira, *Patrimônio religioso em irradiação: monumentos e mobilidade humana contra o monstro do esquecimento.*

exemples précédents le soulignent : cela se traduit par le poids pris par la dimension touristique de la mise en scène de ces évènements et par leur diffusion médiatique. Mais la dimension carnavalesque, et donc populaire, compte aussi.

Les vecteurs mythiques et mondains sont également affectés par la globalisation. Les fêtes religieuses locales s'alignent davantage que par le passé sur les fêtes globales – mais elles n'en sont plus le simple reflet, puisqu'elles se situent désormais sur le même plan. Elles chargent désormais les messages universels d'éléments liés aux groupes qui contribuent à les modeler – ceux d'Afro-descendants par exemple.

« À l'inverse d'une apparente attente de reflux, la religiosité populaire a parfaitement dialogué avec les langages cybernétiques ; en perfectionnant ce que les registres photographiques et télévisuels ont déjà fait il y a plusieurs décennies : les rituels les plus 'cachés' et les plus ésotériques sont devenus accessibles à tout téléspectateur. Leurs connexions en réseaux se trouvent simultanément liées aux intérêts religieux et au non-religieux. De là l'émergence d'une dynamique globale qui fait se multiplier la production historique d'évènements et de célébrations commémoratives. Les éphémérides post-modernes utilisent la monumentalité pour éviter l'oubli. C'est pour cela que cet essai reflète l'enchaînement de la mémoire et de l'oubli collectifs par l'intermédiaire du patrimoine religieux »[5].

Une transformation profonde de la fête catholique est en cours : à une époque de patrimonialisation générale, sa mise en spectacle peut être considérée comme une monumentalisation en mouvement.

Pour analyser cette dynamique, Christian de Oliveira[6] analyse le réseau des sanctuaires mariaux au niveau international et au niveau brésilien. Il se penche sur les multiples pèlerinages à Maria Aparecida, dont la dévotion a l'avantage de mettre l'accent sur les défis environnementaux et économiques que pose l'idée de croissance soutenue.

5- La fête, ses acteurs et les jeux politiques

Pour comprendre la fête, il importe d'analyser les stratégies de ses acteurs, comme le souligne Maria Cristina Caponero[7]. Pour cela, il faut partir de questions simples. Qui participe à la fête ? Qui l'organise ? Pour aller plus loin, il convient d'adopter une perspective politique (la fête est-elle organisée par le pouvoir, acceptée par lui, ou condamnée ?) et une

[5] *Ibidem*, p. 13.

[6] *Ibidem*, p. 8-13.

[7] Maria Cristina Caponero, *Função e normatização das festas paulistanas do período colonial à Primeira República.*

perspective économique (qui paie pour la fête ?). Il convient également de préciser ses retombées économiques et de montrer comment elle influe sur le statut de ceux qui l'organisent.

La signification de la fête catholique est évidemment religieuse, mais elle est aussi politique. À l'époque coloniale, la participation aux grandes fêtes était obligatoire ; à São Paulo, il s'agissait de fêtes religieuses (la fête et la procession du Corps du Christ, la fête de l'Ange gardien, la fête de Notre Dame à Santa Isabel, la fête de São Sebastião et partir de 1756, celle de São Francisco Borgia) et de fêtes civiques : toutes contribuaient à la sacralisation du pouvoir (Maria Cristina Caponero)[8]. Sous l'Empire, la fête cesse d'être obligatoire ; elle devient rapidement suspecte, car elle risque de troubler l'ordre public comme le soulignent les *Codes de postures*, l'instrument qu'imagine le pouvoir central pour influer sur les politiques locales.

Cette évolution permet aux milieux d'affaires, qui soutiennent et financent la fête, d'affirmer leur influence. La commercialisation contemporaine montre combien le lien avec les milieux économiques demeure fort. Mais le politique n'a pas renoncé à utiliser la fête – comme en témoigne la Vierge des Seringueiros, promue il y a une quinzaine d'années par le gouverneur du nouvel État d'Acre, aux confins de la Bolivie, pour faire naître un sentiment « d'acréanité » (Maria de Jesus Morais[9]).

La fête consolide le pouvoir de plusieurs façons : en l'exaltant et en le sacralisant (c'était en particulier le cas à l'époque coloniale), ou à l'inverse en désarmant les tensions par effet de catharsis (ce que l'on souligne à propos du carnaval). Elle peut également le saper en dénonçant les vices de ceux qui dominent la société et les excès qu'ils commettent.

6- La fête et l'ordre social

Comment la fête catholique influe-t-elle sur l'ordre social ? Dans la mesure où elle s'inscrit dans un calendrier régulier, où elle prend toujours la même forme, elle apparaît comme une liturgie qui participe à la continuité de la vie collective. Elle fortifie le sentiment d'appartenance à une communauté et l'identité qui en découle ; il s'agit de l'adhésion à un groupe universel – la chrétienté – tout autant, souvent que de l'exaltation de particularismes, celui du quartier, de la ville, de telle ou telle profession, etc.

Le déroulement même de la fête fait l'objet d'analyses fort intéressantes. Celles-ci portent en particulier sur le rôle tenu par les processions, les marches et les défilés : ceux-ci donnent à voir la place de chacun occupe dans la hiérarchie des statuts – et montrent en même temps que chacun a une

---

[8] *Ibidem*, p. 3-7.

[9] Maria de Jesus Morais, *Acreanidade e invenção de tradições: a 'Santa dos Seringueiros'.*

place dans la société. Les plus humbles sont ennoblis par leur participation, par le travail qu'ils donnent, par les objets ou décorations qu'ils fournissent, par les plats qu'ils cuisinent, par les costumes qu'ils cousent, par les dentelles qu'ils fabriquent, etc. Cristina Caponero résume ainsi les conclusions qu'a apporté une étude de ce type à São Paulo :

> « Ainsi, les fêtes nous aident à recomposer ce qu'ont été les territoires urbains à São Paulo, régulés par une politique et une législation urbanistiques qui influençaient les décisions administratives, et conditionnaient et réglementaient l'usage et l'occupation du sol public urbain. En les analysant, nous arrivons à comprendre la dynamique propre de la ville comme lieu de mouvement social, de rencontre et de convivialité, qui résultent de facteurs urbains, socio-économiques, historiques, politiques et urbanistiques comme marques des processus en œuvre dans la ville de São Paulo dès l'époque coloniale. Ils ont contribué dans quelques cas à assurer la permanence de ses formes et dans d'autres, à produire des changements et ruptures en établissant une relation entre tradition et changement, accompagnée de transformations urbaines administratives »[10].

Conclusion

Portant sur la fête catholique, le Symposium a souligné la vigueur d'un domaine situé au croisement de deux des pistes que suit l'approche culturelle au Brésil : la géographie religieuse, et l'étude des formes de loisir, de distraction et de fête. L'effort de mise au point de méthodologies comparatives est souvent remarquable.

Un regret : il n'a jamais été question des Évangélistes, dont la percée est si spectaculaire au Brésil depuis un demi-siècle. C'est sans doute à cause de leur condamnation de la fête – mais quand même !

Paul CLAVAL
Université de Paris-Sorbonne

[10] Maria Cristina Caponero, *op.cit.*, p. 3.

LECTURES

Un bruit pieux, de Giovanna Iacovazzi

[1] Giovanna Iacovazzi, 2012, *Un bruit pieux. Bandas, musique et fête dans un village maltais (Zabbar),* La Valette (Malte), Fondation de Malte, 351 p.

Le bruit pieux, c'est celui des deux *bandas* qui animent la fête de Maria Mater Gratiae, à Zabbar, un gros village (ou une petite ville rurale ?) de la campagne maltaise. Giovanna Iacovazzi nous offre là une magnifique étude d'ethnomusicologie, pleine d'enseignements pour le géographe qui s'intéresse à la musique, à la fête et à la modernisation des sociétés méditerranéennes. Le texte, bien illustré, est toujours clair et se lit agréablement.

Dans toute l'Europe, on nomme *bandas, bands* ou bandes des orchestres composés essentiellement de cuivres et de percussions et qui jouent en plein air. Les racines sont médiévales. Ces musiques doivent beaucoup à la tradition militaire. Sous la forme d'orphéons, de fanfares, de bandas, l'Europe les voit se multiplier au XIXe siècle – jusqu'à Malte.

Malte est profondément catholique ; la place qu'y occupe la religion doit beaucoup aux chevaliers de l'Ordre de Malte, mais ses formes populaires sont proches de celles que l'on rencontre en Sicile ou en Italie : un catholicisme qui réserve une place de choix au culte des Saints, de la Vierge en particulier ; un catholicisme où la musique et le spectacle jouent un grand rôle.

Les *bandas* apparaissent dans les années 1860. Ce sont des clubs (c'est l'influence anglaise), dont le siège, le *kazin,* est au cœur de la vie locale : il sert de lieu de réunion, comporte une salle où l'on consomme ; il consacre une partie de son énergie à l'enseignement de la musique. Mais c'est l'orchestre, la *banda,* et la préparation en musique de la fête du saint ou des saints qui est sa grande affaire (là, le modèle est – ou était – plutôt italien).

Dans un village comme Zabbar, il y a deux *bandas*, deux *kazins,* celui de la Maria Mater Gratiae et celui de Saint Michel, mais c'est aujourd'hui la même fête, celle de la Vierge, le 8 septembre, qu'ils organisent. Chaque *kazin* représente une moitié de la ville, de chaque côté de la rue du Sanctuaire, la voie principale. Chacun prépare durant des mois les décorations, compose les nouvelles marches, choisit parmi les anciennes celles qui seront données et embauche des musiciens venus d'autres villages : la fête religieuse, et les formes paraliturgiques que lui donnent les *bandas*, sont au cœur des formes populaires de la sociabilité maltaise, ainsi que des rivalités qui la nourrissent et qu'elles canalisent. Les musiques des marches sont très populaires dans l'île ; elles s'échangent, se vendent, mais sans que leurs auteurs perdent le droit de contrôler leur circulation.

La musique des orchestres qui déambulent longuement dans les rues la nuit territorialise l'agglomération. C'est là une des dimensions géographiques d'un travail très riche en ce domaine : Giovanna Iacovazzi joue sans cesse sur la dialectique des échelles entre Zabbar, Malte, la Sicile et l'Italie, le monde méditerranéen, l'Europe et la chrétienté. Par bien des côtés, on est là dans des formes de sociabilité que l'on rencontre surtout dans les sociétés d'oralité – mais la musique des bandas est une musique moderne, écrite : le système musical maltais participe de la modernité, mais s'en sert dans le cadre de formes de sociabilité encore traditionnelles. C'est une dimension que l'ethnomusicologie a jusqu'ici ignorée – et qui intéresse la géographie culturelle.

Paul CLAVAL
Université de Paris-Sorbonne

Comment la découverte de l'Amérique a transformé le monde

Charles C. Mann, 2013, *1493. Comment la découverte de l'Amérique a transformé le monde,* Paris, Albin Michel, 535 p.

La géographie culturelle à la manière de Carl Sauer n'est pas morte : elle inspire des essayistes comme Alfred W. Crosby[1] ou Derek Diamond[2], ou des journalistes comme Charles C. Mann. On devait à celui-ci un ouvrage fort stimulant, *1491*[3], sur ce qu'étaient les Amérique à la veille du premier voyage de Colomb. Voici qu'il nous offre, dans *1493,* un tableau mondial des répercussions de la découverte du Nouveau Monde : un gros livre qui se lit bien.

---

[1] Alfred W. Crosby, 1986, *Ecological imperialism. The biological expansion of Europe*, Cambridge, Cambridge University Press.

[2] Jared Diamond, 2000, *De l'inégalité parmi les sociétés*, Paris, Gallimard.

[3] Charles C. Mann, 2007, *1491. Nouvelles révélations sur mes Amériques avant Christophe Colomb*, Paris, A. Michel.

1491 était plus facile à construire que *1493* : d'un côté, le panorama de ce qu'étaient les Amérique à un moment précis ; de l'autre, la recension des bouleversements nés de contacts étalés sur plusieurs siècles et distribués sur l'ensemble de la planète : pour reprendre l'expression de Mann, une analyse de l'ère *homogénocène,* la période d'uniformisation du monde qu'ouvrent les voyages de Colomb. Le thème n'est pas nouveau, mais il a longtemps été traité d'un point de vue européocentrique. Mann adopte une perspective 'subalterne' et s'attache à ceux qui n'ont pas été capables de se faire entendre, aux révoltés, à ceux que l'histoire a oubliés.

Vu la largeur du champ balayé, l'ouvrage ne présente pas de fresque d'ensemble. Il lance des coups de projecteur, ce qui nous vaut un récit grouillant de vie. Les exemples choisis portent sur des aires généralement négligées.

Les hommes migrent ; les maladies dont ils souffrent voyagent avec eux, comme les plantes qu'ils cultivent et les techniques matérielles ou sociales qu'ils maîtrisent. Les Amérindiens sont décimés par les affections importées, on le sait depuis toujours, mais Mann insiste sur les ravages généralement ignorés entrainés par le paludisme. Les plantes américaines assurent en bien des lieux le succès de la pénétration européenne : en Virginie où la culture du tabac sauve les premiers colons, ou au fin fond de l'Amazonie deux siècles et demi plus tard, au moment du cycle du caoutchouc. Les plantes américaines élargissent les ressources alimentaires des autres continents.

On sous-estime l'impact des contacts sur l'Extrême-Orient. Le maïs et la patate douce permettent la conquête par l'agriculture des collines et des montagnes du sud de la Chine – où l'érosion se déchaîne. L'argent du Mexique devient vite indispensable à l'économie chinoise, qui a renoncé au papier-monnaie. Les contacts favorisent l'essor de la contrebande et de la piraterie sur les côtes de Chine, cependant que le succès de Manille tient à l'activité des commerçants chinois qu'elle abrite – et redoute.

Le choc des cultures n'est nulle part aussi brutal que dans l'Amérique des plantations, avec ses esclaves indiens et africains, mais aussi ses communautés de fugitifs, de noirs marrons. Dans les années 1620, Aqualtune, une princesse congolaise, organise ainsi le *quilombo* de Palmares dans la Serra da Barriga, près de Maceio et de Recife ; c'est un véritable petit royaume qui résiste plus de 70 ans aux assauts hollandais et portugais.

Un ouvrage de vulgarisation ? Oui, mais d'excellente facture, reposant sur d'immenses lectures et sur la connaissance directe de bien des aires décrites.

Paul CLAVAL
Université de Paris-Sorbonne

Une réflexion sur vingt-cinq siècles de pensée et pratiques géographiques

Paul Claval, *De la Terre aux hommes. La géographie comme vision du monde*, Paris, Armand Colin, 407 p.

À l'heure où des publications faisant référence à l'histoire de la géographie s'accumulent avec force stéréotypes et jugements superficiels, cet ouvrage de Paul Claval vient à point nommé pour redonner du souffle et de l'ampleur de vue. Il n'embrasse pas moins de 25 siècles de pensée et de travaux géographiques trouvant leur origine dans la formulation scientifique qu'en avait proposée l'Antiquité grecque ! Quoique mettant en application la remarquable capacité de synthèse qui est la sienne, et quoique s'embarrassant peu de considérations méthodologiques, l'auteur ne prétend évidemment pas faire une histoire complète de la géographie. De fait, il nous offre un essai à propos de celle-ci, faisant jouer à tour de rôle trois points de vue différents, qui constituent les trois parties de l'ouvrage. Les 400 pages qui en résultent intègrent ainsi une grande quantité d'information pour soutenir les interprétations que l'auteur fait de la géographie et de son rôle dans le rapport humain à la Terre.

Se plaçant au point actuel de l'évolution de la discipline, Paul Claval a cherché par cet ouvrage à expliquer pourquoi celle-ci lui parait maintenant toute traversée de préoccupations culturelles. Ce que certains appellent le tournant culturel est ici traité non pas de façon sectaire mais plutôt abordé dans la diversité de ses motivations et de ses manifestations, ce qui, au besoin, n'empêche pas l'auteur de contre-attaquer vivement les détracteurs contemporains de l'approche culturelle (notamment page 260).

C'est que Paul Claval justifie ses interprétations en mettant en rapport l'évolution de la pensée et des pratiques géographiques avec celle de la façon dont les hommes ont cherché à s'organiser à la surface de la terre. L'intérêt de la démarche choisie est de se concentrer sur la réciprocité de ces rapports. Cela permet non seulement d'expliquer certaines interactions importantes mais aussi de constater combien la géographie a pu se trouver au cœur d'enjeux majeurs dans l'évolution des manières d'habiter et de transformer la terre. Et l'enjeu culturel aujourd'hui n'en est qu'une manifestation de plus.

Il s'est toutefois construit au cours d'une longue histoire, celle dont la première partie essaie de rendre compte. Elle part non pas de la discipline mais de la géographie comme pratiques, savoir-faire, savoirs empiriques et aussi comme expérience de l'espace. Cette partie va ainsi au-delà d'une simple tentative d'ethnogéographie. Les éléments fournis à son propos sont insérés dans des réflexions plus englobantes sur le rapport au monde et mises ensuite en rapport avec la formulation scientifique de la géographie apportée par les Grecs et réinterprétée à la Renaissance. Son devenir est notamment marqué par un apparent paradoxe : au fur et à mesure que s'améliorent les instruments et les systèmes d'information (à base de statistiques et de procédés cartographiques) qui répondent aux besoins de l'évolution de la société dans son rapport à la terre et qui sont institutionnalisés, une partie de la géographie devient un savoir technique, mettant la pensée géographique au défi de redéfinir sa pertinence sociale. C'est d'ailleurs celui qu'elle doit relever aujourd'hui, pour faire comprendre « comment s'est construite la Terre des hommes, et à quelles conditions elle peut le demeurer ».

La deuxième partie apporte une perspective différente mais complémentaire sur l'importance de la dimension culturelle dans la préoccupation des géographes. Partant cette fois-ci de la lente et tardive prise en charge de la notion de paysage en géographie (principalement au cours des deux derniers siècles), cette partie montre comment les géographes sont entrés en interaction avec les demandes et dynamiques sociales du monde contemporain. De nombreux thèmes transversaux sont abordés, tels que les logiques foncières, le rôle des élites, les identités, la conservation, etc. Mais elles permettent de voir combien le regard du géographe a été mis au défi de celui des autres.

Quant à la perspective de la troisième partie, elle repose sur un tissage constant entre le discours des géographes pour expliquer le monde dans lequel ils se trouvent et les évolutions que celui-ci traverse. Pour ce faire, Paul Claval procède de façon différente. Il mobilise abondamment les citations de géographes pour montrer comment ils se sont efforcés de donner l'image du monde à trois moments différents : aux alentours de 1900 ; après la Seconde Guerre mondiale ; au début du XXIe siècle. Un très grand nombre de notions, méthodes et théories sont évoquées (le terrain, la géographie agraire, le Tiers Monde, la chronogéographie, l'antimonde, la postmodernité, etc). Mais on retrouve de façon relativement structurante les apports connus de Paul Claval en ce qui concerne l'importance de la circulation et de la maitrise de l'information ainsi que des fondements des activités et architectures sociogéographiques. La valorisation de la dimension culturelle de la géographie s'inscrit progressivement dans l'évolution du contexte contemporain.

Mobilisant des références puisées dans sa longue expérience des divers champs de la géographie française et internationale, s'arrêtant parfois sur des exemples tirés de son expérience personnelle ou d'autres auteurs, Paul Claval traverse une telle quantité de thèmes et d'époques qu'on ne pourra lui tenir rigueur de ce que certains percevraient comme des lacunes bibliographiques. À bien des égards, Paul Claval est un conteur : il établit une trame narrative pour mettre en valeur l'interaction des multiples variables qu'il retient. La richesse des informations fournies et des réflexions qu'elle inspire est considérable, ce compte rendu n'ayant pu que l'effleurer. Ceci fait de cet ouvrage un précieux moyen de réfléchir aux défis du métier de géographe et à la portée de sa discipline. On ne peut qu'y être encouragé par les dernières pages. Elles mentionnent le paradoxe de voir Pierre George, qui avait tant fait pour accompagner la modernisation de son époque, exprimer au soir de sa vie une nostalgie du monde révolu de son enfance. Les sentiments que Paul Claval laisse transparaitre à son tour n'en sont pas si loin, mais il invite clairement à ne pas s'y arrêter.

Vincent BERDOULAY
UPPA & UFRJ-CAPES

FILMS

The We and the I de Michel Gondry : action ou vérité ?

Michel Gondry, *The We and the I*, 2012, disponible depuis janvier 2013 en DVD France Télévisions Éditions.

Traverser le Bronx pour brouiller les cartes

The We and the I est un « bus movie ». En ce début des vacances d'été, un lycée d'un quartier populaire se déverse dans le bus BX66, une ligne fictive qui traverse un bien réel Bronx. Une trentaine d'ados prennent place. Certains usagers préfèrent descendre. Des petits se font bouger tandis qu'une mamie, blanche, fait de la résistance dans une version inversée et décalée de l'épisode de Rosa Parks. La caméra reste là et va le rester presque sans discontinuer captant en quasi temps réel le (long) trajet qui ramène Mickael, Teresa ou encore Laidychen chez eux. Le film a la particularité d'évoquer leur transport *en commun* dans un trajet quotidien corseté dans l'itinéraire du réseau de bus dont le plan est implacablement affiché derrière le chauffeur... Terminus : Barretto Point, au sud du Bronx. Ainsi tout en plaçant, par son dispositif, les jeunes dans un double assignement à territoire – dans le péricentre new yorkais et dans le bus – Gondry se joue des stéréotypes des films de ghettos dans la mesure où le territoire mobile qu'il construit lui permet de contourner subtilement l'impasse d'une trop fixiste cartographie du social.

Une bulle mobile comme antidote au « monde prison » ?

La problématique inscription du bus dans la ville et l'espace public est soulignée par des séquences comme celle de la belle jeune femme passant à vélo et que les passagers observent à distance et collés à la vitre mais aussi par un certain nombre de travellings accompagnant la progression du bus à travers divers types paysagers allant des vieux immeubles en brique rouge, aux emprises industrielles en passant par un quartier plus dense, un autre plus aisé. Mais *The We and the I* est un film gigogne car si la ville est là, palpable, c'est par la bande son hip-hop, par la densité de petites histoires contenues dans ce bus à la fois personnelles et collectives et par l'intense jeu de force et d'affects issu de la coprésence des jeunes qui descendent à différentes stations. L'essentiel se joue donc à une autre échelle dans les micro-territorialités et les espaces relationnels internes au bus. Le cinéaste parvient à faire de ce non-lieu un espace où le jeu des distances est loin d'être nul et ce alors même que les jeunes n'arrêtent pas de dialoguer par les écrans interposés de leurs téléphones portables ! Dans l'espace et le temps que Gondry trouve dans cette « bulle », il y a la place pour évoquer le jeu complexe des circulations identitaires, la place pour montrer les mécanismes de domination à l'œuvre dans le groupe, la place, enfin, pour déconstruire les stéréotypes essentialistes associés aux jeunes noirs, latinos ou autres.

Logiques d'espaces, esprit des... je

Le bus de Gondry est un fascinant espace liminal, un *frontstage*, où se joue le rapport de l'individu au groupe : le cinéaste passe d'une discussion à l'autre et dessine une géopolitique qui se déploie de l'avant au fond du bus en plusieurs pôles dont l'ordonnancement des corps assigne systématiquement du sens aux dialogues. Cette géopolitique est dominée dans la première des trois parties par les « tyrans » qui s'acharnent sur les faibles raillés sans retenue quand ils ne sont pas tabassés. Gondry fait ensuite émerger, progressivement et alors que le bus se dé-densifie autorisant ainsi les changements de places, le caractère multiple des individus, de leurs rationalités, les doutes et le caractère fragmenté des identités. En cela, c'est bien une performance performative[1] que nous offrent des acteurs (non professionnels) que le cinéaste est allé chercher dans un centre d'activités artistiques extrascolaires du Bronx et qu'il a fortement impliqués dans la genèse narrative du film. En somme, avec un film choral explorant une micro-échelle, un film au petit budget élaboré comme une petite fabrique d'authenticité, Gondry, admirateur de Meliès et de ses « géographies incohérentes », a triché : il nous a fait action et vérité !

Bertrand PLEVEN
Équipe de recherche Géographie-Cités
UMR 8504

[1] *The We and the I* interroge le lien pré social entre territoire et sujet par le prisme d'une réflexion sur la place de l'individu et l'individualité au sein du groupe.

Raconter cinématographiquement le périurbain français

François Ozon, *Dans la maison*, film de 2012, disponible en DVD depuis février 2013.

Il y a bien une géographie de la « crise de figuration de l'urbain » pointée par Michel Lussault[2]. Prenons les périphéries urbaines. Tandis que la *suburbia* est devenue un « geotype » fictionnel de premier ordre dans le cinéma et les fictions audiovisuelles états-uniennes, notamment dans son versant dystopique depuis les années 1990, le périurbain français tend progressivement à prendre l'épaisseur d'un territoire narratif dans la production cinématographique nationale[3]. *Dans la maison* de François Ozon – sorti au même moment que le roman d'Olivier Adam, *Les Lisières* – marque une étape décisive dans cette dynamique. Germain Germain (Fabrice Luchini) est un professeur de Français passé à côté de sa carrière d'écrivain. Symptomatiquement, il habite en appartement dans un quartier dense d'une proche banlieue, un appartement comme on l'a vu mille fois dans le cinéma français. Dans son lycée, il est enthousiasmé par un de ces élèves, Claude, qu'il remarque dans le cadre d'exercices de rédaction libre. Claude a un style, Claude a un sujet : un pavillon et la famille de son camarade de classe Arnold qui va avec. Il observe, décrit (« l'odeur de la femme de la classe moyenne »), se moque. L'élève et son professeur complice dépassent alors les bornes : scolaires, morales et... spatiales. Le cinéaste va donc plus loin que l'intégration du procès en conformisme du périurbain, il fait de sa mise en narration le moteur même de son film. En construisant un périurbain très américanisé rappelant fortement Wisteria Lane de *Desperate Housewives* et en intégrant la forme du feuilleton dans son récit, il prend acte du poids des séries télévisées dans l'imagerie associée à ce type d'espace. Il ne se contente pas, pour autant, de transposer cet univers mais questionne sa facticité et sa plasticité quand Claude modèle ses personnages et que l'environnement spatial

[2] Michel Lussault, *L'Homme spatial*, 2007, chapitre 6.

[3] Voir par exemple, *À la lisière ombres et lumières*, http://www.cafe-geo.net/article.php3?id_article=2192

de la maison, notamment le jardin, change subrepticement. Ainsi, *Dans la maison* se penche sur les modalités même de la création en milieu pavillonnaire : Claude, Germain mais aussi le spectateur, tous, sont entrainés dans une passion voyeuriste. François Ozon ne se contente donc pas d'intensifier le regard sur un nouveau territoire narratif, il nous interpelle sur ce que l'on y cherche.

Bertrand PLEVEN
Équipe de recherche Géographie-Cités
UMR 8504

L'HARMATTAN ITALIA
Via Degli Artisti 15; 10124 Torino

L'HARMATTAN HONGRIE
Könyvesbolt ; Kossuth L. u. 14-16
1053 Budapest

L'HARMATTAN KINSHASA
185, avenue Nyangwe
Commune de Lingwala
Kinshasa, R.D. Congo
(00243) 998697603 ou (00243) 999229662

L'HARMATTAN CONGO
67, av. E. P. Lumumba
Bât. – Congo Pharmacie (Bib. Nat.)
BP2874 Brazzaville
harmattan.congo@yahoo.fr

L'HARMATTAN GUINÉE
Almamya Rue KA 028, en face du restaurant Le Cèdre
OKB agency BP 3470 Conakry
(00224) 60 20 85 08
harmattanguinee@yahoo.fr

L'HARMATTAN CAMEROUN
BP 11486
Face à la SNI, immeuble Don Bosco
Yaoundé
(00237) 99 76 61 66
harmattancam@yahoo.fr

L'HARMATTAN CÔTE D'IVOIRE
Résidence Karl / cité des arts
Abidjan-Cocody 03 BP 1588 Abidjan 03
(00225) 05 77 87 31
etien_nda@yahoo.fr

L'HARMATTAN MAURITANIE
Espace El Kettab du livre francophone
N° 472 avenue du Palais des Congrès
BP 316 Nouakchott
(00222) 63 25 980

L'HARMATTAN SÉNÉGAL
10 VDN en face Mermoz, après le pont de Fann
BP 45034 Dakar Fann
33 825 98 58 / 33 860 9858
senharmattan@gmail.com / senlibraire@gmail.com
www.harmattansenegal.com

L'HARMATTAN BÉNIN
ISOR-BENIN
01 BP 359 COTONOU-RP
Quartier Gbèdjromèdé,
Rue Agbélenco, Lot 1247 I
Tél : 00 229 21 32 53 79
christian_dablaka123@yahoo.fr

578501 - Septembre 2014
Achevé d'imprimer par

1livre.com
du rêve à la réalité !

www.ingramcontent.com/pod-product-compliance
Lightning Source LLC
LaVergne TN
LVHW011300061026
849535LV00005B/1340